인조이 **하와이**

인조이 하와이

지은이 오다나
펴낸이 최정심
펴낸곳 (주)GCC

초판 1쇄 발행 2011년 9월 25일
3판 30쇄 발행 2017년 9월 20일

4판 1쇄 발행 2019년 4월 3일
4판 2쇄 발행 2019년 4월 5일

출판신고 제 406-2018-000082호
주소 10880 경기도 파주시 지목로 5
전화 (031) 8071-5700 팩스 (031) 8071-5200

ISBN 979-11-89432-59-1 13980

가격은 뒤표지에 있습니다.
잘못 만들어진 책은 구입처에서 바꾸어 드립니다.

www.nexusbook.com

여행을 즐기는 가장 빠른 방법

인조이
하와이
HAWAII

오다나 지음

넥서스BOOKS

《인조이 하와이》가 탄생하고, 그동안 독자들로부터 많은 사랑을 받으며 행복하고 감격스러운 시간을 보냈습니다. 매번 인쇄될 때마다 자료를 업데이트하고 새로운 정보를 추가했지만 여전히 핫한 하와이의 변화를 따라잡을 수가 없어 전면적인 개정판을 준비하게 되었습니다.

그사이 하와이는 방문하는 관광객만 해도 이전보다 3배가 늘었으며 기존 허니무너 위주에서 탈피해 가족 여행객이 단연 많아졌고 재방문하는 하와이 마니아가 늘면서 오아후 중심의 관광에서 이웃섬으로까지 관심이 확대되었습니다. 이런 트렌드에 맞춰 《인조이 하와이》도 함께 움직였습니다. 지역 여행과 테마 여행 섹션을 통해 하와이의 구석구석을 훑었으며 쇼핑과 호텔 등의 정보도 한층 강화했습니다. 일방적으로 정보만 제공하는 것이 아니라 여행 트렌드와 여행자의 다양한 요구에 맞춰 풍부한 이야깃거리를 담기 위해 노력했습니다. 때에 맞춰 하와이를 방문하여 계절감이 넘치는 사진들로 좀 더 생생하게 정보를 전달하고자 했고, 보기 편하고 휴대성도 좋은 정보서를 만들기 위해 오랜 시간 편집에도 공을 들였습니다. 이런 노력의 산물인 《인조이 하와이》 개정판이 독자들과 드디어 만나게 되어 기대되고 떨리는 마음입니다.

여행 가이드서답게 여전히 객관성을 유지하려고 노력했지만 필자도 사람인지라 마음에 끌리는 곳은 더 많은 부연 설명과 사진으로 사심을 드러내고 말았습니다. 레스토랑이나 호텔, 쇼핑 명소를 모두 직접 방문하여 먹고 숙박해 보고 돌아다녀

봤지만 그날그날 필자의 기분이나 담당 서버, 셰프에 따라서 다소 주관적이거나 실제와 약간의 차이가 있을 수 있다는 점도 미리 양해를 구합니다. 책이 나오는 마지막 순간까지 최신 정보를 담으려고 노력하였고 매달 새로운 정보를 업데이트하고 있습니다. 그러나 미국 50개 주 중 가장 빠르게 변하는 곳이 하와이인 만큼 작은 오차는 애교로 이해하여 주시기 바랍니다. 책에 실린 내용에 대한 문의 및 제안은 메일로(dana.oh.1203@gmail.com) 언제든지 연락주시면 반영하도록 하겠습니다.

방대한 양의 원고와 사진들을 멋지게 편집하여 주신 넥서스 편집부와 《인조이 하와이》 개정판을 위해 큰 도움을 주신 호텔, 렌터카 등 관계자 여러분, 훌륭한 사진을 제공해 주신 전태영 작가님께도 감사 인사를 드립니다.

또 하나의 숨은 저자인 반쪽 James, 지구별 여행자로 연습 중인 나의 우주 Leo와 Roy 그리고 사랑하는 동생 Hanna. 감사합니다.

마지막으로 헌신과 사랑으로 제게 용기와 꿈과 도전을 가르쳐 주신 하늘에 계신 사랑하는 엄마 아빠께 이 책을 바칩니다.

미국에서
오다나

미리 만나는 하와이

하와이의 기본 정보와 오
아후, 마우이, 빅아일랜
드, 카우아이의 베스트를
소개한다. 또한 하와이의
로맨틱 해변과 맛, 즐길
거리 베스트를 사진으로
보면서 하와이 여행의 큰
그림을 그려 볼 수 있다.

추천 코스

여행 전문가가 추천하는
베스트 코스를 보면서, 자
신에게 맞는 일정을 세워
보자.

Enjoy Hawaii

지역 여행

하와이의 주요 섬인 오아후, 마우이, 빅아일랜드, 카우아이의 주요 관광지를 소개한다. 하와이를 찾는 여행자라면 꼭 가 봐야 할 핵심 여행 정보 위주로 실었다.

가이드북 최초 자체 제작 **맵코드 서비스**

인조이맵 enjoy.nexusbook.com

★ '인조이맵'에서 간단히 맵코드를 입력하면 책 속에 소개된 스폿이 스마트폰으로 쏙!
★ 위치 서비스를 기반으로 한 길 찾기 기능과 스폿간 경로 검색까지!
★ 즐겨찾기 기능을 통해 내가 원하는 스폿만 저장!
★ 각 지역 목차에서 간편하게 위치 찾기 가능!

테마 여행

하와이에서만
경험할 수 있는 특별한
테마를 소개한다.

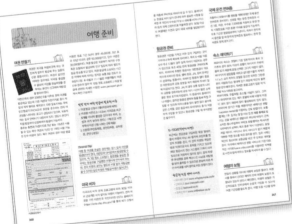

여행 정보

하와이 여행을 시작하기
전에 알아 두면 좋은 여행
정보를 꼼꼼히 담았다. 여
권을 만드는 것부터 공항
출입국 수속에 필요한 정
보, 하와이에서의 교통 이
용법 등 여행 전 알아야 할
필수 정보들이다.

Enjoy Hawaii

찾아보기

이 책에 소개된 관광 명소, 레스토랑, 쇼핑, 카페와 바, 숙소 등을 이름만 가지고 찾아볼 수 있도록 정리해 놓았다.

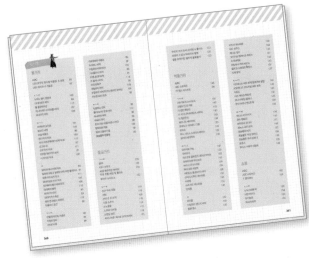

〈특별 부록〉
휴대용 여행 가이드북
각 지역의 지도가 담겨 있으며, 간단하게 손에 들고 다니며 볼 수 있다. 여행에 꼭 필요한 상황별 영어 회화를 정리했다.

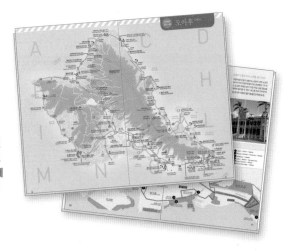

Notice! 하와이의 최신 정보를 정확하고 자세하게 담고자 하였으나, 시시각각 변화하는 하와이의 특성상 현지 사정에 의해 정보가 달라질 수 있음을 사전에 알려 드립니다.

Contents

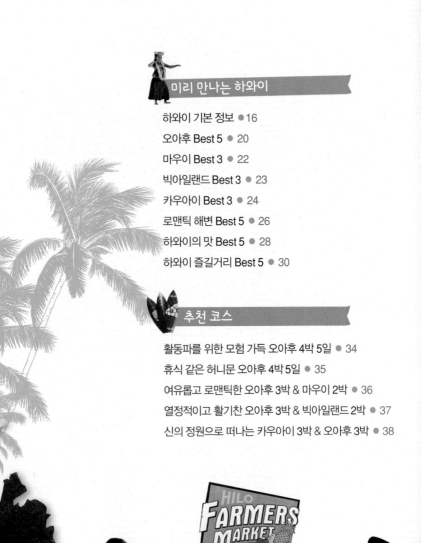

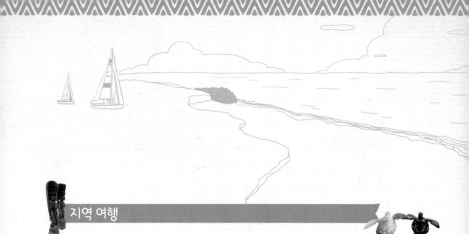

지역 여행

 테마 여행

미리 만나는
하와이

Hawaii Information

하와이 정식 명칭

유나이티드 스테이트 오브 하와이
United State of Hawaii

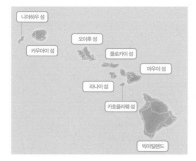

니아하우 섬
카우아이 섬
오아후 섬
몰로카이 섬
마우이 섬
라나이 섬
카호올라웨 섬
빅아일랜드

지리

주도(州都)는 오아후 섬의 호놀룰루(Honolulu)이다. 북태평양의 동쪽에 있으며 미국의 50개 주 가운데 가장 남쪽에 위치한다. 하와이 섬 남단의 사우스케이프는 북위 19°에 위치한다. 하와이 제도는 니이하우·카우아이·오아후·몰로카이·라나이·마우이·카호올라웨·하와이(빅아일랜드) 등 8개 섬과 100개가 넘는 작은 섬들이 북서쪽에서 남동쪽으로 완만한 호(弧, 활 모양)를 그리면서 600km에 걸쳐 이어져 있다.

기후

태평양 한가운데에 위치한 하와이는 연중 온화한 기온으로, 어느 계절에 방문해도 휴양과 레포츠를 즐기기에 좋다. 계절은 크게 건기와 우기로 나누며 건기는 5~10월, 우기는 11~4월로 분류한다. 그러나 우기라고 하더라도 계속해서 비가 내리는 것이 아니라 소나기처럼 잠깐 스치고 지나가는 경우가 많으며 산맥이나 고도의 영향으로 한 섬 내에서도 다양한 기후를 만날 수 있다.
여행 성수기는 6~8월과 크리스마스 시즌인 12월 경이다.
연 평균 기온은 23℃ 정도이며 이른 아침과 저녁은 다소 쌀쌀할 수 있으므로 긴팔 옷을 준비하는 것이 좋다.

인구

약 127만 명이며 이 중 2/3 이상이 오아후 섬에 거주한다.

시차

미국 본토와 달리 서머타임을 적용하지 않으며 한국보다 19시간이 느리다.

언어

영어를 기본으로 하며 하와이어를 공용으로 쓴다. 모든 지역에서 영어가 원활하게 통하며 일본 이민자와 관광객이 다수를 이루기 때문에 일본어도 널리 통용된다. 큰 레스토랑에서는 일본어 메뉴판과 일본어 담당 서버들이 따로 있기 때문에 영어보다 일본어가 사용하기 편하다면 일본어를 선택하는 것도 방법이다.

화폐

기본 통화는 미국 달러이며 일부 레스토랑과 숍에서는 일본 엔화가 통용되기도 한다. 가장 유용한 지폐는 $20짜리이며 동전 세탁기나 자판기, 주차 요금기 등을 사용하기 위해서는 ¢25가 필요하다. 소형 상점에서는 $100짜리와 같은 큰 단위의 화폐를 거절하는 곳도 있다.

환전 및 신용카드

와이키키 주변에 사설 환전소와 은행 등이 많이 있어 달러로 환전하기 매우 편리하지만 하와이 현지에서 환전을 하려면 원화는 불가능하며 엔화나 유로화 등이 가장 기본적이다. 환전은 한국에서 해 가는 것이 편리하며 공항보다는 주거래 은행에서 환전을 하는 것이 수수료 면에서 이득이다.

최근에는 국제 현금카드나 신용카드를 이용해 하와이 현지 ATM에서 필요할 때마다 뽑아 쓰는 것이 추세다. 단, 한국에서 해외로 나갈 때 가장 많이 만드는 시티 은행 국제 현금카드는 하와이에 시티 은행 ATM이 없는 관계로 그다지 유리하지 않다.

신용카드는 우리가 일반적으로 사용하는 비자, 마스터, 아메리카 익스프레스 등이 주를 이룬다. 차량을 렌트하거나 호텔에 보증금을 내기 위해서는 신용카드가 반드시 필요하므로 해외에서 사용 가능한 신용카드를 반드시 준비하도록 한다. 종종 무단 해외 사용을 방지하기 위해 신용카드사 측에서 해외 이용을 막아 놓는 경우도 있으므로 출국 전에 해당 신용카드사에 전화하여 해외 이용을 분명히 해 두도록 하자.

팁

하와이는 관광지이기 때문에 미국에서도 가장 팁이 후한 지역에 속한다. 중간 규모 이상의 레스토랑과 카페 등에서는 서비스의 질에 따라 음식값의 (세금을 제외한) 15~20% 내외로 지불하면 된다.

하와이 지역 대부분의 서비스 종사자들은 월급제가 아니라 대부분 팁에 의존하여 생활하기 때문에 우리에게는 다소 낯선 팁 문화이지만 그곳에서는 필수적인 행위임을 기억하자. 물론 서비스가 형편없었다면 팁을 주지 않아도 되지만 그런 경우에도 보통은 최저 수준의 팁은 주고 나오는 것이 예의이다. 일부 레스토랑이나 심야 시간에는 17%의 팁(gratitude)이 음식값에 포함되어 나오는 경우가 있으니 계산서를 꼼꼼히 살펴보도록 하자.

테이크아웃 음식점이나 커피점, 길거리 노점상에서는 일반적으로 팁을 제공하지 않지만 계산대 옆에 팁박스가 따로 놓여 있으므로 음식과 서비스가 맘에 들었다면 팁을 제공하자.

뷔페의 경우 음식값과 상관없이 접시를 치워 주고 음료수를 가져다주는 담당 직원을 위해 식사를 마친 후 테이블 위에 $2~5 정도 올려놓는 것이 예의이다.

택시를 이용하는 경우도 마찬가지로 전체 요금의 15~20%를 팁으로 제공하며 짐이 많을 경우 짐 하나당 $1 정도씩 계산하여 주는 것이 일반적이다.

호텔에서는 짐을 날라 주는 벨보이에게 짐 하나당 $1~2 정도를 주며 호텔이나 레스토랑 발레파킹 시 $2~5 정도의 팁을 운전수에게 직접 전해 준다. 룸을 정리해 주는 메이드에게는 베개맡에 하루에 $1~2씩 올려놓거나 인원이 많을 경우 한 사람당

$1 정도씩 주는 것이 관례이다. 침대 위가 아닌 곳에 팁을 놓을 경우 메이드들은 팁으로 생각하지 않아 가져가지 않는 경우도 있으니 베개밑이나 침대 위에 올려놓도록 하자.

서핑이나 훌라를 개인적으로 교습할 경우, 레슨비에 팁이 포함되어 있는지 여부도 확인한다.

일반적으로 팁은 동전이 아닌 지폐로 주는 것이 받는 사람도 주는 사람도 기분이 좋다.

세금

미국 내에서 가장 낮은 수준의 세금인 4%대이며 오아후는 4.7%대이다. 단, 호텔의 경우 주세와 호텔세가 포함되어 11%대를 이룬다.

도량형

우리나라와 달리 기온은 화씨를 쓰며 길이는 인치, 피트, 야드를 쓰며 km 대신 mile을 쓴다. 무게 역시 온스와 파운드를 사용하며 부피의 경우 리터 대신 갤런을 쓰기도 한다.

- 1 inch = 약 2.5cm
- 1 feet(ft) = 약 30.5cm
- 1 mile = 약 1.6km
- 1 pound = 약 454g
- 1 ounce = 약 28.35g

치안

미국 내에서도 치안이 안전하기로 유명하지만 해가 진 후 바닷가나 항구 뒤편 인적이 드문 골목길은 위험하므로 늦은 시간 혼자 돌아다니는 일이 없도록 하자. 관광지인 만큼 도난이나 날치기를 조심해야 하는데 특히 주차장에 차를 세워 둘 때 절대 차 안에 물건이 보이게 두어서는 안 된다.

전기

미국의 다른 주와 마찬가지로 110V를 쓰며 한국에서 가져간 전기 제품을 쓰기 위해서는 돼지코라 불리는 컨버터가 필요하다. 하와이에서는 구하기 힘들기 때문에 한국에서 준비해 가는 것이 좋으며 호텔 데스크에서 준비해 두는 곳도 있다.

전화

하와이의 지역 번호는 808로 시작하며 하와이 내에서 시내 전화를 이용할 경우 808을 제외한 7자리를 누르면 된다. 국제 전화의 경우 호텔에서 이용하면 매우 비싸기 때문에 가까운 상점(ABC 스토어즈)에서 국제 전화 카드를 구입하여 이용하는 것이 저렴하다.

국제 전화 카드는 보통 $10 정도부터 시작하는데 간단한 안부 전화 1~2통이라면 굳이 전화 카드를 구입하는 것보다 로밍을 이용하는 것이 저렴할 수 있다. 휴대 전화 로밍은 전화를 받는 것 또한 국제 요금으로 계산되기 때문에 불필요한 전화는 받지 않는 것이 좋다. 한국에서 출발하기 전 국제 전화 안내 멘트를 신청하는 것도 불필요한 전화를 차단하는 방법 중 하나이다. 한국에서 보내는 문자 수신은 무료이며 하와이에서 한국으로 문자를 보낼 경우 100~500원(통신사마다 다름)이다.

스마트폰

로밍이나 현지에서 데이터를 이용하는 것이 보통인 요즘이지만, 일정과 여행 특성에 따라 신중하게 서비스를 결정하지 않으면 불필요한 요금을 많이 지출하게 된다. 스마트폰을 하와이에서 이용하는 방법은 여러 가지가 있는데, 가장 간편한 것은 로밍 서비스를 이용하는 것이다. 하지만 요금이 이용한 날짜만큼 청구되고, 비용이 가장 비싼 편이라 출장이나 단기 여행자들에게 추천한다. 두 번째로 현지에서 전화와 데이터를 사용할 일이 빈번하다면, 유심을 구입하는 것이 좋다. 유심은 온라인에서 사전에 구입하거나 공항에서 구입도 가능하고, 하와이에서 구입하여 유심만 교체하면 현지 번호가 부여되며 자유롭게 전화와 데이터를 이용할 수 있다. 그러나 한국에 전화를 하거나 전화를 받기 위해서는 따로 국제 요금 카드를 이용하거나 인터내셔널 콜링이 포함되어 있는 유심을 구입하여야 한다.(미국은 전화 수신자도 요금을 부담함) T-mobile이나 월마트 또는 한국 슈퍼 등에서 구입이 가능하다. 본인의 휴대전화 이외에도 동행자와 함께 인터넷을 사용하거나 태블릿 PC 등에서도 이용하고 싶다면 포켓 와이파이를 대여하는 것이 좋다. 동시에 여러 대가 이용 가능하며 속도 또한 안정적이다. 구입은 온라인으로 신청하고 공항에서 대여와 반납이 가능하다. 일반적으로 사용 일 수에 따라 요금이 정해지는 것이 아니고 대여부터 반납까지 총 기간으로 요금을 청구하므로 장기 여행자에게는 적합하지 않다.

• 로밍 VS 유심 VS 포켓 와이파이

구분	로밍	선불 유심 구입	포켓 와이파이
장점	한국에서 오는 전화 수신 용이. 가입과 해지가 편리.	전화 및 데이터를 저렴한 비용에 자유롭게 사용 가능.	포켓 와이파이 하나로 여러 대의 휴대전화와 태블릿 PC, 노트북에서 사용 가능.
단점	비싼 요금. 현지에서 현지로 전화 통화를 하는 것이 복잡함.	사전에 온라인을 통해 구입하거나 현지 에서 유심을 구입해야 함. 한국에서 오는 전화를 받기가 불편함.	여행 기간에 따라서 날짜로 요금을 청구 하므로 비용 부담이 높음. 지역에 따라 와이파이가 수신이 안 되는 곳도 있음.
추천	한국에서 오는 전화를 받거나 단기 여행자인 경우.	현지에서 전화와 데이터 사용이 많거나 장기 여행자인 경우.	여러 대의 기기를 이용하는 경우.

인터넷

하와이 대부분의 호텔에서는 인터넷 사용이 가능하다. 호텔에 따라 무선 인터넷을 무료로 제공하는 곳도 있고 로비에서만 가능한 호텔도 있고 모든 인터넷을 유료로만 제공하는 곳도 있으므로 미리 호텔 측에 문의하도록 한다.
대형 카페나 서점 등은 무료로 wi-fi를 제공하며

입구에 표시되어 있다. 스마트폰을 사용할 경우 해외 데이터 로밍으로 인한 요금 폭탄을 조심하도록 하자. 휴대폰 기종에 따라 해외 데이터 로밍을 차단할 수도 있고 통신사에 전화해 미리 제한해 놓을 수도 있다.

음주와 흡연

하와이 주법에 따라 만 21세부터 술을 마실 수 있으며 술을 구입하기 위해서는 반드시 ID를 소지해야 한다. 특히 어려 보이는 동양인에게는 대부분 ID를 보여 줄 것을 요구하는데 한국 신분증은 불가능하고 여권 등 영문으로 생년월일과 사진이 나와 있는 국제적으로 통용 가능한 ID가 필요하다. 또한 공원이나 비치 등 공공장소에서는 술을 마실수 없으며 야간에는 경찰들이 순찰을 돌기 때문에 주의하여 한다.
하와이는 흡연자는 발 디딜 곳이 없는 '연기 없는 도시'로 유명하다. 모든 공공장소는 흡연이 금지되어 있으며 흡연이 금지된 건물에서도 일정 거리 이상 떨어져야 흡연이 가능하다. 특히 호텔에서는 룸과 로비 등은 절대 금연 구역이며 룸에서 흡연을 하다 적발된 경우 벌금과 룸 청소비를 따로 내야 하니 흡연자들은 조심 또 조심하자. 야간 술집이라 하여도 금연인 경우가 많으니 반드시 흡연이 가능한지 물어보도록 한다.

식수

하와이는 대부분 수돗물을 그대로 마셔도 좋지만 대부분의 관광객은 상점에서 생수를 구입해 먹는다. 보통 1.5리터 생수 한 병이 $1~2 정도 한다. 식당에서 제공되는 물은 대부분 수돗물인 경우가 많으니 생수를 원할 경우 따로 주문해야 한다.

오아후
Best5

Best 1
열대어의 고향, 하나우마 베이에서 스노클링 즐기기 <u>P. 096</u>

Best 2
<u>P. 106</u> 서퍼들의 영원한 파라다이스, 노스 쇼어 관광하기

📷 **Best 3**
오아후의 꽃 와이키키에서 푸른 바다와 해변을 배경 삼아 하루 종일 망중한 즐기기 <u>P.080</u>

📷 **Best 4**
오아후 쇼핑 퀸은 바로 나! 쇼핑에 빠져 보기 <u>P.150</u>

Best 5 📷
<u>P.084</u> 와이키키가 한눈에, 이름만큼 아름다운 다이아몬드 헤드 하이킹

마우이
Best 3

Best 1
세상에서 가장 숭고한 장관, 태양의 집 할레아칼라 P.190

Best 2
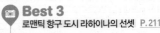
P.196 해변 도로를 따라 즐기는 마우이 드라이브

Best 3
로맨틱 항구 도시 라하이나의 선셋 P.211

빅아일랜드
Best 3

카우아이
Best3

📷 **Best 1**
태고의 웅장함을 만나는 나 팔리 코스트   P.296

Best 2 📷
태평양의 그랜드 캐니언,
와이메아 캐니언 주립 공원 P.303

Best 3
평생 잊지 못할 추억, 칼랄라우 트레일 P.298

로맨틱 해변
Best5

Best 1
오아후 고요하고 우아함을 유지하는 라니카이 비치에서 사랑을 속삭이기 P. 103

Best 2
오아후 해넘이가 장관인 선셋 비치 파크 P. 111

Best 3
카우아이 숨겨져 있어
더욱 매력적인 하이드웨이 비치
P. 294

Best 4
마우이 야자수 아래에서
여유로운 한때, 카헤키리 비치 파크 **P. 209**

Best 5
빅아일랜드 신의 오솔길, 케알라케쿠아 베이 **P. 244**

하와이의 맛
Best5

아히 포케

Best 1
하와이를 닮은 다양한 맛의 향연
로컬 푸드 맛 보기 P.147

스팸 무수비

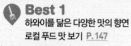

사이민

로코모코

Best 2
와이키키에서 즐기는 색다른 브런치 P.141

하우 트리 라나이

오리지널 팬케익 하우스

Best 3
싱싱한 새우가 한입에 쏙!
새우 트럭에서 맛보는 새우 요리 P.148

지오바니스 오리지날 새우 트럭

호노스 새우 트럭

Best 4
칵테일 한 잔으로 느끼는 알로하 하와이
P.144

블루하와이

마이타이

라바 플로

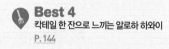

코나 맥주

코나 커피

Best 5
하와이 아니면 없을 100% 코나 커피 & 코나 맥주
P. 145, 243, 270

29

하와이 즐길거리
Best 5

⭐ **Best 1**
서핑의 천국 하와이에서 배우는 서핑 ABC P. 116

⭐ **Best 2**
뜨거운 용암이 흘러내리는 거대한 땅,
빅아일랜드에서 즐기는
헬리콥터 볼케이노 투어 P. 266

⭐ **Best 3**
정원의 섬 카우아이, 마지막으로 남은 미지의 땅 나 팔리 코스트 투어 P. 296

Best 4
푸른 바다를 향해 나이스 샷,
하와이 골프 **P. 120**

Best 5 ★
P. 214, 223 겨울 여행자의 특권, 혹등고래 만나기

추천 코스

활동파를 위한 모험 가득

오아후 4박 5일

Day1

와이키키 돌아보기

장시간 비행으로 심신이 피곤하기 때문에 무리한 일정보다는 와이키키를 돌아본다는 기분으로 편안한 옷차림으로 나서 보자.

저녁에는 불꽃놀이 & 무료 공연 즐기기

와이키키에서 가장 번화한 거리인 칼라카우아 거리를 걸어 다니며 아기자기한 소품들을 구경한다거나 와이키키 비치가 내려다보이는 카페에서 시원한 아이스커피를 마셔 보자. 저녁 공연이 있는 날 도착했다면 불꽃놀이나 무료 공연을 놓치지 말자. 해가 지고 난 후 로맨틱한 탄탈루스 언덕에 올라 불빛 가득한 오아후의 시내를 내려다보는 것도 추천한다.

오아후의 동쪽 지역 즐기기

조금 서둘러 일어나 오아후의 동쪽으로 향하자. 하와이 카이를 지나 열대어의 고향 하나우마 베이로 가자. 오전 11시 전에 스노클링을 즐기고 간단히 샤워 후 북동쪽으로 계속해서 달리면서 아름다운 오아후의 코스트 라인을 즐겨 보자.

Day2

Day3

오아후의 북쪽 지역 즐기기

오아후의 북쪽, 노스 쇼어로 향한다. 가는 길에 돌 파인애플 농장에 들러 상큼한 파인애플 아이스크림도 맛보고 서퍼들의 로망인 할레이바 마을에서 로컬식 점심을 먹어 보자.

Day4

와이키키에서 액티비티 즐기기

아직까지 체력이 남아 있다면 와이키키에서 서핑 강습을 받거나 다양한 액티비티를 즐겨 보자.

오아후 4박 5일

Day1

하와이 느끼기
호텔 수영장이나 와이키키 해변에서 하와이를 가득 느껴보자.

Day2

쇼핑이나 드라이브 즐기기
브런치를 먹으러 맛집을 찾아다니는 것도 신혼여행의 쏠쏠한 재미이다. 또는 와이켈레 아웃렛으로 쇼핑을 가거나 럭셔리한 하와이 카이 지역으로 드라이브를 떠나자.

Day3

코 올리나에서 둘만의 조용한 여유 즐기기
혼잡한 와이키키를 벗어나 조용한 코 올리나 라군으로 출발. 둘만의 은밀하고도 조용한 여유를 느낄 수 있는 환상의 시간이다. 저녁에는 야경이 내려다보이는 레스토랑을 예약하는 것도 잊지 말자.

Day4

오아후 북쪽 선셋 비치에서 해넘이 즐기기
낭만이 가득한 북쪽으로 드라이브를 떠나자. 선셋 비치에서 바라보는 해넘이는 평생 잊지 못할 둘만의 추억을 만들어 줄 것이다.

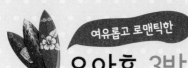

여유롭고 로맨틱한
오아후 3박 & 마우이 2박

오아후 Day1

하와이의 태양 충전하기
첫날은 무리 없이 칼라카우아 거리를 중심으로 아이쇼핑을 즐기거나 와이키키 해변에 누워 따사로운 하와이의 태양으로 가득 충전하자. 하루종일 와이키키 해변을 어슬렁거리며 망중한을 즐겨도 하루해가 짧다.

오아후 Day2

하나우마 베이와 노스 쇼어
오아후 일정이 짧기 때문에 조금 바쁘게 움직이는 하루가 될 것이다. 오전에 일찍 하나우마 베이로 가서 형형색색의 열대어와 행복한 시간을 보낸 후, 점심때쯤에는 노스 쇼어로 향하자. 지나가는 길에 돌 플랜테이션에 들러 달콤한 파인애플 아이스크림을 즐긴 후 낭만이 가득한 할레이바 마을에서 오후를 보내자. 선셋 비치의 해 넘이는 절대 놓치지 말아야 할 하이라이트이다.

오아후 Day3

오아후에서 쇼핑하기
마우이는 오아후에 비해 쇼핑할 곳이 많지 않으므로 쇼핑은 오아후에서 즐기자. 추천 쇼핑센터는 한국인에게 인기가 많은 와이켈레 프리미엄 아웃렛이나 와이키키에서 가까운 알라 모아나 쇼핑센터, 워드 쇼핑센터 등이다.

마우이 Day1

마우이 해안 도로 일주
렌터카를 빌려 마우이 해안 도로를 따라 일주해 보자. 가다가 맘에 드는 비치가 나타나면 언제든지 뛰어들 수 있도록 수영복은 필수이다. 해가 지기 전에 라하이나를 잠시 둘러보고 프런트 스트리트에서 선셋을 즐기자.

마우이 Day2

몰로키니에서 스노클링 즐기기
초승달 모양의 아름다운 섬 몰로키니로 출발. 오색 열대어와의 잊지 못할 스노클링을 체험해 보자. 저녁은 마우이 최고의 럭셔리 지역인 와일레아에서 즐기도록 하자.

오아후 3박 & 빅아일랜드 2박

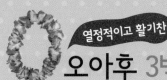

오아후 Day1

하와이의 태양 충전하기

첫날은 무리 없이 칼라카우아 거리를 중심으로 아이쇼핑을 즐기거나 와이키키 해변에 누워 따사로운 하와이의 태양으로 가득 충전하자. 하루종일 와이키키 해변을 어슬렁거리며 망중한을 즐겨도 하루해가 짧다.

오아후 Day2

하나우마 베이와 노스 쇼어

오아후 일정이 짧기 때문에 조금 바쁘게 움직이는 하루가 될 것이다. 오전에 일찍 하나우마 베이로 가서 형형색색의 열대어와 행복한 시간을 보낸 후, 점심때쯤에는 노스 쇼어로 향하자. 지나가는 길에 돌 플랜테이션에 들러 달콤한 파인애플 아이스크림을 즐긴 후 낭만이 가득한 할레이바 마을에서 오후를 보내자. 선셋 비치의 해넘이는 절대 놓치지 말아야 할 하이라이트이다.

오아후 Day3

오아후에서 쇼핑하기

빅아일랜드는 오아후에 비해 쇼핑할 곳이 많지 않으므로 쇼핑은 오아후에서 즐기자. 추천 쇼핑센터는 한국인에게 인기가 많은 와이켈레 프리미엄 아웃렛이나 와이키키에서 가까운 알라 모아나 쇼핑센터, 워드 쇼핑센터 등이다.

빅아일랜드 Day1

빅아일랜드 관광하기

짧은 시간에 빅아일랜드를 둘러볼 예정이라면 여행사의 데이 투어를 신청하는 것도 좋은 방법이다. 렌터카로 움직일 예정이라면 이른 시간부터 관광을 시작하도록 하자. 빅아일랜드 관광의 핵심은 화산 국립 공원을 방문해 용암의 기운을 느껴 보는 것이다. 헬리콥터 투어를 할 예정이라면 예약은 필수다.

빅아일랜드 Day2

돌고래 떼와 함께 카약 즐기기

수영복을 챙겨 입고 케알라케쿠아 베이로 향하자. 돌고래 떼와 함께하는 카약은 평생 잊지 못할 것이다. 캡틴 쿡 기념비 근처에서 스노클링도 함께 즐기자. 부지런히 움직여 늦은 오후에는 마우나 케아로 향하자. 쏟아지는 별빛의 향연은 빅아일랜드 섬의 작별 선물이다.

카우아이 섬 드라이브

카우아이 섬의 때 묻지 않은 자연을 즐기며 카우아이 섬 드라이브에 나서 보자. 리후에에서 출발하여 북동쪽으로 이동한다. 킬라우에아 등대를 거쳐 카우아이 최고의 리조트 지역 프린스빌에서 그림 같은 뷰를 즐긴 후, 타로 밭이 이어지는 하날레이 마을과 하날레이 계곡까지. 카우아이의 순수한 매력에 푹 빠져 보자.

나 팔리 코스트 관광하기

카우아이 섬의 하이라이트인 나 팔리 코스트를 만나러 가자. 보트 투어나 헬리콥터 투어 모두 나 팔리 코스트의 웅장함을 만나기에 부족함이 없다. 오후에는 나무집들과 흔들다리가 있는 하나페페 지역에서 카우아이의 호젓함을 즐겨 보자.

와이메아 캐니언 돌아보기

국제선을 타기 위해 다시 오아후로 돌아와야 한다. 오후 늦은 비행기라면 오전에는 '태평양의 그랜드 캐니언'이라 불리는 와이메아 캐니언을 방문해 보자.

와이키키의 화려함에 빠져 보자

카우아이에서 한적함과 대자연을 느꼈다면
오아후에서는 와이키키의 화려함에 푹 빠져
보자. 칼라카우아 거리를 따라 쇼핑을 즐기고
부족하다면 알라 모아나 센터나 와이켈레 아
웃렛으로 향하자.

그림 같은 바다 풍경 즐기기

와이키키 해변에서 서핑 강습을 받거나 서핑에 취미가 없다면
카일루아 비치로 향하자. 카누를 타고 새 서식지를 방문하거나
그림 같은 바다를 배경으로 낮잠을 즐겨도 좋다. 시간이 된다
면 바로 옆 라니카이 비치에서 조용한 시간을 보내는 것도 방
법이다.

하와이 전통 문화 체험하기

하와이 전통 문화를 체험하고 싶다면 폴리네
시안 문화 센터가 제격이다. 오후에는 사람들
이 몰리기 때문에 오전 일찍 관람한 후 숙소
로 돌아오는 길에 새우 트럭에서 늦은 점심
을 즐겨도 좋다. 돌 플랜테이션에도 들러 달
콤한 파인앤플 향기에 빠져 보자.

지역 여행

Hawaii

하와이 제도는 총 137개의 섬으로 이루어져 있으며,
그중 주요 섬은 니이하우, 카우아이, 오아후, 몰로카이,
라나이, 마우이, 카호올라웨, 빅아일랜드(하와이) 등 8개 섬이다.
이 중에서 하와이의 주요 관광지는
오아후, 마우이, 빅아일랜드, 카우아이 4개 섬이다.

오아후 Oahu

와이키키에 길게 누운 비키니 군단, 플루메리아꽃으로 장식한 소녀가 우아하게 훌라를 추는 모습 등 우리가 상상하는 대부분의 하와이의 이미지가 바로 오아후에 있다. 최고급 리조트와 때 묻지 않은 자연이 공존하며, 수많은 인종이 무지개처럼 조화롭게 어울려 사는 곳이다.

마우이 Maui

그림처럼 이어지는 하얀 모래사장과 눈부신 바다, 세계 최대의 휴화산 할레아칼라 등 때 묻지 않은 자연과 아기자기한 거리, 그리고 소박한 미소가 가득하다. 마우이는 며칠을 묵어도 지루하지 않을 만큼 찾을수록 숨은 매력이 드러나는 비밀의 정원 같은 곳이다.

빅아일랜드 Big Island

하와이 제도의 섬 중 가장 늦게 생긴 막내 섬으로 본래의 이름은 하와이 섬이지만 빅아일랜드라는 애칭으로 더 많이 불린다. 지금도 조금씩 땅이 자라며 용암이 꿈틀거리는 신비의 땅이다.

카우아이 Kauai

하와이의 대표적인 4개 섬 중 가장 인간의 손길이 닿지 않아 순수하고 웅장한 고대의 자연을 만날 수 있는, 하와이 제도의 마지막 파라다이스이다. 하와이 섬 중 가장 먼저 탄생한 섬인 만큼 신비로운 산맥과 협곡, 그리고 꽃과 나무가 작은 섬을 정원처럼 꽉 채우고 있다.

하와이

프린스빌
Princeville

하날레이
Hanalei

프린스빌 공항
Princeville Airport

와이메아
Waimea

하나페페
Hanapepe

리후에
Lihue

리후에 공항
Lihue Airport

포트 알렌 공항
Port Allen Airport

카우아이 섬

니이하우 섬
Niihau

카울라카히 해협
Kaulakahi Channel

카우아이 해협
Kauai Channel

와이메아
Waimea

라이에
Laie

할레이바
Hale'iwa

마카하
Makaha

펄 하버
Pearl Harbor

카일
Kai

하오
Ha

호놀룰루 국제공항
Honolulu International
Airport

호놀룰루
Honolulu

오아후 섬

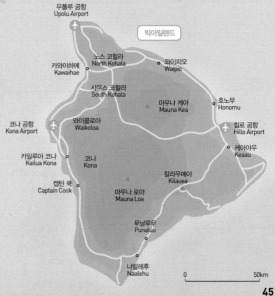

몰로카이 섬

울레후아 공항
Iehua Airport

할라바
Halawa

파이롤로 해협
Pailolo Channel

카우나카카이
Kaunakakai

카팔루아 웨스트 마우이 공항
Kapalua West Maui Airport

마우이 섬

카아나팔리
Kaanapali

카훌루이 공항
Kahului Airport

카일루아
Kailua

라나이 시티
Lanai City

라하이나
Lahaina

하나 공항
Hana Airport

라나이 공항
Lanai Airport

키헤이
Kihei

할레아칼라 국립 공원
Haleakala National Park

라나이 섬

와일레아
Wailea

하나
Hana

카호올라웨 섬
Kahoolawe

카파훌루
Kapahulu

알라라이케이키 해협
Alalakeiki Channel

알레누이하하 해협
Alenuihaha Channel

아우아우 해협
Auau Channel

우폴루 공항
Upolu Airport

빅아일랜드

카와이하에
Kawaihae

노스 코할라
North Kohala

와이피오
Waipio

사우스 코할라
South Kohala

마우나 케아
Mauna Kea

호노무
Honomu

코나 공항
Kona Airport

와이콜로아
Waikoloa

힐로 공항
Hillo Airport

카일루아 코나
Kailua Kona

코나
Kona

케아아우
Keaau

캡틴 쿡
Captain Cook

마우나 로아
Mauna Loa

칼라우에아
Kilauea

푸날루우
Punaluu

0   50km

나일레후
Naalehu

Oahu
오아후

일곱 빛깔 무지개의 섬

와이키키에 길게 누운 비키니 군단, 하얗고 청초한 플루메리
아꽃으로 장식한 소녀가 우아하게 훌라를 추는 모습, 무지개
를 걸친 다이아몬드 헤드⋯⋯. 우리가 상상하는 대부분의 하
와이의 이미지가 바로 오아후에 있다. 이때문에 누군가 하와
이를 여행했다고 한다면 오아후 섬에 다녀왔을 확률이 아주
높다. 오아후는 최고급 리조트와 때 묻지 않은 자연이 공존하
며, 수많은 인종이 무지개처럼 조화롭게 어울려 사는 곳이다.
하와이를 이루는 주요 섬인 오아후, 마우이, 빅아일랜드, 카우
아이 중 거의 모든 관광객들이 오아후 섬을 반드시 거쳐야 하
는 만큼 오아후의 24시간은 늘 활기차고 생동감이 넘친다. '더
개더링 플레이스(The gathering place)'라는 별명처럼 다양
한 매력으로 일 년 내내 여행자들을 불러 모으는 오아후로 떠
나 보자.

오아후 섬에서 꼭 체험해 봐야 할 것 **BEST 3**   ALOHA

❶ 와이키키 해변에서 하루 종일 어슬렁거리기
❷ 볼 것도 살 것도 많은 쇼핑의 천국
❸ 하나우마 베이에서 스노클링 즐기기

오아후 섬

터틀 베이 리조트 골프 코스
Turtle Bay Resort Golf Course

터틀 베이 리조트
Turtle Bay Resort

와이알레
Waialee

선셋 비치 파크
Sunset Beach Park

에후카이 비치 파크
Ehukai Beach Park

샤크 코브
Shark's Cove

와이메아 베이 비치 파크
Waimea Bay Beach Park

와이메아
Waimea

와이메아 밸리
Waimea Valley

터틀 비치 / 라니아케아 비치
Turtle beach / Laniakea beach

카와이루아
Kawailoa

에후카
Ehuka
Anahu

마쓰모토 잡화점의
쉐이브 아이스
Matsumoto's Shave Ice

노스 쇼어
North Shore

할레이바 마을
Hale'iwa Town

릴리우오칼라니 프로테스탄트 교회
Liliuokalani Protestant Church

카우아이 채널
Kauai Channel

Farrington Hwy.

모쿨레이아
Mokuleia

딜링험 비행장
Dilingham Air Field

와이알루아
Waialua

카메하메하 하이웨이
Kamehameha Hwy.

돌 플랜테이션
Dole Plantation

케아왈루아 만
Keawalua Bay

카네아나 동굴
Kaneana Cave

Kaukonahua Rd.

와히아바 식물원
Wahiawa Botanical

와히아바
Wahiawa

케아아우 비치 파크
Keaau Beach Park

와이아나에 산맥
Waianae Mountains

와이피오 아
Waipio Acre

마카하
Makaha

포카이 만
PoKai Bay

와이아나에
Waianae

리워드
Leeward

밀릴라니 타운
Mililani Town

와이켈레 컨트리 클럽
Waikele Country Club

마일리
Maili

Kunia Rd.

와이켈레 프리미엄 아웃렛
Waikele Premium Outlets

나나쿨리
Nanakuli

나나쿨리 비치 파크
Nanakuli Beach Park

하와이즈 플랜테이션 빌리지
Hawaii's Plantation Village

와이파후
Waipahu

펄 하버
Pearl Harbor

마카킬로 시티
Makakilo City

Farrington Hwy.

코 올리나 골프 클럽
Ko Olina Golf Club

USS 애리조나
USS Arizona Me

코 올리나 비치
Ko Olina Beach

웨트 앤 와일드 하와이
Wet 'n' Wild Hawaii

에바
Ewa

하와이 프린스
Hawaii Prince

아울라니 디즈니 리조트 & 스파
Aulani Disney Resort & Spa

에바 비치
Ewa Beach

지오바니스 오리지널 새우 트럭
Giovanni's Original Shrimp Truck

쿠쿠 골프 코스
Kuuku Golf Course

라이에
Laie

폴리네시안 문화 센터
Polynesian Cultural Center

하우울라
Hauula

푸날루우
Punaluu

키해나 만
Kahana Bay

카하나
Kahana

카아와
Kaaawa

쿠알로아 랜치
Kualoa Ranch

쿠알로아 비치 파크
Kualoa Beach Park

중국인 모자섬
Chinaman's hat Island

와이카네
Waikane

와이아홀레
Waiahole

세너터 퐁스 식물원
Senator Fong's Plantation Garden

카할루우
Kahaluu

카네오헤 마린 공항
Kaneohe Marin Airport

모카푸 반도
Mokapu Pt.

윈드워드
Windward

보요인 사원
Byodo-in Temple

카네오헤 만
Kaneohe Bay

카일루아 만
Kailua Bay

카네오헤
Kaneohe

카일루아 비치 파크
Kailua Beach Park

라니카이 비치
Lanikai Beach

호 기념관
Missouri Memorial

코올라우 골프 클럽
Koolau Golf Club

스왑 미트
Swap Meet

카일루아
Kailua

알로하 스타디움
Aloha Stadium

올로마나 골프 링크
Otomana Golf Links

와이마날로 만
Waimanalo Bay

USS 보우핀 잠수함 박물관
USS Bowfin Submarine Museum

누아누 팔리 전망대
Nuuanu Pali Lookout

모아날루아 골프 클럽
Moanalua Golf Club

비숍 박물관
Bishop Museum

와이마날로
Waimanalo

와이마날로 비치 파크
Waimanalo Beach Park

마나나 섬(래빗 아일랜드)
Manana Island

호놀룰루 국제공항
Honolulu International Airport

다운타운
Downtown

호놀룰루
Honolulu

하와이 대학교
University Hawaii

하와이 카이
Hawaii Kai

하와이 카이 골프 코스
Hawaii Kai Golf Course

시 라이프 파크
Sea Life Park

마카푸우 포인트
Makapuu Pt.

알라 모아나
Ala Moana

알라 와이 골프 코스
Ala Wai Golf Course

코나 브루잉 컴퍼니
Kona Brewing company

코코 분화구
Koko Crater

샌디 비치 파크
Sandy Beach Park

알라 모아나 비치 파크
Ala Moana Beach Park

코코 마리나 센터
Koko Marina Center

할로나 블로우 홀
Halona Blow Hole

와이키키 비치
Waikiki beach

호쿠스
Hoku's

한국 지도 마을 시닉 포인트
Marina Ridge Scenic Point

코코 헤드
Koko Head

코코 헤드 리저널 파크
Koko Head Regional Park

다이아몬드 헤드
Diamond Head

사우스 퍼시픽 워터 스포츠
South Pacific Water Sports

하나우마 베이
Hanauma Bay Nature Preserve

아일랜드 다이버스
Island Divers

카이위 해협
Kaiwi Channel

49

❯ 호놀룰루 공항에서 시내로 이동하기

택시

가장 이동하기 편한 방법으로, 공항 출구로 나와 길을 건너면 바로 택시 승강장이 보인다. 안내원이 택시 승강장에 서 있기 때문에 목적지나 호텔 이름을 말해 주면 택시를 잡아 준다. 공항에서 와이키키 주요 호텔까지의 거리는 15km 내외로 교통 상황에 따라 $35~45 정도 나오며 여기에 10~15% 정도의 팁을 더해 운전기사에게 직접 지불하면 된다.

일부 국가처럼 관광객을 상대로 일부러 돌아서 간다거나 속이는 악덕 운전기사는 거의 없으므로 비교적 안심하고 이용해도 좋다. 때로 와이키키에서 빙글빙글 돈다는 생각이 들기도 하는데 이는 일방통행인 와이키키의 도로 특성상 목적지가 눈앞에 있어도 돌아서 갈 수밖에 없는 상황이 자주 발생하기 때문이다.

승차 인원이 많고 짐이 많다면 일반 택시에 짐을 실을 수가 없다. 그럴 때는 밴 택시를 이용하는 것이 편한데 한인 택시가 서비스 면에서 추천할 만하다. 공항에 도착하여 전화하면 보통 10분 내로 온다. 가격은 일반 택시와 동일하다.

로열 택시 전화 808-946-8282(한국에서 걸 때 001-1-808-946-8282), 홈페이지 www.hawaiiroyaltaxi.com

셔틀버스 🚌 AIRPORT SHUTTLE

가장 합리적인 비용으로 목적지까지 갈 수 있는 방법이다. 출구로 나오면 중앙 분리대 쪽에 'Airport shuttle'이라고 표시되어 있다. 대기하고 있는 직원에게 목적지를 말해 주거나 정차해 있는 셔틀 운전기사에게 목적지를 말하면 된다. 요금은 1인당 $7~15 정도이며 돌아오는 편을 함께 구입하면 더 할인해 준다. 공항에서 와이키키 호텔까지는 40분 내외로 소요되며 바로 호텔 앞에 내려 주기 때문에 편리하다.

호놀룰루 국제공항의 공식 셔틀버스인 스피디 셔틀뿐 아니라 로버츠 하와이 같은 예약제 셔틀버스를 이용할 수 있으며 혼자이거나 두 명까지는 가장 저렴하고 빠르게 이동할 수 있는 교통수단이다. 짐을 내려리고 실어 주는 기사에게 $1~2 정도의 팁은 필수 예의!

스피디 셔틀 출구로 나오면 중앙 분리대 쪽에 Airport shuttle이라고 표시되어 있다. 대기하고 있는 직원에게 목적지를 말하거나 정차해 있는 셔틀 운전기사에게 목적지를 말하면 된다. 목적지에 따라 가격이 다르므로 타기 전에 기사에게 호텔 이름과 가격을 물어보면 된다.

홈페이지 www.speedishuttle.com
가격 1인 $20.22부터 거리에 따라 차등 적용

로버츠 하와이 미리 예약하면 공항으로 나오는 셔틀로, 왕복 티켓을 구입하면 더 저렴하다.

홈페이지 www.airportwaikikishuttle.com
가격 왕복 $30, 편도 $16

더 버스 The bus

오아후의 대중교통인 더 버스로 와이키키까지 이동할 수 있지만 더 버스는 무릎에 올려 놓을 수 있는 짐 외에는 가지고 탈 수 없으므로 여행객에게는 다소 불편하다. 2층 출국장에서 19번, 20번 와이키키 방향 버스를 탑승하면 된다. 성인 요금은 $2.75이며, 소요 시간은 약 1시간 정도다.

전화 808-848-4500

홈페이지 www.thebus.org

렌터카

오아후의 숨겨진 진짜 매력을 만나기 위해서 렌터카는 필수다.(뒤에 나오는 '렌터카 이용법'을 참고하자.)

우버 & 리프트 Uber & Lyft

택시보다 요금이 훨씬 저렴하고 미리 결제를 하는 방식으로 이용하는 라이딩 쉐어 서비스인 우버와 리프트는 이미 미국에서 대중화된 교통수단. 단, 현재는 호놀룰루 공항 안으로는 우버와 리프트가 들어오는 것이 금지되어 있어 공항에서 5분 정도 걸어 나가 USPS(대부분 기사들은 이곳으로 오라고 함)나 무료 렌터카 셔틀을 타고 공항 밖으로 나간 후 탑승한다. 우버와 리프트 어플을 미리 깔아 놓고 자신의 현재 위치로 목적지를 넣으면 자동으로 요금이 계산되고 드라이버가 결정되면 결제가 이뤄진다. 짐이 많을 경우 차량 사이즈를 선택할 수도 있고 일행이 없을 경우 요

금이 더 저렴한 합승 서비스 이용도 가능하다. 처음 가입 시 이용할 수 있는 프로모션 코드가 온라인에 많이 있으므로 어플 가입 후 할인 코드 검색은 필수. 공항에서 와이키키까지 요금은 $20대로 택시보다 저렴하며 팁은 필수는 아니지만 짐을 싣거나 내려 주는 경우 $2~3는 예의다.

❷ 시내에서 공항으로 이동하기

택시

택시는 호텔에 요청하면 시간에 맞춰 불러 준다. 교통 체증이 있는 오전 출근 시간이나 오후 퇴근 시간 등에는 조금 서두르는 것이 좋다. 셔틀버스는 호텔에 부탁하여 예약하거나 직접 예약할 수 있다.

셔틀버스

공항에서 시내로 들어올 때 셔틀버스를 이용했다면 왕복편을 예약하는 것이 더 싸다. 셔틀은 대형 버스부터 작은 사이즈의 밴까지 다양한데 예약 시에는 정확한 호텔명과 이름, 인원 수, 비행기 출발 시간을 말해 주면 된다.

렌터카

렌터카 회사에 차량을 반납하면 공항까지 렌터카 회사의 셔틀을 무료로 이용할 수 있다. 자세한 내용은 '렌터카 반납하기' 편을 참고하자.

🚌 오아후의 교통수단

다른 섬과 달리 오아후는 대중교통 시스템이 잘 갖춰져 있어 더 버스나 와이키키 트롤리 등으로 주요 관광지를 손쉽게 여행할 수 있다. 하지만 하와이의 낭만과 자유를 제대로 느끼기 위해서는 렌터카가 제격이다. 와이키키 주변 관광과 쇼핑이 주라면 대중교통을 추천하고 외곽의 해변이나 다양한 액티비티를 원하는 활동파에게는 렌터카가 필수다.

❂ 더 버스 The bus

오아후의 유일한 대중교통 수단인 더 버스는 미국 교통국에서 미국 내 최고의 교통 시스템으로 여러 번 뽑힐 정도로 오아후의 구석구석을 잘 연결하고 있으며

버스 시설과 운전사의 서비스 역시 훌륭하다. 더 버스 노선이 복잡하다고 느낄 수 있지만 서울 버스에 비하면 단순할 정도다. 관광지를 오가는 몇몇 버스 노선을 알아 두면 편리하다. 알라 모아나 센터가 주요 버스들의 환승 센터이기 때문에 외곽으로 나가기 위해서는 이곳에서 환승을 해야 한다.

전화 808-848-4500
홈페이지 www.thebus.org

★ 알아 두면 유용한 더 버스 주요 노선

No.	주요 목적지	참고
4번	카피올라니 공원, 하와이 대학교, 이올라니 궁전 등 다운타운, 차이나타운	배차 간격은 15~20분.
2번 13번	호놀룰루 아카데미 오브 아트, 다운타운, 차이나타운, 비숍 박물관(2번), 카파훌루 애비뉴(13번)	와이키키와 주요 다운타운을 다닐 때 유용하다.
19번 20번	알라 모아나 센터, 워드 센터, 알로하 타워 마켓 플레이스, 애리조나 기념관	와이키키 관광객들에게 가장 유용한 버스 노선! 배차 가격이 30분~1시간으로 길기 때문에 배차 시간표를 반드시 확인하자.
23번 24번	다이아몬드 헤드 방향	다이아몬드 헤드 주차장에서 내릴 수 있다.
52번 55번	돌 플랜테이션, 할레이바 마을, 선셋 비치, 터틀 베이 리조트, 폴리네시안 문화센터	52번과 55번은 서쪽과 동쪽으로 반대 방향으로 출발해서 터틀 베이 리조트에서 번호를 바꾼다.
57번 57A번	다이아몬드 헤드, 하와이 카이, 하나우마 베이, 와이마날로 비치, 카일루아 비치	57번과 57A번은 서쪽과 동쪽에서 출발해 시 라이프 파크와 알라 모아나 센터에서 번호를 바꾼다.

시간표(Timetable)

오아후 곳곳을 연결하는 자세한 루트와 운행 시간 등을 확인하고 싶다면 홈페이지나 무료 시간표를 이용한다. ABC 스토어, 알라 모아나 센터 내 새틀라이트 시티 홀, 인터내셔널 마켓 플레이스 푸드코트, 와이키키 해변(칼라카우아 애비뉴) 맥도널드, 하와이 대학교 캠퍼스 센터 등에서 무료 시간표를 구할 수 있다.

요금(Fare & Pass)

편도 요금

편도 티켓은 2017년 10월부터 환승이 불가하며 환승을 원할 경우 1Day Pass를 구입하는 것이 합리적이다.

요금 성인 $2.75/ 6~17세 $1.25 / 5세 이하 무료 / 1Day Pass $5.50

Monthly Pass

장기로 머물 예정이라면 Monthly Pass를 구입하는 것이 좋다. 1일부터 말일까지 유효하다. 구입은 푸드 랜드 스토어, 세븐 일레븐, 알라 모아나 센터 내 새클라이트 시청, UH Manoa 캠퍼스 센터, Hawaii Pacific University Book Store, Chit Chat Store, Time Supermarket에서 가능하다.

요금 $35

버스 타기

Step1. 버스 노선도를 확인하고 노란색 표지판이 있는 버스 정류장에 서서 버스를 기다린다. 타려는 버스가 오면 한 발 다가서거나 살짝 손을 드는 제스처를 취한다.

Step2. 앞문으로 승차해 요금 상자에 요금 $2.75 를 정확하게 넣는다. 운전기사는 거스름돈을 지불할 의무가 없으며 운행 중 요금 상자를 만져서는 안 되기 때문에 정확한 액수의 요금을 준비해서 넣어야 한다.

Step3. 주요 관광지는 안내 방송이 나오지만 안내 방송이 없는 버스도 있기 때문에 지형지물을 잘 살피거나 운전기사에게 미리 목적지를 알려 주면 내릴 즈음에 친절하게 안내해 준다.(그러나 주행 중에 운전기사에게 말을 거는 것은 금지되어 있다. 탑승 시에 미리 이야기해 놓자.)

Step4. 목적지에 도달하기 전에 창문에 걸려 있는 줄을 잡아 당기면 '띵' 하는 신호음과 함께 버스 전면부에 'Stop Requested'라는 표시등이 들어온다.

Step5. 내릴 때는 뒷문으로 내리는데 계단에 한 발 내려 디디면 자동으로 문이 열리거나 수동식의 경우 손으로 문을 열고 내리면 된다.

알라 모아나 환승 센터

버스 이용 시 주의할 점

- 기본적으로 무릎에 올려 놓을 수 없는 큰 짐(ex. 서핑 보드)은 가지고 탈 수 없다. 부기보드 같은 물놀이 도구의 경우 모래와 물기가 없고 사이즈가 크지 않다면 가능하다.
- 자전거는 버스 앞에 설치된 거치대(Rack)에 실을 수 있으며 휠체어, 유모차 등도 실을 수 있다.

- 버스 안의 에어컨 성능이 놀랍도록 빵빵하기 때문에 겉옷을 가지고타는 것이 좋다.
- 버스 내에서 음식을 먹는 것과 흡연은 금지되어 있으며 MP3나 영상 기기는 반드시 이어폰을 연결해야 하며 휴대폰은 진동으로 해 놓도록 하자.

❍ 와이키키 트롤리 Waikiki Trolley

오아후의 주요 관광지와 쇼핑센터 등을 연결한다. 더 버스와는 달리 관광 목적으로 운행돼 하와이의 운치를 느낄 수 있어 관광객들에게 인기가 높다.

총 5개 라인으로 운행되며 볼거리 위주의 그린 라인, 역사적 유적지와 관광 명소를 둘러볼 수 있는 레드 라인, 쇼핑센터를 이어 주는 핑크 라인, 해안가를 따라 오아후의 절경을 즐길 수 있는 블루 라인 그리고 퍼플 라인을 운행하고 있다. 또한 와이켈레 프리미엄 아웃렛까지 운행하는 예약제 트롤리가 있다.

티켓의 종류는 각 라인마다 1일 티켓부터 4일, 7일 티켓으로 구성돼 있으며 전 라인을 이용할 수 있는 티켓을 구입하면 훨씬 경제적이다. 온라인으로 사전에 구입하면 높은 할인을 받을 수 있다.

홈페이지 www.waikikitrolley.com

★ Waikiki Trolley 요금

Adult (12~61세)	1Day Pass	4Day Pass	7Day Pass
	$45	$65	$70

라인별 주요 관광지

Green Line Scenic Tour

하와이의 대표 관광 명소인 다이아몬드 헤드, 호놀룰루 동물원, 와이키키 수족관, 카할라 몰 쇼핑센터 및 KCC 파머스 마켓을 돌아볼 수 있다.

주요 경유지 : T 갤러리아, 모아나 서프라이더 호텔, 듀크 카하나모쿠 상, 호놀룰루 동물원, 카피올라니 공원, 와이키키 수족관, 다이아몬드 헤드, 카할라 몰, KCC 파머스 마켓, 몬세랫 애비뉴

Red Line Historic Tour

호놀룰루의 문화, 예술, 건축 라인을 경험할 수 있으며 주정부 청사와 이올라니 궁전, 차이나 타운 등을 돌아볼 수 있다.

주요 경유지 : T 갤러리아, 호놀룰루 아트 뮤지엄, 주정부 청사, 이올라니 궁전, 포스터 식물 정원, 차이나 타운, 다운 타운

Pink Line Shopping Tour

하와이 최대 쇼핑몰인 알라 모아나 센터를 들러 럭셔리 제품과 백화점들을 들를 수 있으며, 부티크, 바, 레스토랑, 푸드 코트와 DFS 갤러리아, 로얄 하와이안 센터, 와이키키 비치, 힐튼 하와이 빌리지를 경험할

수 있다.

주요 경유지 : T 갤러리아, 모아나 서프라이더 호텔, 듀크 카하나모쿠 상, 애스톤 와이키키 비치 호텔, 힐튼 와이키키 비치 호텔, 인터내셔널 마켓 플레이스, 코트야드 바이 메리어트, 와이키키 게이트웨이 호텔, 사라토가 로드(우체국), 힐튼 하와이안 빌리지, 아쿠아팜스 와이키키, 알라 모아나 센터, 알라 모아나 센터(바다쪽 승차장), 일리카이 호텔, 사라토가 로드(트럼프 호텔), 에그슨 씽즈

Blue Line Panoramic Tour
오아후의 멋진 동남부 해변 라인, 화이트 샌디 비치 및 기암절벽의 광경을 감상할 수 있으며 운이 좋으면 바다에서 헤엄치는 돌고래를 볼 수 있다.

주요 경유지 : T 갤러리아, 듀크 카하나모쿠 상, 하나우마 베이, 할로나 홀, 샌디 비치, 시라이프 파크, 하와이 카이, 카할라 몰

Purple Line Pearl Harbor Tour
하와이의 명소 진주만을 돌아보는 노선으로 USS 애리조나 기념관을 다녀올 수 있다.

주요 경유지 : T 갤러리아, 듀크 카하나모쿠 상, 애스톤 와이키키 비치 호텔, 알로하 타워, 워드 센터, 알라 모아나 센터, 일리카이 호텔

❷ 시티투어 버스 City tour bus

"Hop on Hop off" 아무 때나 내리고 탈 수 있는 시티투어 버스는 시티 루프와 진주만 루프, 나이트 루프의 세 가지 코스가 있으며 짧은 시간에 효율적으로 관광을 하고자 하는 이들에게 합리적인 버스이다. 홈페이지를 통해 패스를 구입할 수 있으며 성인 $49.53이다.

투어 시간 09:30 ~ 14:30
요금 성인 $58.64 어린이 $35.82
홈페이지 www.polyad.com/double-decker-bus-tours.html

❷ 택시 Taxi

오아후는 콜택시 제도가 있어 한국처럼 거리에 나와 택시를 잡기가 쉽지 않으므로 호텔이나 쇼핑센터 안내 데스크에 부탁하여 택시를 부르는 것이 좋다. 한국어 서비스가 필요한 경우 한인 택시 회사를 이용할 수 있다. 미터 요금제이며 공항에서 와이키키까지는 $35~45, 와이키키에서 알라 모아나 센터까지는 $10 정도가 나온다. 팁은 요금의 10~15% 정도.

한인 택시 포니 택시 808-944-8282 / www.ponytaxi.com
로열 택시 808-946-8282 / www.hawaiiroyaltaxi.com

❷ 렌터카 Rent a car

하와이의 진짜 매력을 만나기 위해서는 렌터카가 필수다. 특히 노스 쇼어나 오아후 섬 동부 일주를 하기 위해서는 다른 어떤 교통 수단보다 편리하다. 가족을 동반한 여행이나 아이가 있다면 전일 렌터카를 추천한다. 보통은 일정 중 하루 이틀 정도를 렌트하는데 한국과 운전하는 방법이 크게 다르지 않고 오히려 교통 체증이 적어 수월하게 운전할 수 있다.

렌터카 예약 어디서 할까?

다른 나라에서 운전을 하고 차를 빌린다는 것이 쉽지 않게 느껴지겠지만 몇 가지 사항만 유의한다면 차량 렌트부터 반납까지 어렵지 않게 해결할 수 있다. 현재 우리나라에는 허츠나 알라모 같은 렌터카 회사가 들어와 있기 때문에 한국어 사이트를 통해서 사전에 쉽게 예약할 수 있다. 또 트래블직소 사이트는 모든 렌터카의 요금을 비교할 수 있어 편리하다. 하지만 트래블직소는 최저 요금 위주로 안내해 주기 때문에 반드시 차량의 상태나 보험의 유무 등을 확인해야 한다. 렌터카는 즐겁게 운전하고 아무런 사고가 나지 않는다면 가장 저렴한 곳이 좋다. 하지만 우리나라도 아닌 이국의 땅에서 돌발 상황은 얼마든지 발생할 수

있는 법. 경험에 의하면 오아후 지역에서는 주차 시의 경미한 접촉 사고나 도로교통법 위반이 가장 빈번하고 마우이나 빅아일랜드에서는 차량 주행량이 많아 차량 고장으로 인한 사고가 많다.

따라서 얼마나 렌터카 회사에서 사고 처리를 빠르고 능숙하게 하느냐와 차량 상태가 매우 중요한데, 여러 업체 중 허츠나 알라모가 사고 대처 능력이 가장 빠른 것으로 알려져 있다. 특히 허츠의 차량은 모두 1년 이내의 것으로 상태가 가장 좋으며 깨끗하다. 저가의 렌터카 회사의 경우 차량 년수가 오래되어 고장이 잦을 수 있으므로 반드시 확인하도록 한다.

허츠 Hertz

전화번호 1600-2288(해외에서 전화 걸 때 82-1600-2288)
Email cskorea@hertz.com
홈페이지 www.hertz.co.kr / www.hertz.com

예약하기

현지에 도착해서 렌터카를 빌릴 수도 있지만 성수기의 경우 원하는 조건의 차를 빌리지 못할 수도 있고 대부분의 렌터카 회사가 예약을 하는 경우 훨씬 저렴한 요금을 제시하고 있기 때문에 미리 예약하는 것이 좋다. 각 회사와 사이트마다 요금 체계와 예약 방식이 다르므로 미리 체크하고 자신의 여행 스타일에 맞게 선택하도록 하자.

한국 사이트에서 예약하기

대형 렌터카 회사의 경우 한국어 홈페이지가 있어 직접 자신이 차량을 선택할 수 있으며 미리 결제하지 않아도 되기 때문에 부담이 없다. 현지에서 예약하는

것보다 15~20% 정도 저렴하며 복잡한 보험을 패키지로 묶어 합리적인 가격으로 제공하는 등 한국인을 위한 혜택이 다양하므로 홈페이지를 확인해 보자.

허츠 www.hertz.co.kr / www.hertz.com

미국 현지 사이트에서 예약하기
다양한 렌터카 회사의 요금을 한눈에 비교할 수 있고 저렴한 요금을 선택할 수 있다는 것이 장점이다. 그러나 회원 가입 등 절차가 복잡하고 선결제를 해야 하는 경우 신용카드 결제 시에 불편 사항이 있을 수 있다.

홈페이지 www.traveljigsaw.com / www.priceline.com / www.travelocity.com

한국 여행사를 통해서 예약하기
전화나 인터넷으로 편리하게 이용할 수 있다는 장점이 있으나 가격이 다소 비싸며 선택의 폭이 좁다.

차량 빌리기
회사에 따라 절차가 조금씩 다르긴 하지만 일반적인 과정은 다음과 같다.

렌터카 회사로 이동하기
호놀룰루 국제공항에서 출국 수속을 마치고 나오면 개인 여행자 출구 쪽에 렌터카 회사 Check-in 데스크가 있다. 이곳에서 계약서 작성 등 기본적인 절차를 밟고 렌터카 셔틀을 타고 회사로 가 차량을 인수받거나, 직접 회사에서 Check-in 절차와 인수를 동시에 진행할 수도 있다. 렌터카 셔틀(Rental Car Shuttles) 사인을 따라 셔틀버스 정류장에서 해당 회사의 버스를 탑승한다. 대개 5~10분 간격으로 공항과 렌터카 회사를 왕복하며, 5분 정도면 대부분의 렌터카 회사에 도착할 수 있다.

짐은 차량 직원이 셔틀버스에 실어 주기 때문에 내릴 때 $1~2의 팁으로 감사를 표현하는 것이 예의.

카운터 수속하기
예약 확인서나 확인 번호가 있다면 빠르게 수속을 진행할 수 있다. 우리나라에서 취득한 면허증은 원칙적으로 미국에서도 그대로 통용되지만 한국어로 되어 있는 까닭에 사본 격인 국제운전면허증을 지참해야 한다. 반드시 한국 운전면허증은 필수. 국제운전면허증만으로는 효력이 발생하지 않으며 렌터카 회사에서도 렌트를 해 주지 않는 경우가 대부분이다.

계약서 작성하기

예약 사항에 따라 차량 렌트 계약서를 작성하게 되는데 계약서에 명시되어 있는 픽업, 반납 일자 및 시간, 렌탈 지점, 차량 정보, 차량 요금, 보험 내역 및 세금, 옵션 선택 사항, 연료 이용 등을 모두 확인하고 서명하도록 한다.

일단 서명을 한 후에는 이의를 제기하거나 환불할 수 없으므로 꼼꼼하게 확인하도록 한다. 렌탈 계약서는 만일을 대비해 반드시 보관하도록 하자.

하와이의 경우 Local Tax 4.17%, 자동차 등록세인 Surcharges를 하루에 $0.43 내야 한다. 또한 만 20세부터 렌트가 가능하지만 만 25세 미만인 경우에는 하루에 $20 정도의 추가 비용이 발생하게 되며 렌트 계약자 외에 추가로 운전자를 등록할 경우 역시 하루 $13이 추가로 부과된다. 등록하지 않은 운전자는 사고 발생 시 보험 혜택을 받을 수 없다.

내비게이션(GPS)의 경우 수량이 부족해 예약 시 요청하는 것이 좋으며 보통 하루에 $14 정도로 대여할 수 있다. 4세 미만의 유아가 함께 탈 경우 카시트를 의무 사용해야 하는데 렌터카 회사에서 하루에 $12 전후로 빌려 준다.

렌터카 이용 요금 지불하기

대부분의 렌터카 회사의 결제 방식은 차량 픽업 시 일정 금액을 신용카드로 가승인하고 이용 요금에 대한 최종 결제는 차량 반납 시에 이루어진다. 가승인은 일종의 보증금과 같은 역할을 하는 것인데 중간에 기간 연장 등 계약 내용을 바꾸지 않았다면 예약 시 안내 받았던 예상 임차 요금과 거의 동일하다. 차량 픽업 시 예치금이 승인되고, 반납시 최종 임차 금액이 실제 청구되기 때문에 신용카드의 한도를 잘 확인해두어야 한다. 예를 들어 가승인을 $350를 하고 3일 후 최종 결제를 $350를 했다면 신용카드의 최소 한도는 $700 이상이 되어야 한다는 것을 명심하자. 때에 따라서 가승인 카드와 최종 결제 카드가 다른 경우, 두 번 결제가 되는 경우도 있으니 되도록 한 카드를 이용하도록 한다.

차량 인도받기

회사에 따라 조금씩 다르지만, 직원이 차량을 안내해 주어 인도받는 방식과 직접 주차된 차량 중에서 고를 수 있는 방식이 있는데 어떠한 경우든 시동을 걸고 차량의 상태를 확인해야 한다. 깜박이등, 비상등, 헤드라이트, 라디오, 윈도 브러시 등을 작동시켜 보고 문제가 없는지 점검한다.

한편, 차량 외관을 반드시 체크해야 하는데 직원이 차량의 긁히거나 찍힌 부분(Scratch & Dent) 등을 표시할 수 있는 종이를 주면 직접 차 주변을 돌아보며 확인하고 종이에 표시를 한 다음 한 장은 직원에게 주고 나머지 한 장은 반드시 보관하도록 한다. 차량을 가지고 나갈 때 출구에서 운전면허증과 서류 등을 확인하기도 한다.

허츠 렌터카의 경우 #1 Gold 회원에 가입할 경우 현지 카운터에서의 임차 수속 없이 예약한 차량이 미리 준비되어  있어 매우 신속하고 편리하게 차량 픽업이 가능하다. (무료 가입 문의 : 허츠 예약 센터 1600-2288)

렌터카 반납하기

공항에서 반납하게 될 경우 Car Return 표지판을 따라 반납 주차장으로 이동하게 되는데 회사에 따라 공항 내에 반납 지점이 위치한 회사와 공항 밖에 위치한 회사가 있으므로 자신이 차량을 인도받았던 곳을 반드시 기억하도록 하자.

반납할 때에는 연료 상태를 확인해야 하는데 연료 후 지불 방식을 택한 경우는 반드시 연료를 가득 채워서 반납해야 한다. 그렇지 않을 경우 추가 비용을 내야 하는데 일반 주유 가격보다 다소 높으니 참고하자. 연료를 가득 채우는 것이 불편하다면 Pre paid gas 옵션을 선택할 것을 추천한다. 굳이 주유소를 찾아 헤맬 필요도 없고 일반 주유 가격보다 저렴하므로 예약 시나 수속할 때 요청하도록 하자.

차 내에 놓고 내린 소지품이 없는지 마지막으로 확인을 하면 직원이 차량 상태와 운행 거리, 연료 등을 체크한 후 최종 영수증을 발급해 주는데 영수증 사용 내용을 살핀 후 궁금한 것이 있으면 그 자리에서 물어보거나 재확인을 요청해야 한다. 한국에 돌아온 후 관련 문제들을 해결하려면 시간도 많이 걸리고 여러 가지로 불편하기 때문에 마지막까지 꼼꼼하게 체크해야 한다.

쉽게 알아보는 렌터카 보험

자차 보험, LDW(Loss Damage Waiver)

운전자로부터 발생한 대여 차량의 손상에 대한 책임을 공제해 주는 보험.

대인/대물 추가 책임 보험, LIS(Liability Insurance Supplement)

대여 차량을 운전하다가 타인의 차량이나 신체에 손상을 입혔을 경우 발생할 수 있는 피해자의 손해 배상 청구 등에 대하여 운전자를 보호하는 보험.

임차인 상해/휴대품 분실 보험, PAI/PEC (Personal Accident Insurance/

Personal Effects Coverage）
임차 중에 발생한 임차인 및 동승자의 상해 및 휴대품
분실 보상 보험.

무보험 차량 상해 보험,
UMP (Uninsured Motorist Protection)
제 3자의 과실로 사고 시 제 3자가 무보험 차량, 대
인/대물 최저 보험 차량, 사고 후 도주 차량인 경우 임
차인과 동승자의 상해를 최대 $1,000,000 까지 보상
해 주는 보험.

운전 중 문제가 생겼어요!
운전 도중 충돌 사고 발생 시
운전 중 사고가 발생했을 경우 그 사고의 책임 여부
에 상관없이 반드시 경찰에 신고해야 한다(911). 경
찰에 신고하지 않은 채 상대방과 합의를 본다거나
하는 것은 매우 위험한 일이다. 또한 추후 발생되는
문제에 대해서 어떠한 보상도 받을 수 없다. 경찰이
도착하면 사고 경위에 대해서 경찰 보고서(Police
report)를 작성해 주는데 추후 보험 처리를 위해서는
반드시 필요하므로 꼭 보관하도록 하자. 렌터카 회사
를 통해 보험에 들었다면 차량 반납 시 사고 경위와
보상에 대해 확인하면 된다.

한국 영사관 808-595-6109

도난 사고 발생 시
지정된 주차장에 주차하더라도 차량 유리창을 파손
한 후 안에 있는 물품을 가져가는 도난 사고가 간혹
발생하는데 대부분의 도난 사고 보험은 제한이 있으
므로 사전에 사고를 방지하도록 해야 한다. 차 내부
에는 고가품이 아니라 하더라도 모두 트렁크로 옮겨
놓거나 치워야 하고 항상 창문과 문을 잠궜는지 확인
하도록 하자. 사전에 도난 사고 보험에 가입했다면
반드시 경찰에 신고하여 사건 경위서를 써야 보상이
가능하다.

주차 벌금, 통행료, 과속 티켓을 끊었을 시
렌터카 이용 중 주차 위반 벌금이나 통행료 미납, 과
속 티켓을 발급받았다면 현지에서 해결하는 것이 가
장 좋다. 한국에 돌아온 후 해결하려면 절차가 매우
복잡하기 때문이다. 벌금 티켓을 직접 받지 않았더라
도 대개 렌터카 회사로 자동으로 청구되며 렌터카 회
사는 운전자의 신용카드로 범칙금을 결제하게 되는
데 이에 따른 수수료가 발생해 비용이 만만치 않다.
한편 발부된 범칙금을 무시하고 내지 않으면 미국에
다시 입국할 때 어려움을 겪을 수 있으니 위반한 내용
에 대해서는 책임을 져야 한다.

주요 렌터카 고객센터 연락처
허츠 800-654-3131
알라모 800-327-9633
내셔널 800-227-7368
에이비스 800-321-3712
버젯 800-527-0700
달러 800-800-4000
엔터프라이즈 800-736-8222
트리프티 800-367-5238

Travel Tip

다른 운전자에게 고마움을 나타내고
싶을 때는 샤카로 표현!

양보를 받거나 추월을 했을 경우 비상 깜박이를 켜도 되지만
하와이 현지인들은 '느긋하게 하자(Hang loose)'라는 의미의
하와이식 손동작을 한다. 우리도 멋지게 손을 흔들어 보자. 샤
카는 '좋다', '괜찮다' 등의 의미로 하와이에서 자주 사용되는
손짓이다.

렌터카 차량에 문제가 발생했을 시

차량 이용 중 차가 움직이지 않거나 문제가 발생할 경우에는 차량을 빌린 지점에 요청하여 차량 교체를 요구하는 것이 우선이다. 늦은 시간이나 휴일이어서 영업점이 열지 않거나 견인차를 불러야 하는 경우에는 렌터카 회사의 고객센터로 연락하여 도움을 요청한다.

렌터카 Gas 주유법

하와이의 주유는 대부분 셀프 주유이며 Gas의 종류는 레귤러, 프리미엄, 언리디드가 있는데 렌터카는 언리디드(무연)를 넣으면 된다.

주유하는 방법은 주유 기계에서 직접 신용카드를 긁고 이용하는 방법과 주유 상점으로 들어가 현금이나 신용카드로 지불하고 주유하는 방법이 있다. 신용카드로 직접 주유하는 방법이 편리하긴 하지만 한국의 신용카드로는 결제가 안 되거나 Zip code 입력을 요구하는 기계들이 있다. 결제가 잘 이뤄지지 않을 경우 주유소 상점에 도움을 요청하도록 하자.

주유소 상점에서 결제하고 주유하는 경우

주유소 상점에서 결제를 하는 경우에는 주유할 곳에 주차를 한 뒤 주유기 번호를 확인하고 상점에 들어가 주유기 번호를 말한 후 연료비를 지불하고 기름을 넣으면 된다. 일반 소형이나 중형 차량은 $20~30 정도 주유하는 것이 적당하다. 주유한 것보다 돈을 더 많이 지불한 경우에는 돈을 돌려 준다.

직접 주유 기계에서 신용카드로 주유하는 경우

- 신용카드를 위에서 아래로 긁거나 넣었다가 뺀다.
- 주유 기계에서 노즐을 꺼내 차의 주유구에 넣는다.
- 주유를 시작하려면 주유 기계에 있는 레버를 위로 올리거나 주유 버튼을 누른다.
- 노즐을 쥐고 손잡이를 꽉 쥐면 주유가 시작된다.
- 주유 기계의 미터기를 보면서 원하는 양만큼 주유가 되면 손잡이를 풀고 레버를 아래로 내린 후 노즐을 원위치에 걸어 놓는다.
- 주유가 끝나면 기계에서 영수증이 자동으로 발급된다.

주차하기

와이키키 주변은 주차 사정이 안 좋으며 무료 주차장이 거의 없기 때문에 목적지로 이동할 때는 주차 가능 여부를 미리 확인하고 출발하는 것이 좋다. 또한 주차 단속이 매우 엄격하므로 절대 지정되지 않은 곳에 주차하지 않도록 하자. 주차 벌금 티켓을 받거나 견인되기도 한다. 한편 대부분의 호텔은 투숙객에게도 따로 주차 요금을 받는데 하루에 $20~30가량이며 발레파킹만 가능한 호텔도 많다.

건물 내 유료 주차

레스토랑이나 쇼핑센터를 방문하는 경우 해당 건물에 주차를 하고 주차 확인증(validation)을 받으면 일정 시간까지 무료이거나 $2~3의 요금만 내면 된다. 주차권을 분실할 경우 $50의 벌금을 부과하니 잘 챙겨야 한다.

파킹 미터기

와이키키 주변 곳곳에는 무인 주차기가 설치되어 있는데 빈자리가 있을 경우 주차를 하고 필요한 시간만큼 동전을 넣는다. 보통 15분에 $0.25(25센트) 정도 하며 동전을 넣은 시간보다 더 오래 주차가 되어 있는 경우에는 여지없이 주차 벌금을 내게 된다. 일반적인 주차기의 최대 주차 가능 시간은 1~2시간으로 그 이상 주차를 원한다면 다시 돌아와 추가로 동전을 넣어야 한다. 대부분 25센트만 넣을 수 있으므로 미리 준비해 두는 것이 좋다.

발레파킹 Valet Parking

고급 레스토랑이나 호텔 등은 셀프 주차가 불가능하고 발레파킹만 가능한 곳이 많다. 주차 요원에게 차를 맡긴 후 확인 티켓을 받으면 된다. 차를 찾을 때는 확인 티켓을 보여 주면 주차 요원이 차를 가져다주는데 발레파킹 요금에는 팁이 따로 포함되어 있지 않으며 일반적으로 $2~3, 최고급 레스토랑과 호텔은 $5 정도의 팁을 준다.

❷ 기타 교통 수단

자전거

하와이에는 자전거를 빌릴 수 있는 렌탈 숍이 거리 곳곳에 있는데 와이키키 주변을 제외하면 일반 자전거로 장거리를 나가기는 어렵다.

모페드(mopad)

흔히 우리가 알고 있는 스쿠터를 저렴한 가격에 대여할 수 있다. 와이키키 주변을 빠르게 관광하고 싶다면 모페드도 합리적인 교통수단이 될 수 있다. 단 장거리는 언덕이 많기 때문에 운전에 익숙하지 않다면 힘들 수도 있다. 가격은 4시간에 $20에서 24시간 $40 정도로 형성되어 있고 와이키키 주변 렌탈 숍에서 헬멧과 함께 대여 가능하다.

우버 & 리프트(Uber & Lyft)

우버와 리프트 서비스는 하와이 시내 어느 곳에서나 이용이 가능하다. 아웃렛이나 가장 먼 노스쇼어까지 편리하고 저렴한 가격으로 이용할 수 있으며 하와이에는 워낙 기사가 많아 보통 5~10분이면 드라이버가 도착한다. 단, 어린이를 동반한 경우 카시트는 탑승자 본인이 준비해야 한다. 우버나 리프트 기사는 전화가 안 되는 경우 돌아가기도 하므로 원하는 픽업 위치를 정확하게 어플에 표시하고 연락 가능한 번호를 남겨 두는 것이 좋다.

미니카(mini car)

장거리를 가기에는 실용성이 떨어지지만 와이키키 주변을 재미삼아 돌아보기에 좋다. 와이키키 주변에서 쉽게 대여할 수 있으며 가격은 차종과 대여 시간에 따라 $50~100이다.

하와이에서운전하기

하와이는 도로 상황이 한국보다 훨씬 여유로우며 운전자들의 매너도 좋기 때문에 운전하는 데 특별히 어려움은 없으나 한국과 조금씩 다른 규정들을 미리 숙지해 두고 반드시 지키도록 하자.

■ 일방통행
오아후 전체적으로는 운전하는 데 큰 불편함이 없지만 와이키키의 경우는 사정이 다르다. 좁은 도로에 많은 차들이 다니며, 가장 큰 문제는 와이키키 주변 대부분의 도로가 일방통행이라는 것이다. 길에 익숙하지 않거나 내비게이션이 없다면 같은 자리를 수없이 빙글빙글 돌지도 모른다. 자신이 묵는 호텔 주변의 일방통행 방향을 반드시 숙지하거나 내비게이션을 이용할 것을 추천한다.

■ 교통 법규
오아후에서는 기본적인 교통 법규들을 잘 지켜야 한다. 가장 중요하게 생각해야 할 것은 '보행자 우선' 원칙이다. 횡단보도에서는 신호에 상관없이 속도를 줄이거나 정차했다가 출발해야 한다. 우회전의 경우도 보행자가 완전히 다 건넜더라도 반드시 정차 후 진행하도록 하자. 특히 STOP 사인이 있을 경우 완전하게 정차한 후 3~5초간 대기 후 출발해야 한다. 사소한 규정처럼 보이지만 어길 시에는 $300 이상의 벌금이 부과된다. 또한 안전벨트 착용과 운전 중 휴대폰 사용 금지 등 가장 기본적인 사항을 꼭 지켜야 한다. 오아후, 특히 와이키키 주변에는 경찰들이 늘 순찰을 하고 있어 조금이라도 교통 법규를 어겼다가는 요란한 사이렌과 함께 차를 세우라는 경고를 듣게 될지도 모른다. 관광객이라 하더라도 봐주지 않으니 각별히 조심해야 한다.

■ 스쿨버스
하와이에서 스쿨버스는 성역에 가깝다. 멀리에서도 눈에 띄는 노란색 스쿨버스는 아무리 버스가 천천히 가더라도 절대 추월해서는 안 된다. 또한 스쿨버스가 정차하면 버스 양쪽으로 빨간색으로 STOP이라는 사인판이 자동으로 나오게 되는데 아이들이 내리고 탈 때까지 멈춰 서서 기다려야 한다. 만약 이를 어길 시에는 스쿨버스 기사나 주변 주민들이 번호판을 적어 경찰에 신고하므로 스쿨버스가 앞에 있을 때는 여유로운 마음을 가지고 학생들의 안전을 우선으로 생각하도록 하자.

■ 긴급 차량

경찰차, 소방차, 앰뷸런스 및 빨간 불과 파란 불을 동시에 켜고 헤드라이트를 켠 채 주행하는 긴급 차량의 경우 무조건 오른쪽으로 길을 비켜 주고 정차해야 한다. 한국과 다르게 반대편 차선도 마찬가지로 오른쪽으로 길을 비켜 줘야 하는데 법으로 규정되어 있으므로 반드시 지켜야한다.

■ 속도 표시

미국의 도량형은 한국과 다르게 km가 아닌 mile을 사용하므로 혼동하지 말아야 한다. 대부분의 렌터카 차량은 속도 계기판에 km와 mile을 병용해서 쓰고 있지만 도로의 속도 표지판에는 마일로만 써 있는 경우가 많으므로 주의하자.(1mile=1.6km) 한편 하와이의 제한 속도는 미국 본토보다 낮아 고속도로라 하더라도 40~55m/h(약 60~90km/h)이 대부분이다. 경찰이 수시로 도로에서 단속하므로 제한 속도를 반드시 지키도록 한다.

■ 기타

* 만 4세 이하는 카시트를 의무 사용해야 하며, 12세 이하 어린이를 차 안에 혼자 두는 것은 법으로 금지되어 있다.

* 외곽 도로로 나가면 도로에 하와이의 상징 새인 네네(Nene) 등 동물들이 급작스레 출현하는 경우가 있는데 지나갈 때까지 정차해서 기다려야 한다.

* 와이키키에서 주차하기란 보통 일이 아니다. 뿐만 아니라 주차 단속이 매우 엄격하므로 단 1분이라도 지정되지 않은 곳에 주차하는 경우 주차 위반 딱지를 뗄 수 있다.

와이키키에서 무료 또는 저렴하게 주차하기

땅값 비싼 와이키키에서 렌트비보다 주차비가 더 많이 나온다는 말이 있을 정도로 주차가 쉽지 않다. 하지만 구석구석 잘 찾아보면 주차 전쟁 와이키키에서도 저렴하게 또는 운이 좋다면 무료로도 주차할 수 있다. 자세한 위치는 구글맵을 활용하는 것이 편리하다.

알라 와이 운하 Ala Wai Canal Free Parking
알라 와이 운하를 따라서 무료 스트리트 주차가 가능하다. 다만, 월요일부터 금요일까지 오전 8시 30분에서 11시 30분까지는 주차가 금지되어 있다. 알라 와이 블리버드부터 하와이 컨벤션 센터 사이는 24시간 무료 주차가 가능하다. 주말에는 자리찾기가 힘들지만 주중 오전에는 빈 곳이 꽤 있다.

알라 모아나 비치 파크 Ala Moana Beach Park Free Parking
알라 모아나 파크 드라이브를 따라서 무료 주차 구역이 있다. 하지만 와이키키 요트 클럽 앞 부분은 심야 주차(Over Night Parking)가 금지되어 있으므로 표지판을 자세히 살펴 보자.

힐튼 하와이안 빌리지 Hilton Hawaiian Village – 듀크 카하나모쿠 라군

일리카이 호텔 뒤편과 힐튼의 듀크 카하나모쿠 라군 사이에 무료 주차가 가능하다. 하지만 밤 10시 30분 이후에는 무료 주차가 불가하므로 유의하자. 주말에는 기다려서 주차해야 할 정도로 인기가 많은 곳이다.

호놀룰루 동물원 주변 Honolulu Zoo Area Free Parking
호놀룰루 동물원에서 다이아몬드 헤드로 향하는 몬세라트 애비뉴(Montserrat Avenue) 근처에 무료 주차할 수 있는 곳이 있다. 24시간 주차가 가능하지만 상황에 따라 시간 제한이 있거나 주차를 금지하기도 한다. 같은 도로에 있는 와이키키 쉘 주차장(Waikiki Shell's Parking Lot)도 무료 주차가 가능하다.

칼라카우아 애비뉴 스트리트 Kalakaua Ave Street Parking
카필올라니 파크 쪽에 24시간 스트리트 파킹이 가능하다. 요금은 30분당 $0.25

킹스 빌리지 샵
킹스 빌리지 샵(King's Village Shops)은 오전 6시부터 밤 12시까지 $10 균일 요금으로 주차가 가능하며 심야 주차는 $10을 더 추가하면 된다. 131 Kaiulani Ave에 위치.

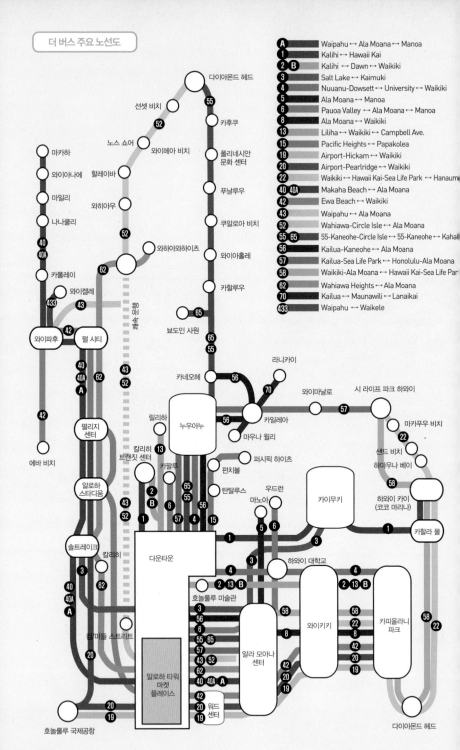

더 버스 주요 노선도

A	Waipahu ↔ Ala Moana ↔ Manoa
1	Kalihi ↔ Hawaii Kai
2 B	Kalihi ↔ Dawn ↔ Waikiki
3	Salt Lake ↔ Kaimuki
4	Nuuanu-Dowsett ↔ University ↔ Waikiki
5	Ala Moana ↔ Manoa
6	Pauoa Valley ↔ Ala Moana ↔ Manoa
8	Ala Moana ↔ Waikiki
13	Liliha ↔ Waikiki ↔ Campbell Ave.
15	Pacific Heights ↔ Papakolea
19	Airport-Hickam ↔ Waikiki
20	Airport-Pearlridge ↔ Waikiki
22	Waikiki ↔ Hawaii Kai-Sea Life Park ↔ Hanauma
40 40A	Makaha Beach ↔ Ala Moana
42	Ewa Beach ↔ Waikiki
43	Waipahu ↔ Ala Moana
52	Wahiawa-Circle Isle ↔ Ala Moana
55 65	55-Kaneohe-Circle Isle ↔ 55-Kaneohe ↔ Kahala
56	Kailua-Kaneohe ↔ Ala Moana
57	Kailua-Sea Life Park ↔ Honolulu-Ala Moana
58	Waikiki-Ala Moana ↔ Hawaii Kai-Sea Life Par
62	Wahiawa Heights ↔ Ala Moana
70	Kailua ↔ Maunawili ↔ Lanaikai
433	Waipahu ↔ Waikele

66

와이키키 해변 주요 버스 정류장

쿠히오 애비뉴를 따라
2, 4, 8, 13, 19, 20, 22, 23, 42번
버스가 정차한다.

Ala Wai Blvd
Ala Wai Canal
알라 와이 운하
Ala Wai Canal

Kapahulu Ave.
카파훌루 애비뉴

호놀룰루 동물원

카피올라니 비치 파크

와이키키
2/4/8/19
20/22/23/42

와이키키
2/4/8/14
19/20/22/23/42

와이키키
2/4/8/14
19/20/22/23/42

오션 리조트
와이키키

Cartwright Rd.

Lemon Rd.

와이키키
그랜드 호텔

와이키키 비치
마크 호텔 와이키키

2/14

Alinaeka Way

와이키키
선셋

와이키키
2/4/8/14/19
20/22/23/42

와이키키
반요

Paoakalani Ave.

303

Kuhio Ave.

Ohua Ave.

쿠히오 애비뉴
Kuhio Ave.

힐튼
프린스 쿠히오

와이키키
비치
메리어트

와이키키 비치
파크 쿠히오
호텔 와이키키

303

Liliuokalani Ave.

쿠히오 비치 파크

쿠히오 애비뉴
Kuhio Ave.

와이키키
파크쇼어
호텔

디아몬드 쇼어
박물관

Kealohilani Ave.

Prince Edward St.

Koa Ave.

애스톤
비치 호텔

Uluniu Ave.

와이키키
2/4/8/10/19
20/22/23/42

와이키키
샌드 빌라

Kailiani Ave.

이쿠이
밤부 & 스파

킹스
빌리지

하이엇트
리젠시
와이키키

Kaiulani Ave.

와이키키 해변
Waikiki Beach

일루아
사포라이마다

Kanekapolei St.

일루나
인스트

로얄 랜드마크

모아나
서프라이더

Alina St.

후드 팬트리

모아나
인스트

아웃리거
와이키키

와이키키
펄 호텔

Nahua St.

마리아 프린세스
카이올라니

인터내셔널
마켓
플레이스

셰라톤
프린세스
카이올라니

라이키키
마켓
플레이스

Nohonani St.

와이키키
하베오

홀리데이
와이키키 비치컴버

와이키키
비치 워크

와이키키
쇼핑플라자

로얄 하와이안

Seaside Ave.

아일랜드
콜로니

셰라톤
와이키키

와이키키
인스트

303

Aloha Dr.

Manukai St.

Royal Hawaiian Ave.

로얄
하와이안
쇼핑센터

모아나
서프라이더
인터내셔널
쇼핑센터

Lewers St.

Kalakaua Ave. 칼라카우아 애비뉴

쿠히오 애비뉴 Kuhio Ave.

와이키키
T 갤러리아

Lewers St.

엠버시 스위트
와이키키
비치 워크

임페리얼
와이키키

힐튼
하와이안

티 와이키키 비치 빌라

Saratoga St.

8/19
20/23/42

Kalia Rd.

아웃리거 리프
온 더 비치

캐슈
와이키키 쇼어

미군 육군 박물관

8/19
20/23/42

8/19
20/23/42

힐레 코아

베스트 웨스턴
코코넛 와이키키

Kaiolu St.

Launiu St.

Kaiamoku St.

Olohana St.

8/19
20/23/42

와이키키
케이올라니

2/4/8
13/22

와이키키
센터

2/4/8
13/22

8/19
20/23/42

8/19
20/23/42

8/19
20/23/42

로얄 가든

마일
스카이라인

Namahana St.

Kuamoo St.

엠버시 스위트 호텔
2/4/8
13/22

2/4/8
13/22

아웃리거 루아나
와이키키

8/19
20/23/42

8/19
20/23/42

67

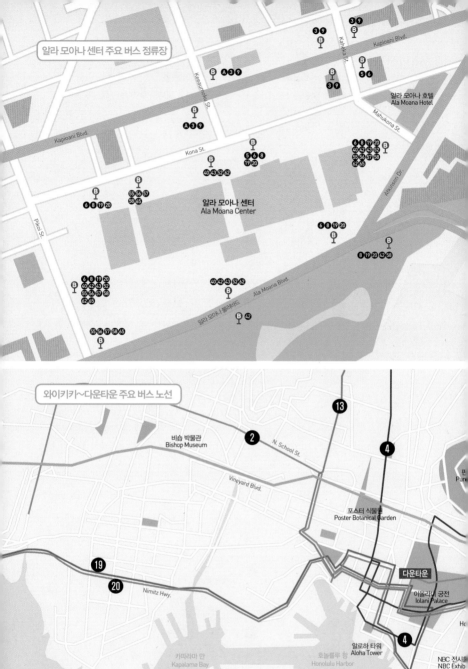

알라 모아나 센터 주요 버스 정류장

알라 모아나 호텔
Ala Moana Hotel

알라 모아나 센터
Ala Moana Center

Keeaumoku St.

Kapioani Blvd.

Kona St.

Piikoi St.

Kaheka St.

Kapioani Blvd.

Mahukona St.

Atkinson Dr.

Ala Moana Blvd.

알라 모아나 불러바드

와이키키~다운타운 주요 버스 노선

비숍 박물관
Bishop Museum

N. School St.

Vineyard Blvd.

포스터 식물원
Poster Botanical Garden

다운타운

이올라니 궁전
Iolani Palace

푼
Pun

Nimitz Hwy.

카파라마 만
Kapalama Bay

호놀룰루 항
Honolulu Harbor

알로하 타워
Aloha Tower

NBC 전시
NBC Exhib

샌드 아일랜드
Sand Island

피
Fisherr

카카아코 워터 프론트
Kakaako Waterfron

환승은 알라 모아나 센터에서

알라 모아나 센터 주변으로는 주요 버스 노선이 집중되어 있다. 주요 시내를 운행하는 버스는 물론 시 외곽으로 나가는 버스들의 환승 센터이므로 이 주변의 정류장을 잘 알아 두면 오아후 여행을 보다 편리하게 즐길 수 있다.

이용하기 좋은 버스 노선을 알아 두자!

여행자들이 많이 이용하는 2번과 13번 노선은 와이키키와 다운타운을 주로 운행한다. 이 버스 노선만 제대로 알아 두면 주요 관광 명소를 대부분 돌아볼 수 있다. 버스를 타고 현지인처럼 오아후 여행의 즐거움을 만끽해 보자.

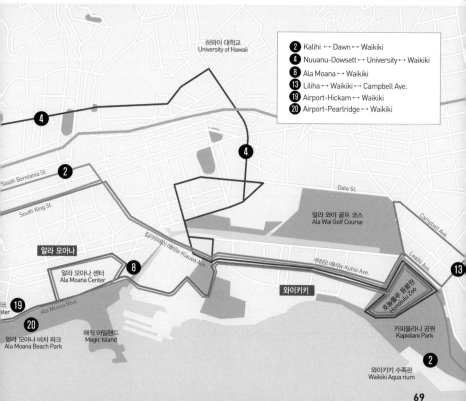

- ② Kalihi ↔ Dawn ↔ Waikiki
- ④ Nuuanu-Dowsett ↔ University ↔ Waikiki
- ⑧ Ala Moana ↔ Waikiki
- ⑬ Liliha ↔ Waikiki ↔ Campbell Ave.
- ⑲ Airport-Hickam ↔ Waikiki
- ⑳ Airport-Pearlridge ↔ Waikiki

하와이 대학교
University of Hawaii

South Beretania St.

South King St.

알라 와이 골프 코스
Ala Wai Golf Course

Date St.

Campbell Ave.

Leahi Ave.

칼라우에아 애비뉴 Klauea Ave.

쿠히오 애비뉴 Kuhio Ave.

알라 모아나

알라 모아나 센터
Ala Moana Center

와이키키

호놀룰루 동물원
Honolulu Zoo

Ala Moana Blvd.

nter

알라 모아나 비치 파크
Ala Moana Beach Park

매직 아일랜드
Magic Island

카피올라니 공원
Kapiolani Park

와이키키 수족관
Waikiki Aquarium

69

와이키키 트롤리 주요 노선도

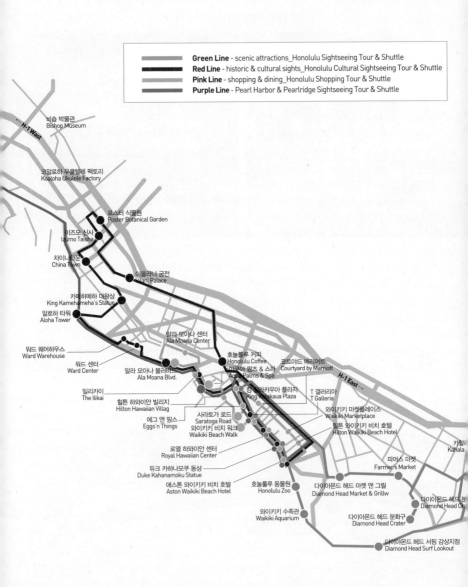

Green Line - scenic attractions_Honolulu Sightseeing Tour & Shuttle
Red Line - historic & cultural sights_Honolulu Cultural Sightseeing Tour & Shuttle
Pink Line - shopping & dining_Honolulu Shopping Tour & Shuttle
Purple Line - Pearl Harbor & Pearlridge Sightseeing Tour & Shuttle

H-1 West

비숍 박물관
Bishop Museum

코알로하 우쿨렐레 팩토리
Koaloha Ukulele Factory

포스터 식물원
Poster Botanical Garden

이즈모 신사
Izumo Taisha

차이나타운
China Town

이올라니 궁전
Iolani Palace

카메하메하 대왕상
King Kamehameha's Statue

알로하 타워
Aloha Tower

알라 모아나 센터
Ala Moana Center

워드 웨어하우스
Ward Warehouse

워드 센터
Ward Center

알라 모아나 블러바드
Ala Moana Blvd.

일리카이
The Ilikai

힐튼 하와이안 빌리지
Hilton Hawaiian Villag

에그 앤 띵스
Eggs'n Things

사라토가 로드
Saratoga Road

와이키키 비치 워크
Waikiki Beach Walk

로열 하와이안 센터
Royal Hawaiian Center

듀크 카하나모쿠 동상
Duke Kahanamoku Statue

애스톤 와이키키 비치 호텔
Aston Waikiki Beach Hotel

호놀룰루 동물원
Honolulu Zoo

와이키키 수족관
Waikiki Aquarium

호놀룰루 커피
Honolulu Coffee

아쿠아 팜즈 & 스파
Aqua Palms & Spa

코트야드 메리어트
Courtyard by Marriott

킹 칼라카우아 플라자
King Kalakaua Plaza

T 갤러리아
T Galleria

와이키키 마켓플레이스
Waikiki Marketplace

힐튼 와이키키 비치 호텔
Hilton Waikiki Beach Hotel

H-1 East

파머스 마켓
Farmer's Market

카할라
Kahala

다이아몬드 헤드 마켓 앤 그릴
Diamond Head Market & Grillw

다이아몬드 헤드 드
Diamond Head Cr

다이아몬드 헤드 분화구
Diamond Head Crater

다이아몬드 헤드 서핑 감상지점
Diamond Head Surf Lookout

오아후 드라이브 이동 시간
시간

노스 쇼어
North Shore
파인애플 밭이
펼쳐지는 오하우 섬의
북쪽 지역

터틀 베이 리조트
Turtle Bay Resort
카후쿠
Kahuku

푸날루우
Punaluu

25분

하와이 카이~윈드워드
Hawaii Kai~Windward
오아후 섬에서
드라이브를 즐기기에
가장 좋은 곳

힐레이바
Hale'iwa
노스 쇼어
North Shore

와히아바
Wahiawa

1시간

1시간 30분

1시간 10분

4

와이아에 산맥
Waianae Mountains

마카하
Makaha

윈드워드
Windward

리워드
Leeward

와이켈레 프리미엄 아울렛
Waikele Country Club

펄 시티
Pearl City

카일루아
Kailua

6

리워드
Leeward

하와이 원주민을
만날 수 있는 오아후 섬의
서쪽 지역

코 올리나
Ko Olina

펄 하버
Pearl Harbor

35분

와이마날로
Waimanalo

45분

25분

다운타운
Downtown

35분

호놀룰루 국제공항
Honolulu International
Airport

알라 모아나
Ala Moana

하와이 카이
Hawaii Kai

35분

와이키키
Waikiki

25분

하나우마 베이
Hanauma Bay

3

펄 하버
Pearl Harbor
제2차 세계대전 당시
진주만 공격의 아픔이
남아 있는 곳

2

다운타운
Downtown
역사적인 건물이
남아 있는
전통의 거리

1

와이키키 해변
Waikiki Beach
하와이를 상징하는
최고의 비치

71

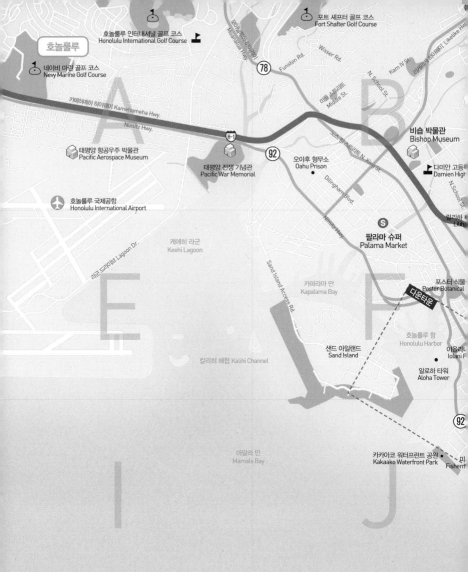

호놀룰루

네이비 마린 골프 코스
Nevy Marine Golf Course

호놀룰루 인터내셔널 골프 코스
Honolulu International Golf Course

포트 셰퍼 골프 코스
Fort Shafter Golf Course

Mokulula Hwy.

78

Funston Rd.

Wisser Rd.

Kam IV St.

카메하메하 하이웨이 Kamehameha Hwy.

Nimitz Hwy.

H-1

92

태평양 항공우주 박물관
Pacific Aerospace Museum

태평양 전쟁 기념관
Pacific War Memorial

오아후 형무소
Oahu Prison

Dillingham Blvd.

비숍 박물관
Bishop Museum

다미안 고등학
Damien High

호놀룰루 국제공항
Honolulu International Airport

N. King St.

Middle St.

N. School St.

릴리하
Lilih

Nimitz Hwy.

S

팔라마 슈퍼
Palama Market

케에히 라군
Keehi Lagoon

라군 드라이브 Lagoon Dr.

Sand Island Access Rd.

카파라마 만
Kapalama Bay

다운타운

포스터 식물
Poster Botanical

칼리히 해협 Kalihi Channel

샌드 아일랜드
Sand Island

호놀룰루 항
Honolulu Harbor

이올라
Iolani P

알로하 타워
Aloha Tower

92

마말라 만
Mamala Bay

카카아코 워터프런트 공원
Kakaako Waterfront Park

피
Fisherr

A B

E F

I J

M N

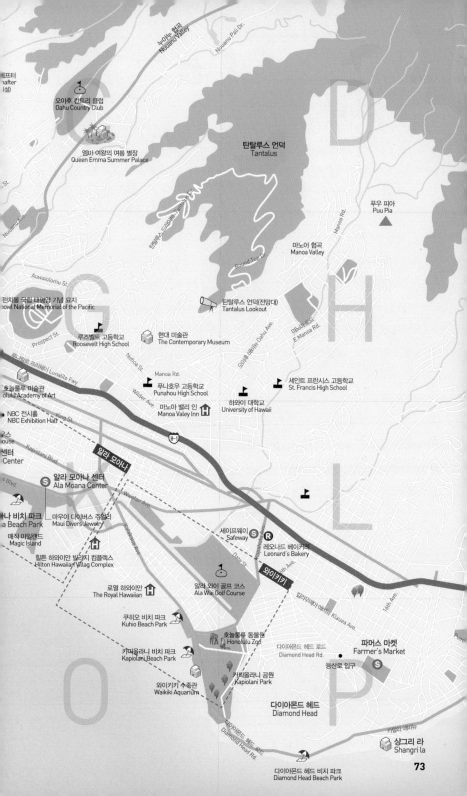

누아누 협곡
Nuuanu Valley

오아후 컨트리 클럽
Oahu Country Club

엘마 여왕의 여름 별장
Queen Emma Summer Palace

탄탈루스 언덕
Tantalus

푸우 피아
Puu Pia

마노아 협곡
Manoa Valley

펀치볼 국립 태평양 기념 묘지
owl National Memorial of the Pacific

탄탈루스 언덕(전망대)
Tantalus Lookout

루즈벨트 고등학교
Roosevelt High School

현대 미술관
The Contemporary Museum

Manoa Rd.

푸나호우 고등학교
Punahou High School

세인트 프란시스 고등학교
St. Francis High School

눌루루 미술관
olulu Academy of Art

마노아 밸리 인
Manoa Valey Inn

하와이 대학교
University of Hawaii

NBC 전시홀
NBC Exhibition Hall

센터
Center

알라 모아나

알라 모아나 센터
Ala Moana Center

마우이 다이버스 주얼리
Maui Divers Jewelry

나 비치 파크
a Beach Park

매직 아일랜드
Magic Island

세이프웨이
Safeway

레오나드 베이커리
Leonard's Bakery

힐튼 하와이안 빌리지 컴플렉스
Hilton Hawaiian Villag Complex

로열 하와이안
The Royal Hawaiian

알라 와이 골프 코스
Ala Wai Golf Course

와이키키

쿠히오 비치 파크
Kuhio Beach Park

호놀룰루 동물원
Honolulu Zoo

파머스 마켓
Farmer's Market

카피올라니 비치 파크
Kapiolani Beach Park

등산로 입구

와이키키 수족관
Waikiki Aquarium

카피올라니 공원
Kapiolani Park

다이아몬드 헤드
Diamond Head

상그리 라
Shangri la

다이아몬드 헤드 비치 파크
Diamond Head Beach Park

73

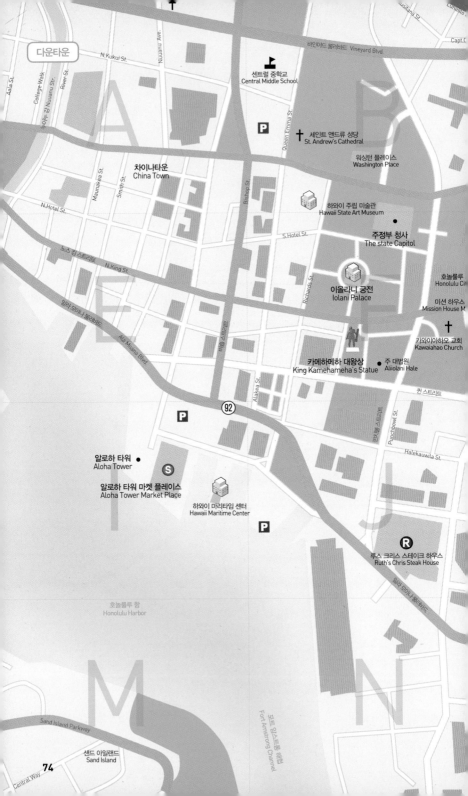

N. Kukui St.

Nuuanu Ave.

Nuuanu Str.

River St.

Aala St.

College Walk

N. Kukui St.

바인야드 불러바드 Vineyard Blvd.

Capt.C

Lusitana St.

Lunalilo

센트럴 중학교
Central Middle School

Queen Emma St.

세인트 앤드류 성당
St. Andrew's Cathedral

워싱턴 플레이스
Washington Place

차이나타운
China Town

Maunakea St.

Smith St.

Bishop St.

하와이 주립 미술관
Hawaii State Art Museum

주정부 청사
The state Capitol

N.Hotel St.

S.Hotel St.

노스 킹 스트리트

N. King St.

Richards St.

이올라니 궁전
Iolani Palace

호놀룰루
Honolulu Ci

미션 하우스
Mission House M

알리 모아나 불러바드

Alii Moana Blvd.

베레타니아 스트리트

Alakea St.

카메하메하 대왕상
King Kamehameha's Statue

카와이아하오 교회
Kawaiahao Church

주 대법원
Aliiolani Hale

퀸 스트리트

Punchbowl St.

92

Halekauwila St.

P

알로하 타워
Aloha Tower

S

알로하 타워 마켓 플레이스
Aloha Tower Market Place

하와이 마리타임 센터
Hawaii Maritime Center

P

R

루스 크리스 스테이크 하우스
Ruth's Chris Steak House

알리 모아나 불러바드

호놀룰루 항
Honolulu Harbor

M

N

J

포트 암스트롱 해협
Fort Armstrong Channel

Sand Island Parkway

샌드 아일랜드
Sand Island

Central Way

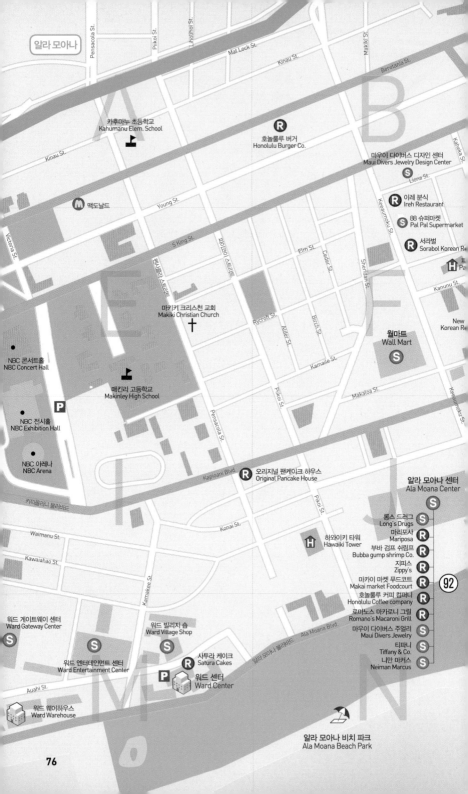

카후마누 초등학교
Kahumanu Elem. School

호놀룰루 버거
Honolulu Burger Co.

마우이 다이버스 디자인 센터
Maui Divers Jewelry Design Center

Liona St.

이레 분식
Ireh Restaurant

88 슈퍼마켓
Pal Pal Supermarket

서라벌
Sorabol Korean R

맥도날드

Young St.

S King St.

Elm St.

Cedar St.

마키키 크리스천 교회
Makiki Christian Church

Rycroft St.

Alder St.

Birch St.

월마트
Wall Mart

New
Korean R

NBC 콘서트홀
NBC Concert Hall

매킨리 고등학교
Makinley High School

Kamaile St.

Pikoi St.

Makatoa St.

NBC 전시홀
NBC Exhibition Hall

NBC 아레나
NBC Arena

Kapiolani Blvd.

오리지널 팬케이크 하우스
Original Pancake House

알라 모아나 센터
Ala Moana Center

카피올라니 불러바드

Konai St.

Waimanu St.

하와이키 타워
Hawaiki Tower

롱스 드러그
Long's Drugs

마리포사
Mariposa

부바 검프 쉬림프
Bubba gump shrimp Co.

지피스
Zippy's

마카이 마켓 푸드코트
Makai market Foodcourt

호놀룰루 커피 컴퍼니
Honolulu Coffee company

로마노스 마카로니 그릴
Romano's Macaroni Grill

마우이 다이버스 주얼리
Maui Divers Jewelry

티파니
Tiffany & Co.

니만 마커스
Neiman Marcus

Kawaiahao St.

워드 게이트웨이 센터
Ward Gateway Center

워드 빌리지 숍
Ward Village Shop

워드 엔터테인먼트 센터
Ward Entertainment Center

사투라 케이크
Satura Cakes

워드 센터
Ward Center

Auahi St.

워드 웨어하우스
Ward Warehouse

Ala Moana Blvd.

92

알라 모아나 비치 파크
Ala Moana Beach Park

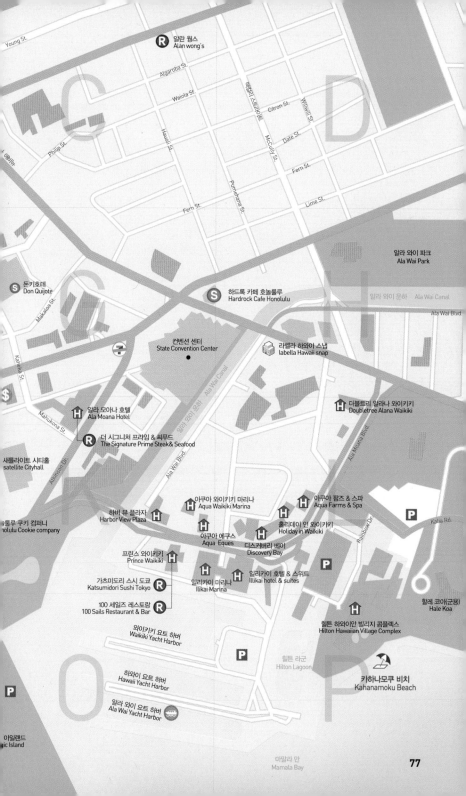

알란 웡스
Alan wong's

알라 와이 파크
Ala Wai Park

돈키호테
Don Quijote

하드록 카페 호놀룰루
Hardrock Cafe Honolulu

알라 와이 문하 Ala Wai Canal

Ata Wai Blvd.

컨벤션 센터
State Convention Center

라벨라 하와이 스냅
labella Hawaii snap

일라 모아나 호텔
Ala Moana Hotel

더블트리 알라나 와이키키
Doubletree Alana Waikiki

더 시그니처 프라임 & 씨푸드
The Signature Prime Steak & Seafood

새틀라이트 시티홀
satellite Cityhall

아쿠아 와이키키 마리나
Aqua Waikiki Marina

아쿠아 팜즈 & 스파
Aqua Farms & Spa

하버 뷰 플라자
Harbor View Plaza

홀리데이 인 와이키키
Holiday in Waikiki

루룰루 쿠키 컴퍼니
nolulu Cookie company

아쿠아 에쿠스
Aqua Eques

디스커버리 베이
Discovery Bay

프린스 와이키키
Prince Waikiki

가츠미도리 스시 도쿄
Katsumidori Sushi Tokyo

일리카이 마리나
Illikai Marina

일리카이 호텔 & 스위트
Illikai hotel & suites

100 세일즈 레스토랑
100 Sails Restaurant & Bar

와이키키 요트 하버
Waikiki Yacht Harbor

힐튼 하와이안 빌리지 콤플렉스
Hilton Hawaiian Village Complex

할레 코아(군용)
Hale Koa

하와이 요트 하버
Hawaii Yacht Harbor

힐튼 라군
Hilton Lagoon

알라 와이 요트 하버
Ala Wai Yacht Harbor

카하나모쿠 비치
Kahanamoku Beach

아일랜드
gic Island

마말라 만
Mamala Bay

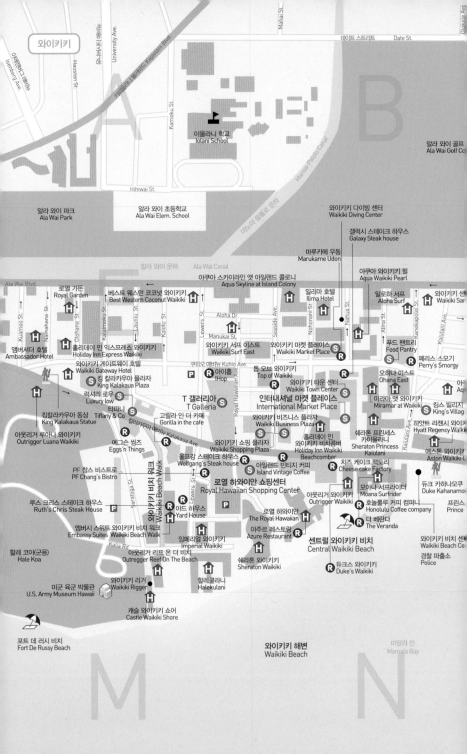

와이키키

이센버그 애버뉴
Isenberg Ave.

University Ave.

Hausten St.

Kapiolani Blvd.

Kamoku St.

Mahai St.

Olokele Ave.

데이트 스트리트
Date St.

이올라니 학교
Iolani School

알라 와이 골프 코
Ala Wai Golf Co

Hihiwai St.

알라 와이 파크
Ala Wai Park

알라 와이 초등학교
Ala Wai Elem. School

마노아·팔롤로 운하
Manoa·Palolo Canal

와이키키 다이빙 센터
Waikiki Diving Center

갤럭시 스테이크 하우스
Galaxy Steak house

마루카메 우동
Marukame Udon

일라 와이 운하   Ala Wai Canal

아쿠아 스카이라인 앳 아일랜드 콜로니
Aqua Skyline at Island Colony

일리마 호텔
Ilima Hotel

아쿠아 와이키키 펄
Aqua Waikiki Pearl

Ala Wai Blvd.

로열 가든
Royal Garden

베스트 웨스턴 코코넛 와이키키
Best Western Coconut Waikiki

알로하 서프
Aloha Surf

와이키키 샌
Waikiki San

Kuamoo St.

Namahana St.

Olohana St.

Kalaimoku St.

Launiu St.

Kaiulu St.

Lewers St.

Aloha Dr.

Seaside Ave.

Nohonani St.

Nahua St.

Aloha St.

Kanekapolei Ave.

Kaiulani Ave.

앰배서더 호텔
Ambassador Hotel

홀리데이 인 익스프레스 와이키키
Holiday Inn Express Waikiki

Manukai St.

와이키키 서프 이스트
Waikiki Surf East

와이키키 마켓 플레이스
Waikiki Market Place

푸드 팬트리
Food Pantry

페리스 스모기
Perry's Smorg

와이키키 게이트웨이 호텔
Waikiki Gateway Hotel

쿠히오 애버뉴 Kuhio Ave.

아이홉
iHop

톱 오브 와이키키
Top of Waikiki

오하나 이스트
Ohana East

Aq

킹 칼라카우아 플라자
King Kalakaua Plaza

T 갤러리아
T Galleria

와이키키 타운 센터
Waikiki Town Center

미라마 앳 와이키키
Miramar at Waikiki

킹스 빌리지
King's Village

럭셔리 로우
Luxury low

티파니
Tiffany & Co

인터내셔널 마켓 플레이스
International Market Place

하얏트 리젠시 와이키
Hyatt Regency Waiki

킹칼라카우아 동상
King Kalakaua Statue

Royal Hawaiian Ave.

고릴라 인 더 카페
Gorilla in the cafe

퀸스 칼라카우아 Queen's Kalakaua Ave.

와이키키 비즈니스 플라자
Waikiki Business Plaza

쉐라톤 프린세스 카이울라니
Sheraton Princess Kaiulani

아웃리거 루아나 와이키키
Outrigger Luana Waikiki

에그스 씽즈
Eggs'n Things

와이키키 쇼핑 플라자
Waikiki Shopping Plaza

홀리데이 인 와이키키 비치콤버
Holiday Inn Waikiki Beachcomber

애스톤 와이키키
Aston Waikiki

PF 창스 비스트로
PF Chang's Bistro

Saratoga Rd.

울프강 스테이크 하우스
Wolfgang's Steak house

아일랜드 빈티지 커피
Island Vintage Coffee

치즈 케이크 팩토리
Cheese cake Factory

듀크 카하나모쿠
Duke Kahanamo

루스 크리스 스테이크 하우스
Ruth's Chris Steak House

야드 하우스
Yard House

로열 하와이안 쇼핑센터
Royal Hawaiian Shopping Center

모아나 서프라이더
Moana Surfrider

프린스
Prince

와이키키 비치 워크 Waikiki Beach Walk

Lewers St.

아웃리거 와이키키
Outrigger Waikiki

호놀룰루 커피 컴퍼니
Honolulu Coffee company

엠배시 스위트 와이키키 비치 워크
Embassy Suites Waikiki Beach Walk

Kalia Rd.

임페리얼 와이키키
Imperial Waikiki

로열 하와이안
The Royal Hawaiian

더 베란다
The Veranda

와이키키 비치 센
Waikiki Beach Cen

아웃리거 리프 온 더 비치
Outregger Reef On The Beach

아주르 레스토랑
Azure Restaurant

센트럴 와이키키 비치
Central Waikiki Beach

경찰 파출소
Police

할레 코아(군용)
Hale Koa

미군 육군 박물관
U.S. Army Museum Hawaii

와이키키 리거
Waikiki Rigger

쉐라톤 와이키키
Sheraton Waikiki

할레쿨라니
Halekulani

듀크스 와이키키
Duke's Waikiki

캐슬 와이키키 쇼어
Castle Waikiki Shore

포트 데 러시 비치
Fort De Russy Beach

와이키키 해변
Waikiki Beach

마말라 만
Mamala Bay

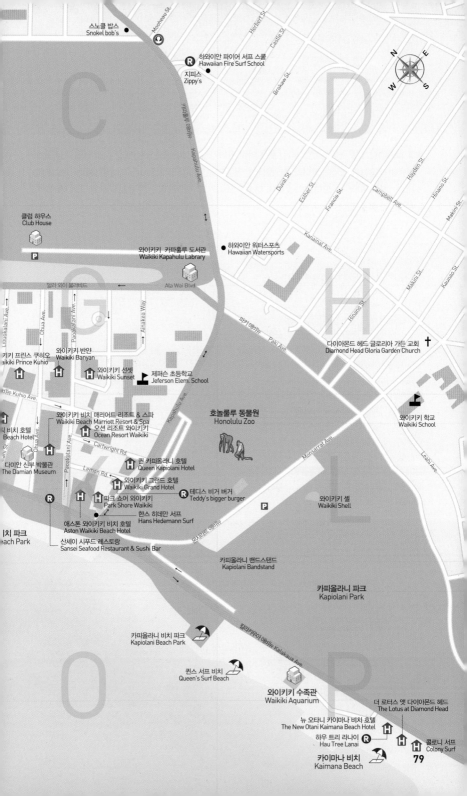

와이키키 Waikiki

● 하와이어로 '용솟음치는 곳'이라는 뜻을 가진 와이키키는 그야말로 1년 365일 꿈과 낭만, 그리고 화려함과 따뜻함이 넘치는 곳이다. 하와이의 상징이자 여행자가 꿈꾸는 모든 것이 존재하는 '종합 선물세트' 같은 와이키키. 오아후의 호텔이 대부분 와이키키 지역에 있는 만큼 오아후 관광의 메카이자 시작이라 할 수 있다.

와이키키 비치 Waikiki Beach

하와이를 상징하는 최고의 해변

해변을 따라 길게 늘어선 최고급 호텔과 리조트, 그리고 수많은 상점과 멋진 식당, 높은 파도에 몸을 맡긴 구릿빛 피부의 서퍼들과 모래사장에서 모래집을 짓는 꼬마들까지 와이키키 비치는 남녀노소 모두가 사랑할 수밖에 없는 하와이 최고의 해변이다.

와이키키 비치는 힐튼 하와이안 빌리지부터 카피올라니 공원까지 3km 넘게 쭉 이어져 있는 10개의 해변을 묶어 통상적으로 부르는 이름이다. 카하나모쿠 비치, 포트드루씨 비치, 그레이스 비치, 쿠히오 비치 등 각 해변의 이름을 일일이 알아 둘 필요는 없으며, '무슨 호텔 앞 비치' 식으로 지칭하기 때문에 주요 호텔의 위치를 알아 두는 것이 더 편리하다. 다

만 구역별로 파도의 높이와 비치의 상태에 따라 서핑하기 좋은 곳, 스노클링하기 좋은 곳, 아이들이 놀기 좋은 곳 등 각각의 특징이 있으므로 참고하자.

교통 공항에서 19, 20번 더 버스 탑승, Kalakaua Ave. 방향으로 차로 30분. **지도** p.49 O

카하나모쿠 비치
Kahanamoku Beach

잔잔한 파도가 아이들 물놀이에 좋은 해변

힐튼 하와이안 호텔 앞의 해변이다. 하와이의 전설적인 서퍼 듀크 카하나모쿠의 이름을 따서 지은 이 비치는 이름과 다르게 파도가 매우 잔잔하기 때문에 아이들과 함께 물놀이를 하기에 적당하다. 또 힐튼 하와이안 호텔 앞에 있는 힐튼 라군은 해변을 파도로부터 완벽하게 보호해 주기 때문에 어린아이들이 마음껏 뛰어놀아도 안심이다. 일광욕을 즐기거나 서서 타는 패들링 보드 위에서 뱃사공처럼 한가로이 노를 저으며 와이키키를 마음껏 느껴 보자.

힐튼 라군 옆에 무료 주차장이 있기는 하지만 늘 붐비고 아침 일찍 가면 자리가 없는 경우가 많으므로 근처 공영 주차장이나 스트리트 파킹을 이용하는 것이 좋다. 와이키키 비치만큼 사람이 많이 오가는 지역이므로 스마트폰이나 카메라 등 소지품을 잘 챙기자.

지도 p.77 P

센트럴 와이키키 비치
Central Waikiki Beach

와이키키 비치에서 가장 인기 있는 해변

로열 하와이안 호텔에서 모아나 서프라이더 호텔 앞까지 펼쳐진 해변이다. 와이키키 비치 중 사람들이 가장 많은 곳으로, 바다에는 파도를 따라 서핑이나 보디 보딩을 즐기는 사람로 가득하고, 백사장에는 뜨거운 태양을 받으며 여유를 즐기는 태닝족과 한가로이 해변을 거니는 연인들로 언제나 바글바글하다. 가장 와이키키다운 모습이기도 하지만 번잡한 만큼 사건 사고도 가장 많이 일어나는 지역이므로 안전에 주의하는 것이 좋다. 이곳에는 하와이에서 '서핑의 아들'이라 불리는 듀크 카하나모쿠상이 와이키키를 상징하는 긴 서핑 보드를 배경으로 서 있는데 그의 양손에는 언제나 아름다운 하와이안 꽃목걸이인 레이가 걸려 있다. 듀크상 쪽에는 24시간 CCTV가 있어 온라인(www.mybeachcams.com/hawaii/oahu)에서 실시간으로 확인할 수 있다.

지도 p.78 J

오아후

지역여행

해변에서 놀 때 가져가야 할 것 & 가져가지 말아야 할 것

- **비치 타월** 대부분의 호텔에서 무료로 대여해 준다.
- **현금 & 신용카드** 액티비티를 예약하거나 식사를 위해 약간의 현금과 신용카드가 필요하다. 방수가 되는 팩에 넣어 개인적으로 소지하거나 코인 로커를 이용하자.
- **카메라** 바다에서 놀거나 액티비티를 즐길 경우 큰 카메라보다는 방수가 되는 소형 카메라가 적당하다. 필름을 넣을 수 있는 1회용 방수 카메라는 ABC 스토어즈에서 판매한다. 요금은 $10~20이다.
- **선크림, 선글라스** 태양이 작열하는 와이키키에서의 필수품. 자외선 차단 지수는 35SPF가 되는 것을 사용하고 수시로 덧발라 주자. 특히 오후 12~2시에는 태양빛에 직접적으로 닿는 것은 피하도록 하자. 검

게 그을린 태닝이 건강해 보인다지만 피부에는 도움이 되지 않는다.
- **기타** 반지나 목걸이, 귀걸이 등 액세서리를 착용하고 와이키키 비치에 왔다면 다시 호텔로 돌아가는 것이 좋다. 액티비티를 하다 보면 파도에 휩쓸려 잃어버리기 쉽기 때문이다. 가끔 전자 장비를 들고 바다를 샅샅이 뒤지는 사람들을 볼 수 있는데, 대부분 결혼 반지나 중요한 물건을 바다에 빠뜨린 고객을 위해 대행하여 찾아 주는 서비스 회사 직원이다.
- **물 & 음료수** 바다에서 정신없이 놀다가 탈수 증세를 호소하는 경우가 많다. 특히 어린이나 노약자들은 수시로 물을 마셔 탈수 증세를 예방하도록 하자.

MAPECODE 22003

쿠히오 비치 파크
Kuhio Beach Park

한가로이 여유를 즐기기에 좋은 해변

애스톤 와이키키 비치 호텔에서 파크 쇼어 호텔 앞까지의 해변이다. 와이키키의 가장 동쪽에 있는 쿠히오 비치 파크는 방파제로 파도를 인공적으로 막아 놓아 연중 파도가 거의 없어서 어린아이들이 놀기에 적당한 곳이다. 또한 센트럴 와이키키보다 번잡함이 덜하기 때문에 비치에 누워 책을 읽거나 한가로이 여유를 즐기기에 좋다. 그러나 방파제 주변에는 물이끼와 산호초, 돌 등이 많아 위험하고 때론 파도가 방파제를 넘치기도 하므로 벽 바로 옆에서의 물놀이는 주의해야 한다. 종종 방파제 위를 걷는 사람들을 볼 수 있는데 바닥이 굉장히 미끄러우며 갑작스럽게 파도가 칠 경우에는 큰 사고를 당할 수도 있으니 방파제 위를 걷는 것은 자제하자.

한편 쿠히오 비치 파크에서는 '쿠히오 토치 & 훌라 쇼'와 '선셋 온 더 비치' 등 무료 엔터테인먼트가 열린다. 쿠히오 비치 파크 시작점 부근에는 프린스 쿠히오 동상이 세워져 있다. 지도 p.73 O, 79 K

MAPECODE 22004

카이마나 비치
Kaimana Beach

현지 주민들에게 인기 있는 고요하고 평화로운 해변

뉴 오타니 카이마나 비치 호텔과 푸른 잔디가 넓게 펼쳐진 카피올라니 파크 앞쪽의 해변이다. 산수시 (Sanssouci) 비치라고 불리기도 한다. 번잡한 메인 해변들과 달리 한없이 고요하고 평화롭다. 때문에 현지 주민들에게 더 인기 있는 곳이다. 특히 이곳은 산호초가 파도를 막아 주어 스노클링하기에 좋다. 다른 곳에 비해 해변의 모래가 많고 보드라워 선탠 마니아라면 그 어느 곳보다 편안하게 태양을 즐길 수 있다.

와이키키 중심 호텔에서 10~15분이면 걸어서 올 수 있기 때문에 이른 아침 산책을 즐기거나 하우트리 라나이에 브런치를 하러 오기에 좋다. 하와이 워 메모리얼과 비치 사이에 무료 주차 구역이 있으므로 주차는 이곳을 이용하면 된다.(네비게이션 이용 시 2797 Kalakaua Ave.) 비치 타월과 책 한권을 가지고 하와이 로컬들처럼 평화로운 하루를 즐겨 보자.

지도 p.73 O

카피올라니 파크 Kapiolani Park

피크닉을 하기에 좋은 공원

와이키키 해변의 동쪽 끝에 있는, 하와이에서 가장
처음으로 만들어진 공원이다. 끝없이 펼쳐지는 푸
른 잔디와 세월을 느낄 수 있는 반얀 나무가 인상적
이다. 주말이면 가족 단위로 피크닉을 즐기는 사람
들이 많으며 파머스 마켓, 작은 공연 등이 자주 열린
다. 그러나 밤이 되면 홈리스들이 집결하는 장소이
기 때문에 해가 진 후에는 가지 않는 것이 좋다. 카
피올라니 공원 안에는 아이들이 좋아하는 동물원과
수족관이 있다.

지도 p.79 L

호놀룰루 동물원
Honolulu Zoo

하와이에서만 서식하는 동물을 볼 수 있는 동물원

하와이에서만 서식하는 새인 네네와 사자, 기린, 얼
룩말 등 열대 동물들을 만날 수 있어 아이를 동반한
가족 여행객들에게 인기 있는 동물원이다.

주소 151 Kapahulu Ave., Honolulu, HI 96815 교통
Kalakaua Ave.를 타고 좌회전해서 Kapahulu Ave.에 진
입하면 오른쪽에 주차장 입구가 있다. 혹시 Lemon Rd. 앞
쪽의 주차장 입구를 지나쳤다면 직진해서 Kuhio Ave.를
지난 다음에 있는 입구를 이용하자. 주차 Kapahulu Ave.
에 주차장 입구가 있다. 1시간에 $1(4시간 제한) 시간
09:00~16:30, 크리스마스 휴무 요금 성인 $19 어린이
(3~12세) $11 2세 이하 무료 전화 808-971-7171 홈페
이지 www.honoluluzoo.org 지도 p.73 P, 79 L

와이키키 수족관
Waikiki Aquarium

열대어와 산호초가 있어 아이들이 좋아하는 곳

아이들이 좋아할 만한 알록달록한 열대어와 신기한
모양의 산호초가 가득하다. 아이들을 위한 여러 가
지 이벤트가 수시로 열리므로 방문하기 전에 홈페
이지를 확인하도록 하자.

주소 2777 Kalakaua Ave., Honolulu, HI 96815 교통 와
이키키에서 Kalakaua Ave.를 타고 다이아몬드 헤드 방
향으로 직진하다 보면 호놀룰루 동물원을 지나 오른쪽
에 있다. 시간 09:00~16:30 요금 성인 $12 4~12세 $5
3세 이하 무료 전화 808-923-9741 홈페이지 www.
waikikiaquarium.org 지도 p.73 O, 79 P

Beach와 Beach Park는 뭐가 다른가요?

비치 파크는 기본적인 편의 시설을 갖추고 있는 말 그대로 공원이다. 화장실, 샤워장을 비롯하여 피크닉이나 바비큐 시
설, 캠핑장까지 있는 곳이 많다. 일반 비치의 경우는 이러한 편의 시설이 있기도 하고 그렇지 않기도 하다.

다이아몬드 헤드 Diamond Head

와이키키의 전경을 바라볼 수 있는 최고의 장소

다이아몬드 헤드는 와이키키 어느 곳에서나 볼 수 있는 하와이의 상징이다. 정상까지는 왕복 1시간 30분에서 2시간이 소요된다. 코스가 험하지는 않지만 두 시간 정도 걷는다고 생각하면 슬리퍼보다는 운동화를 신는 것이 좋다. 길은 꼬불꼬불하지만 그리 가파르지 않은데 마지막 관문이라고 할 수 있는 가파른 계단을 통과해야 한다. 허리를 숙여 빠져 나가야 하는 통로를 지나 정상으로 올라가면 와이키키의 전경을 바라볼 수 있는 전망대에 도착한다. 생각보다 와이키키가 멀리 보이긴 하지만 와이키키의 전경을 바라볼 수 있는 최고의 장소임에는 틀림없다.

태양이 뜨겁게 내리쬐는 오후보다는 오전 일찍 가는 것을 추천한다. 주차장 또한 그리 넓지 않기 때문에 차를 가지고 간다면 사람이 적은 오전 시간대에 가는 것이 좋다. 저녁 6시에는 공원을 나가야 하기 때문에 늦어도 오후 4시 30분까지는 도착해야 정상에 다녀올 수 있다. 와이키키 트롤리를 이용하면 내부까지 들어가지만 버스를 이용해 갈 경우에는 입구까지 약 20분 정도 걸어 들어가야 한다.

트레킹 중에는 화장실이 없으며 탈수되지 않도록 물을 반드시 챙기도록 한다.

주소 4200 Diamond Head Rd., Honolulu, HI 96816 교통 더 버스 22번 또는 57A번 탑승. 다이아몬드 헤드 정거장에서 내려 15분 정도 걸어 올라가면 입구가 보인다. 22번 버스는 하나우마 베이에 가는 승객들로 만원인 경우가 많으니 57A번 버스를 타는 것이 좋다. 트롤리 블루 라인으로 다이아몬드 헤드 내부에서 하차. 렌터카 와이키키를 출발해 Kalakaua Ave.에서 Kapahulu Ave.를 지나자마자 바로 왼쪽 방향의 Monsarrat Ave.로 진입, 직진하면 Diamond Head Rd.로 이어진다. Diamond Head Rd.를 타고 Kapiolani Community College를 지나서 직진하면 오른쪽으로 다이아몬드 헤드로 가는 길이 있다. 길을 따라 언덕을 올라가다가 터널을 통과하면 주차장이 보인다. 시간 06:00~18:00, 연중무휴 요금 차 한 대 $5 / 걸어서 가는 경우 1명당 $1 전화 808-948-3299 / 808-587-0285 홈페이지 dlnr.hawaii.gov/dsp/parks/oahu/diamond-head-state-monument 지도 p. 49 O, 73 P

DIAMOND HEAD STATE MONUMENT

알라 모아나 비치 파크 Ala Moana Beach Park

평온한 한때를 만끽할 수 있는 맑고 고요한 해변
와이키키가 관광객을 위한 비치라면 알라 모아나는 휴식을 원하는 현지 주민들을 위한 곳이다. 넓게 펼쳐진 하얗고 고운 모래사장과 맑고 투명한 바다는 바라만 보고 있어도 마음을 편안하게 해 준다. 피크닉 시설과 편의 시설이 잘 되어 있어 주말이면 가족들이 나와 바비큐 파티를 하는 모습을 자주 볼 수 있는데 소시지와 각종 고기를 굽는 냄새에 자기도 모르게 침이 넘어간다.

평일에는 더욱 한적하기 때문에 해변을 마치 내 것인 양 즐길 수 있다. 여유가 있다면 과일과 음료수 등 군것질거리를 잔뜩 가져가 하루 종일 책을 읽고 음악도 들으며 하와이에서의 여유를 만끽해 보자.

교통 알라 모아나 센터 바로 앞에 있어 버스를 이용해도 편리하며(8, 19, 20, 42, 57A번) 와이키키에서 마음 먹고 걸으면 30분이면 갈 수 있다. 차로는 10분 정도 걸린다. **지도** p.49 O, 73 K, 76 N

탄탈루스 언덕 Tantalus

호놀룰루의 야경을 감상할 수 있는 드라이브 코스

어둠과 불빛으로 아름답게 수놓인 호놀룰루의 야경을 감상할 수 있는 곳이다. 탄탈루스산 정상을 향해 완만하게 이어지는 구불구불한 도로를 따라가다 보면 어느덧 와이키키와 다이아몬드 헤드, 다운타운까지 호놀룰루의 숨겨진 모습을 발견하게 된다. 라운드 톱 드라이브(Round top Drive)는 아름다운 야경 때문에 특히 주말에는 사랑을 속삭이러 온 연인들로 도로 주변으로 자동차가 줄을 잇는다.

그러나 밤 10시가 넘으면 이곳은 소위 우범 지대로 변해 각종 사건 사고의 위험이 있으므로 차 안에서만 야경을 감상하고 으슥한 곳에 주차하는 일은 피해야 한다. 이곳에서는 절대 술을 마셔서는 안 되고 차 안에 술병을 두어서도 안 된다. 하와이 경찰이 수시로 순찰을 돌면서 감시한다. 낮에는 드라이브 코스로도 적당하기 때문에 길을 따라 한 바퀴 여유롭게 도는 것도 좋다.

렌터카가 없다면 여행사에서 저녁 식사와 탄탈루스 야경을 감상할 수 있는 다양한 패키지를 판매하고 있으니 참고하자.

탄탈루스 언덕에서 5분만 더 가면 푸우 우알라카 주립 공원(Puu Ualakaa State Park)이 있는데 오하우 동쪽을 한눈에 볼 수 있어 인기가 많다. 이곳은 반드시 낮에 방문하자.

교통 와이키키를 출발해 Ala Wai Blvd.를 타고 우회전해서 Kalakaua Ave.로 진입, 직진하다가 우회전해서 King St.로 진입하자마자 바로 좌회전해서 Punahou St.로 진입, 오른쪽에 Punahou school을 지나 신호등이 있는 삼거리에서 좌회전해서 Nehoa St.로 진입, 첫 번째 신호등이 있는 곳에서 우회전해서 Makiki St. 진입, 노란색 Dead End 이정표가 있는 곳에서 좌회전해서 Round Top Dr.로 진입한다. 직진해서 길을 따라 산을 오르다 보면 호놀룰루의 전경을 볼 수 있다. 지도 p. 73 D

탄탈루스에서 야경을 멋지게 남기는 법!

멋진 야경 사진을 위해서는 ISO를 낮춰서 노이즈를 줄이고 조리개는 개방한다(F값을 높인다). 노출 시간은 길게 잡고 떨림 방지를 위해 타이머나 릴리즈 또는 무선 리모콘을 사용하는 것도 방법이다. 삼각대는 필수. 탄탈루스 언덕은 날씨가 흐리면 바람이 심해지므로 삼각대 설치를 해도 사진이 흔들릴 수 있다. 바람이 심할 때는 자동차나 주변의 바람을 막아줄 수 있는 것들을 잘 활용하자.

샹그리 라 Shangri la

하와이 최고의 이슬람 예술의 전당

미국의 부호 가문 듀크가의 유일한 상속녀인 도리스 듀크의 열정과 노력으로 만든 대저택으로, 하와이의 푸른 바다를 마주하는 탁 트인 전망과 박물관을 방불케 하는 인테리어와 소품들이 놀라움을 자아낸다. 1935년 여행과 예술을 사랑했던 도리스 듀크는 남편 제임스 크롬웰과 신혼여행으로 세계일주를 떠났고 팔레스타인, 요르단, 이집트와 인도에 이르며 이슬람 예술과 사랑에 빠지게 된다. 마지막 신혼여행지인 하와이에서 4개월간 하와이의 푸른 자연을 즐기며 이곳에 별장을 짓기로 하는데, 그것이 지금의 샹그리 라이다. 타지마할에서 영감을 받은 정원과 태평양을 바라보고 있는 라나이, 직접 스페인과 이슬람에서 공수한 예술품으로 장식한 내부 등은 화려함과 편안함이 공존하는 이상적인 건축물로 평가받고 있다. 하와이까지 와서 건축물 관람을 해야겠냐는 의문도 들겠지만, 투어를 경험해본 이들은 큰 감탄과 감동으로 이구동성으로 추천하는 곳이므로 반나절 정도 투자해 꼭 들러 보길 추천한다. 현재는 호놀룰루 아트 뮤지엄을 통해 가이드 투

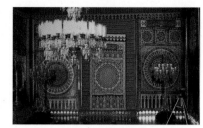

어로 내부를 살펴볼 수 있으며 열 명 내외의 소규모 투어로 하루 세 번 수요일부터 토요일까지 운영하기 때문에 예약은 필수이다. 그리고 몇 곳을 제외한 내부 사진 촬영은 철저하게 금지되어 있으며, 집 자체가 하나의 예술 작품이기 때문에 임의로 관람할 수 없다. 매년 9월경에는 복원 및 수리를 위해 투어가 중단되므로 홈페이지를 미리 확인하도록 하자.

주소 4055 Papu Cir, Honolulu, HI 96816 시간 투어 수~토 09:00, 10:30, 13:30 요금 $25 전화 808-734-1941 홈페이지 www.shangrilahawaii.org 지도 p. 73 P

다운타운 Downtown

- 번잡하고 화려한 와이키키와 달리 하와이 주민들의 일상을 느낄 수 있는 곳이다. 흔히 호놀룰루라 불리는 지역을 다운타운이라 칭하며 주 정부 청사나 이올라니 궁전 등 볼거리가 한 곳에 몰려 있어 반나절 정도 시간을 내 둘러 보기 적당하다. 알로하 타워나 차이나 타운에서는 하와이 이민자들의 삶의 흔적과 여정을 느낄 수 있다.

MAPECODE 22012

이올라니 궁전 Iolani Palace

미국 내 유일한 왕궁

이올라니는 하와이어로 '천국의 새'라는 뜻으로, 칼라카우아 왕이 세계 문물 박람회에 다녀와 서양 건축 문화에 신선한 충격을 받아 피렌체 고딕풍으로 1882년에 창건한 궁전이다. 넓은 정원에는 세월을 느낄 수 있는 반얀 나무들이 고풍스럽게 늘어져 있으며 궁전 내부에는 침실과 연회장, 하와이 최초의 수세식 화장실 등이 잘 보존되어 있다. 미국 내 유일한 왕궁이며 하와이 왕조의 역사를 느낄 수 있다. 궁전 내부를 자세히 보고 싶다면 가이드 투어에 참가해야 한다.

주소 364 South King St., Honolulu, HI 96804 교통 더 버스 와이키키에서 2번 버스 탑승, 주청사 앞에서 하차. 트롤리 와이키키 트롤리 레드 라인(Red Line)을 타고 주청사 · 이올라니 궁전에서 하차. 렌터카 와이키키를 출발해 Ala Wai Blvd.에서 우회전 Kalakaua Ave.로 진입, Kalakaua Ave.가 끝나는 지점에서 좌회전 Beretania St.로 진입, Beretania St.를 타고 가다가 Punchbowl St.를 지나자마자 첫 번째에서 좌회전하여 Richards St.로 진입, 좌회전해서 King St.에 진입해 다시 좌회전하면 주차장 입구가 나온다. 시간 갤러리 투어 월~토 09:00~17:00 가이드 투어 화~목 09:00~10:00, 금~토 09:00~11:15(일 · 월 휴무, 매 15분), 예약 필수 셀프 리드 · 오디오 투어 월 09:00~16:00, 화~목 10:30~16:00, 금~토 12:00~16:00(매 10분) 요금 갤러리 투어 성인 $7, 5~12세 $3 가이드 투어 성인 $27, 5~12세 $6 셀프 리드/오디오 투어 성인 $20, 5~12세 $6(*4세 이하의 유아를 동반할 수 없다.) 전화 808-522-0832 홈페이지 www.iolanipalace.org 지도 p. 72 F, 74 F

카메하메하 대왕상 King Kamehameha's Statue

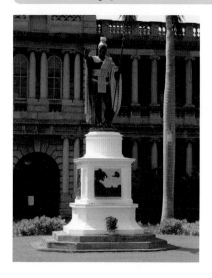

하와이를 최초로 통일시킨 왕

하와이를 최초로 통일시킨 카메하메하 왕을 기리기 위해 제작된 것으로, 이올라니 궁전 맞은편에 위치해 있다. 동상은 금빛 케이프를 걸치고 왼손에 평화의 상징인 창을 들고 있다. 카메하메하는 하와이어로 '외로운 사람'이라는 뜻을 가지고 있는데 실제로 그는 병으로 세상을 떠나면서 홀로 외롭게 숨을 거두었다고 한다. 매년 6월 11일은 대왕의 탄생 기념일로, 킹 스트리트에서 화려한 퍼레이드가 개최되며 동상에는 색색의 레이가 장식되기도 한다.

위치 이올라니 궁전 맞은편. 지도 p. 74 F

주정부 청사 The State Capitol

다운타운 한복판에 위치한 하와이의 상징

건물 자체가 하와이에 관한 여러 의미를 내포하고 있는데 예를 들어 8개의 기둥은 하와이의 여덟 섬을, 주변의 연못은 태평양을 의미하며 주변의 돌들은 하와이의 나머지 섬들을 상징한다. 건물 앞에는 한센병 환자를 위해 일생을 바친 다미안 신부의 동상이 서 있다.

건물 뒤편에는 하와이 왕조의 마지막 왕인 릴리우

오칼라니(Lili'uokalani) 여왕의 동상이 서 있는데, 하와이가 서구 세력의 침략을 받은 후 강제 폐위되어 가택 연금된 채 생을 마감했다고 한다. 그러한 자신의 신세와 조국에 대한 안타까움을 사랑하는 연인과의 이별에 빗대어 여왕이 직접 만든 노래가 바로 '알로하 오에(Aloha Oe)'다.

위치 이올라니 궁전 뒤편.
지도 p. 74 F

비숍 박물관 Bishop Museum

하와이 최대 규모의 박물관

하와이의 오랜 역사와 고대 문화를 만날 수 있는 하와이 최대 규모의 박물관이다. 1899년 찰스 리드 비숍(Charles Reed Bishop)이 그의 아내이자 카메하메하 왕가 최후의 왕녀인 베니스 파우아히 비숍(Bernice Pauahi Bishop)을 추모하며 그녀가 수집한 하와이의 예술품을 시작으로 하와이의 역사와 문화를 집대성한 결과 미국에서 세 번째에 이르는 큰 규모의 박물관이 되었다.

비숍 박물관은 하와이 섬이 탄생한 배경부터 왕가의 화려한 예술품, 하와이의 역사 자료까지 하와이에 대한 모든 것을 살펴볼 수 있는 200만여 점의 자료를 전시하고 있다. 한편, 고대 훌라를 재현한 훌라 공연이 매일 박물관 마당에서 진행된다. 자세한 내용은 홈페이지를 참고하자.

주소 1525 Bernice St., Honolulu, HI 96817 교통 더 버스 와이키키에서 2번 버스. 트롤리 레드 라인을 타고 비숍 박물관에서 하차. 렌터카 와이키키를 출발해 H1 West를 타고 exit 20A(63 Likellke Hwy.)로 빠져나와 Bishop Museum 이정표 다음에서 바로 우회전해서 Bernice St.로 진입, 직진하면 오른쪽에 비숍 박물관이 있다. 시간 09:00~17:00, 땡스기빙데이와 크리스마스 휴무 요금 성인 $24.95, 노인(65세 이상) $21.95, 4~12세 $16.95, 3세 이하 무료 전화 808-847-3511 홈페이지 www.bishopmuseum.org 지도 p. 49 O, 72 B

차이나타운 China Town

전통 중국 요리와 다양한 아시안 푸드가 가득한 곳

이른 아침 사람 사는 냄새가 팍팍 풍기는 곳을 찾는다면 바로 차이나타운이다. 전 세계의 차이나타운이 그렇듯 이곳 역시 하와이라는 사실을 잊을 정도로 온통 붉고 황금빛 나는 간판과 친숙한 채소와 과일을 파는 노점상이 즐비한 시끌벅적하고 활기찬 곳이다. 전통 중국 요리와 다양한 아시안 푸드를 저렴한 가격으로 즐기기에도 이만한 곳이 없다. 시원한 버블티나 슈가케인(사탕수수) 주스를 마시면서 슬슬 구경하기에 딱 좋다. 돌아올 때는 호텔에서 먹을 신선한 과일을 사는 것도 잊지 말자.

해가 지면 차이나타운은 우범 지역으로 변하기 때문에 이른 아침이나 점심 때 방문하는 것이 좋다.

주소 1120 Maunakea St., Honolulu, HI 96817 교통 렌터카 ① 와이키키 출발, Ala Wai Blvd.-Kalakaua Ave.-Beretania St.를 타고 가다가 좌회전해서 Maunakea St.에 진입하면 된다. ② Ala Moana Blvd.를 타고 공항쪽으로 직진하다가 River St.에서 우회전하면 된다. 지도 p. 74 A

알로하 타워 & 알로하 타워 마켓 플레이스 Aloha Tower & Aloha Tower Market Place

호놀룰루 항구 입구에 서 있는 10층 높이의 시계탑
오래전 하와이를 방문하는 이들이 증기선을 타고 왔
을 때 가장 먼저 그들을 환영하는 건물이었다고 한
다. 이제는 하와이의 주요 교통이 비행기가 되어 그
당시의 화려함과 번영은 찾아보기 힘들지만 종종 큰
유람선이 들어오는 날이면 활기찬 알로하 타워의 면
모를 만날 수 있다. 시계탑 전망대에 올라가면 주변
항구의 모습과 다운타운이 한눈에 들어온다.

주소 1 Aloha Tower Dr., Honolulu, HI 96813 교통 더 버
스 와이키키에서 19번 또는 20번 버스. 트롤리 레드 라인
을 타고 알로하 타워 마켓 플레이스에서 하차. 렌터카 와
이키키를 출발해 Ala Wai Blvd.와 Kalakaua Ave.를 지
나쳐서 직진, 좌회전해서 Lipeepee St. 진입, 우회전해서
Hobron Ln. 진입, 우회전하면 Ala Moana Blvd.이다. Ala
Moana Blvd.를 타고 가다가 Aloha Tower 이정표가 나
오면 우회전, 한 번 더 우회전하면 정면이 알로하 타워 마
켓 플레이스이다. 주차 근처에 주차장이 여러 곳에 있다. 편

한 곳에 주차를 하고 주차 확인을 받으면 월~금요일에는
3시간까지 $1.50, 이후 30분마다 $3이다. 주중에 3시 이
후 또는 주말에는 주차 확인을 받으면 시간에 관계없이 $5
이다. 시간 월~토 09:00~21:00 일 09:00~18:00(숍마
다 차이가 있음) 전화 808-528-5700 홈페이지 www.
alohatower.com 지도 p. 72 F, 74 I

펄 하버(진주만) Pearl Harbor

● '진주만'이라 불리는 이곳은 아름다운 이름과는 달리 아픈 역사의 상처들이 남아 있는 군항이 있으며 국립 사적지로 지정된 곳이다. 펄 하버 주변은 대부분 군사 시설들이며 제2차 세계대전 시 폭격을 당한 흔적들을 둘러볼 수 있다.

MAPECODE **22019**

USS 애리조나 기념관 USS Arizona Memorial

진주만 습격으로 사망한 희생자 추모 기념관

1941년 12월 7일 일본군의 진주만 습격으로 사망한 1,177명의 희생자와 침몰한 USS 애리조나호를 추모하는 기념관이다. 바다에 침몰한 애리조나호를 인양하지 않고 바다 위에 바로 기념관을 지었다. 애리조나 기념관 투어는 무료이나 입장권을 받아야 갈 수 있다.

입장권은 보핀 잠수함이 있는 곳 4군데의 매표소 중에 가장 오른쪽에 있는 1군데에서만 무료로 나눠 준다. 모든 입장권에는 시간이 적혀 있는데 입장권을 받으면 애리조나 기념관 방문객 센터로 가서 입장권에 적힌 시간에 20분 정도 되는 다큐멘터리 관람을 한다. 관람이 끝나면 배를 타고 기념관으로 함께 이동을 하고 기념관에 들어갔다가 돌아오는 코스이다. 아침 7시 45분부터 15분마다 오후 3시까지 투어를 진행한다. 방문객 센터 입구에는 한국어로 된 안내 책자가 비치되어 있고, 진주만 공격의 참담함을 보여 주는 박물관이 있다.

박물관 각 지점마다 번호가 적혀 있어서 한국어 오디오 투어 단말기($7.50)를 대여해서 단말기에 번

호를 넣으면 자세한 설명을 들을 수 있다. 오디오 단말기는 다큐멘터리를 관람할 때도 사용할 수 있는데 단말기에 번호를 넣지 않아도 다큐멘터리가 시작되면 자동으로 한국어로 번역되어 나온다. 메모리얼 투어에 참가하고자 한다면 되도록 사람이 적은 아침 일찍 가는 것이 좋다. 도착하자마자 줄을 서서 티켓을 먼저 받고 나머지를 둘러보는 것이 시간을 절약하는 방법이다. 보안상 가방, 지갑, 쇼핑백, 기저귀 가방까지 일체의 것을 가지고 들어갈 수 없고 카메라만 허용된다. 가방을 가지고 간 경우에는 보관함에 가방을 맡기면 된다.(가방보관함 운영 시간 06:30~17:30 / 가방 1개당 $3)

주소 1 Arizona Memorial Rd., Honolulu, HI 96818 교통 더 버스 20번, 42번 버스를 타면 1시간 15분 정도 소요된다. 렌터카 와이키키에서 H1 West를 타고 Exit 15A로 빠져나와 4번째 신호등에서 좌회전하면 도착한다. 30분 정도 소요된다. 시간 07:00~17:00, 추수감사절 · 크리스마스 · 1월 1일은 휴무 전화 808-422-0561 홈페이지 www.pacifichistoricparks.org 지도 p. 49 K

USS 보우핀 잠수함 박물관 & 공원 USS Bowfin Submarine Museum & Park

보우핀호 박물관

제2차 세계대전에 잠수함으로 사용되었던 보우핀호의 내부를 볼 수 있다. 매표소 뒤쪽으로 정박되어 있는 배가 바로 보우핀호다. 바로 옆 공원에서는 잠수함에서 사용되었던 물건들을 살펴볼 수 있다.

지도 p. 49 K

전함 미주리호 기념관 Battleship Missouri Memorial

6 · 25 전쟁에 참여한 배

전함 미주리호는 제2차 세계대전 당시 일본에게 항복 서약서를 받은 전함이다. 6 · 25 전쟁에도 참전한 미주리호는 포드 비치에 정박되어 있다. 포드 비치는 군사 지역이기 때문에 매표소 근처의 셔틀버스($3)를 이용하면 된다.

지도 p. 49 K

ALOHA～하와이어 배우기

하와이는 미국의 50번째 주로 영어를 공용어로 사용하고 있지만 원주민들의 언어인 하와이어는 짧은 인사와 단어로 널리 사용되고 있다. 간단한 인사말이나 단어들을 미리 배워 둔다면 하와이 문화를 이해하기 훨씬 수월하다.

■ 알로하 'Aloha'

'안녕하세요', '안녕히 가세요'의 인사말로 가장 널리 쓰이는 단어이다. 공항 입구에서부터 상점의 직원들까지 환한 미소로 인사하는데, 우리도 즐거움과 기쁨을 담아 큰 소리로 '알로하' 하고 인사해 보자. 안부를 묻는 인사의 뜻 말고도 애정이나 사랑을 표현할 때도 '알로하'라 말한다.

■ 마할로 'Mahalo'

'알로하'라는 인사말과 양대 산맥을 이루는 말인 '마할로'는 우리말로 '감사합니다'라는 뜻을 가지고 있다. 하와이에서는 'Thank you' 대신에 '마할로'가 훨씬 더 많이 쓰이며 공식적인 문서에도 끝맺음은 '마할로'로 대신할 정도로 사용 빈도가 높다.

■ 샤카 'Shaka'

여러 뜻을 가진 단어로 '좋다, 대단하다, 괜찮다' 등의 긍정적인 뜻을 가지고 있다.

■ 라나이 'Lanai'

우리 식으로 말하면 '베란다'이다. 하와이의 호텔은 대부분 베란다나 발코니를 가지고 있는데, 보통 '라나이'라 통칭한다.

■ 레이 'Lei'

하와이에서 자주 볼 수 있는 꽃이나 조개로 엮은 목걸이를 통칭하는 말이다. 하와이에서는 결혼식, 졸업식 등 특별한 날뿐만 아니라 평상시에도 레이를 선물로 주고받는다.

■ 오하나 'Ohana'
호텔이나 식당 이름에 자주 사용되는 말로 '가족'
이란 뜻을 가지고 있다.

■ 케이키 'Keiki'
식당에 가면 '케이키 메뉴'라는 것이 있는데, 바로
어린이 메뉴라는 뜻이다. 어린이를 뜻하는 말로
'children' 대신 많이 사용된다.

■ 푸푸 'Pupu'
디저트라는 뜻. 식당 메뉴에 푸푸 메뉴가 따로 있
으니 참고하자.

■ 오노 'Ono'
'맛있다', '훌륭하다'라는 뜻을 가진 단어로 주로
식당 이름에서 많이 발견할 수 있다.

■ 루아우 'Lu'au'
하와이식 정찬을 일컫는 말로, 전통 공연이나 디
너쇼를 할 때 함께 경험할 수 있다.

■ 칼루아 'Kalua'
하와이 전통 요리 방법으로 음식을 나뭇잎에 싸
서 땅속에서 익힌 것을 칼루아라고 하는데 하와
이 전통 요리 중 돼지고기를 바나나 잎에 싸서 땅
속에서 오랫동안 익힌 요리인 칼루아 피그가 유
명하다.

■ 카이 'Kai'
지역명에 '카이'라는 단어가 들어 있다면 바다이
거나 바다 근처의 마을이다. 카이는 우리말로 '바
다'라는 뜻이다.

■ 할레 'Hale'
집이나 건물을 통칭하는 단어로 마우이의 할레
아칼라 국립 공원은 '태양의 집'이라는 뜻이다.

■ 팔리 'Pali'
주로 지명에서 많이 등장하는 단어인데 언덕이
나 절벽을 뜻한다.

■ 헤이아우 'Heiau'
하와이 전통 의식을 행하던 성전이나 신성한 곳
을 가리키는 단어로 빅아일랜드에 많은 헤이아
우가 남아 있다.

■ 카네 & 와히네 'Kane & Wahine'
하와이의 화장실에는 'Kane', 'Wahine'라고 표시
되어 있어 당황하는 경우가 있는데 'Kane'가 남
성이라는 뜻이고 'Wahine'가 여성이라는 뜻이니
잘 구분하자.

하와이 카이 · 윈드워드

Hawaii Kai   Windward

● 오아후 섬 최고의 부촌 지역인 하와이 카이 주변으로는 여행자들이 사랑하는 명소들이 해안선을 따라 이어져 있다. 또한 '바람이 부는 쪽'이라는 뜻의 윈드워드 지역은 오아후의 동쪽 지역을 통칭하는 말로, 높고 험준한 산맥과 아름답게 이어지는 해안 도로가 조화를 이루어 오아후에서 드라이브를 즐기기에 가장 좋은 곳이다. 눈부시도록 아름다운 해안선을 따라 동해안 일주에 나서 보자.

MAPECODE **22022**

하나우마 베이) Hanauma Bay

하와이를 상징하는 열대어의 천국

화산 폭발로 인해 형성된 만(bay)이 파도를 막아 주고 있어 바다가 늘 잔잔하다. 이곳에서는 스노클링으로 알록달록 열대어와 푸른바다거북을 직접 만날 수 있다. 주차장을 지나 입구에서 입장권을 구입하면 시간표를 나눠 주는데 시간에 맞춰 약 10분 정도의 교육 비디오를 보게 된다. 이 시청각 비디오는 하나우마 베이의 생성 배경과 바다에서 만날 수 있는 열대어의 종류 등에 대해 알려 주며 스노클링 시 유의사항 등에 대해 친절하게 화면으로 안내해 준다. 교육용 비디오는 한국어, 일본어, 중국어, 프랑스어 등 다양한 언어의 헤드셋을 구비하고 있어 이해가 더욱 쉽다. 비디오 시청을 마친 후 언덕을 따라 내려가면 드디어 깨끗하고 투명한 하나우마 베이와 만날 수 있는데 주변에는 스노클링 장비를 대여할 수 있는 곳과 화장실, 샤워장, 방문객 센터 등이 있다. 스노클링 기어를 준비하지 못한 경우 현장에서 바로 빌릴 수 있는데 신용카드나 자동차 키를 맡겨야 빌릴 수 있으며 신용카드나 자동차 키가 없을 경우

한 세트에 현금 $30를 보증금으로 걸어야 대여가 가능하다. 오리발(fin)도 빌릴 수 있는데 미리 본인의 발 사이즈를 미국 사이즈로 알고 가는 것이 좋다.

주소 Hanauma Bay, Honolulu, HI 96825 교통 더 버스 22번을 타고 하나우마 베이(Hanauma Bay)에서 하차. 혹은 58번 버스도 경로가 비슷하지만 조금 더 걸어야 한다. 22번 버스는 한 시간에 한 대 정도 운행되기 때문에 반드시 버스 운행 시간을 확인하는 것이 좋다. 오전 일찍 타지 않으면 버스가 만석이 되어 정류장을 그냥 지나칠 수도 있다. 와이키키에서 45분 소요된다. 트롤리 와이키키에서 와이키키 트롤리 블루 라인을 타면 1시간 30분 남짓 걸린다. 렌터카 H1 East를 타고 가다 보면 72번 도로로 이어진다. 코코 마리나 센터를 지나고 Hanauma Bay라고 이정표가 적힌 육교를 통과해서 언덕으로 올라가면 지도 마을이 보이는 시닉 포인트(Scenic Point)가 나온다. 이 포인트를 지나서 우회전하면 바로 하나우마 베이다. 와이키키에서 25분 정도 걸린다. 시간 겨울 06:00~18:00, 화요일 휴무 여름 06:00~19:00, 화요일 휴무 스노클링 기어 렌탈 숍 08:00~16:30(반납은 17:00까지) 요금 $7.5(12세 이하는 무료) 언덕을 오르내리는 셔틀 50센트~$1 왕복 셔틀 $7.50(와이키키 호텔~하나우마 베이 / 입장료 별도) 주차 요금 $1 전화 808-396-4229 홈페이지 www.hanaumabaystatepark.com 지도 p. 49 P

하나우마 베이를 더욱 알차게 즐기는 방법

• 하나우마 베이는 매일 3,000여 명의 세계인이 몰려드는, 하와이에서 가장 인기 있는 곳 중 하나이다. 특히 여름 성수기 때는 오전 9시만 되어도 주차장에 자리가 없을 만큼 인파로 가득하다. 오전에 스노클링을 즐긴 이들이 빠져나가는 오후 2시쯤에 가는 것도 대안이 될 수 있으나 스노클링을 즐기기에는 파도가 잔잔하고 시야가 맑은 오전이 좋다.

• 하나우마 베이에는 그늘진 곳이 거의 없기 때문에 땡볕에 스노클링을 오래 하거나 해변에 멋모르고 누워 있으면 금방 일사병 증세를 호소하게 된다. 특히 어린아이들은 햇볕으로 인한 화상이나 탈수 등에 노출되기 쉬우므로 주의해야 한다.

• 하나우마 베이에서는 열대어나 거북이, 산호초를 손으로 만지거나 밟아서는 안 된다. 특히 산호초는 부서지기 쉬워 밟을 경우 상처를 입을 수도 있다. 산호초가 있는 지역에서는 수영으로 이동하고 모래가 있는 곳에서만 걷도록 하자. 오리발이나 아쿠아 슈즈를 신으면 물속에서 이동하기가 훨씬 수월하다.

• 스노클링을 할 때 반드시 두 명 이상이 함께 움직이도록 하자. 혼자서 물속을 구경하다 보면 자신의 위치를 가늠할 수 없기 때문에 나도 모르게 깊은 바다로 가게 된다. 최소한 10분에 한 번씩은 고개를 들고 자신이 해변에서 얼마만큼 떨어졌는지 확인해야 한다.

• 하나우마 베이에는 식당이 없다. 주차장 있는 쪽에 간단히 스낵을 파는 곳이 있으나 가격도 비싸거니와 음식 맛도 별로이기 때문에 물을 비롯한 음료수와 간단한 스낵 정도는 준비해 가는 것이 좋다. 물놀이를 하다 보면 쉽게 배고파진다.

• 하나우마 베이 주차장의 차는 관광객들이 바다에 갈 때 귀중품이나 현금을 차에 두고 내리는 것을 아는 노련한 도둑들의 표적이다. 차 안의 모든 물건은 트렁크에 넣어 밖에서 보이지 않도록 해야 한다. 물건이 없어지는 것도 문제지만 도둑들이 차 안의 물건을 훔치기 위해 유리창을 깨거나 차량을 손상시킬 수 있기 때문에 각별히 주의해야 한다. 하나우마 베이에 갈 때는 꼭 필요한 물건만 가져가도록 하자.

• 스노클 기어는 하나우마 베이에서 직접 빌릴 수도 있지만 호텔에 문의하거나 와이키키 주변 렌탈 숍에서 빌릴 수 있다. 아무리 깨끗하게 소독을 한다고 해도 다른 사람이 썼던 것을 빌리는 것이 꺼림칙하다면 ABC 스토어즈나 월마트 등에서 $10~30로 구입할 수 있다.

하와이 카이 Hawaii Kai

다양한 해양 스포츠를 만끽할 수 있는 부촌 지역

시원하게 뻗은 열대수와 푸른 바다에 정박해 있는 고급 요트가 멋진 풍경을 만들어 내는 하와이 카이는 오아후 최고의 부촌 지역으로 고급 주택과 다양한 해양 스포츠를 만날 수 있는 곳이다. 코코 마리나 쇼핑센터에 해양 스포츠 숍이 많이 몰려 있으며 푸드코트와 마트도 있다. 하나우마 베이에 가기 전에 잠시 들러 시원한 음료수를 마시거나 간단히 장을 보기에 좋다.

지도 p. 49 P

한국 지도 마을(마리나 리지) Marina Ridge

한반도의 지도 모양을 닮은 마을

사실은 코코 헤드를 보기 위한 뷰 포인트이지만 한국인들에게는 언덕에 있는 마을의 모습이 한반도와 흡사해 신기해하는 곳이다. 하나우마 베이 가기 전에 들러 기념 촬영을 하기에 좋다.

교통 H1 East를 타고 가다 보면 72번 도로로 이어진다. 코코 마리나 센터를 지나고 Hanauma Bay라고 이정표가 적힌 육교 아래를 통과해서 언덕으로 올라가면 지도 마을이 보이는 시닉 포인트가 나온다. 파란색으로 'Scenic Point'라는 이정표가 보이면 바로 좌회전해서 들어가면 된다. 지도 p. 49 P

코코 분화구 Koko Crater

야생이 숨 쉬는 화산의 분화구

하나우마 베이를 중심으로 양쪽으로 높은 산봉우리를 만날 수 있는데 왼쪽이 코코 헤드라 불리는 곳이고, 오른쪽이 코코 분화구이다. 코코 분화구까지는 직선으로 되어 있는 트레일을 따라 걸어 올라가면 정상까지 왕복 1시간~1시간 30분 정도 소요된다. 낡은 철길을 계단 삼아 올라가는 직선 길이라 쉽게 올라갈 수 있을 것 같지만 올라갈수록 가파르고 계단이 많아 쉽게 지친다. 그러나 정상에 올라가면 하나우마 베이의 멋진 모습과 하와이 카이, 그림 같은 동부 해안이 펼쳐져 고생은 말끔히 잊게 된다. 그늘도 없고, 물을 파는 곳도 없기 때문에 올라가려면 선블럭과 물은 필수다.

주소 Koko Head Regional Park, Honolulu, HI 96825 교통 더 버스 23번 버스를 타고 Kealahou St.와 Kokonani St. 모퉁이에서 하차. 렌터카 와이키키에서 출발. H1 East를 타고 직진하면 72번을 타게 된다. 코코 마리나 센터를 지나 육교가 있는 곳에서 좌회전해서 Lunalilo Home Rd.로 진입, 첫 번째 사거리에서 우회전해서 Anapalau St.로 진입, 직진하면 Koko Head Regional Park가 나온다. 이곳에 주차를 하고 올라가면 된다. 지도 p. 49 P

할로나 블로우 홀 Halona Blow Hole

고래가 물을 뿜는 듯한 경관을 볼 수 있는 곳

용암과 파도의 침식으로 만들어진 자연 터널 사이로 바닷물이 들어가 수압에 의해 물이 하늘로 솟아오르는 멋진 장면을 볼 수 있다. 때로는 5m 이상 높이 파도가 솟구쳐 오르는데 마치 고래가 물을 뿜는 모습과 비슷하다. 바다 아래쪽은 파도가 거세기 때문에 내려가지 않는 것이 좋다. 하나우마 베이에서 자동차로 5분 정도 동쪽으로 가면 'Scenic lookout(전망대)'이라는 표지판이 보인다.

교통 더 버스 와이키키에서 22번 버스를 타고 1시간 정도 걸린다. 트롤리 블루 라인을 타고 할로나 블로우 홀 전망대에서 하차. 렌터카 H1 East를 타고 가다 보면 72번 도로로 이어진다. 하나우마 베이를 통과, 약 2마일(약 3km) 정도 거리에 있다. 하나우마 베이를 지나서 가다 보면 첫 번째 라나이와 몰로카이를 보는 시닉 포인트(맑은 날 오전에 보기 좋다)를 지나고, 다시 약 1마일쯤 가면 할로나 블로우 홀 전망대의 넓은 주차장이 보인다. 와이키키에서 30분 정도 걸린다. 지도 p. 49 P

샌디 비치 파크 Sandy Beach Park

보디 보드와 서핑의 메카

오바마 대통령이 어렸을 적에 서핑을 즐긴 장소라고
알려져 있다. 일 년 내내 높은 파도와 바람이 강해 수
영은 거의 불가능한, 오아후에서 가장 위험한 바다
중에 하나다. 하지만 반대로 서핑을 좋아하는 이들
에게는 이보다 더 좋은 곳이 없어 늘 보드를 옆에 낀
근육질의 멋진 남녀들이 가득하다. 그러나 이제 막
서핑을 시작한 초보자들에게는 매우 위험할 수 있으
니 안전 요원에게 파도 상태에 대해서 반드시 확인
하도록 하자. 점심 때가 되면 주차장에는 핫도그나
플레이트 런치를 파는 런치 트럭이 등장한다.

주소 Sandy Beach Park, Honolulu, HI 96825 교통 더 버
스 와이키키에서 22번 버스를 타고 1시간 정도 걸린다. 렌

터카 H1 East를 타고 가다 보면 72번 도로로 이어진다. 하
나우마 베이를 지나서 나오는 첫 번째 해변이 샌디 비치이
다. 할로나 블로우 홀을 지나서 오른쪽 해변으로 들어가면
된다. 지도 p. 49 P

시 라이프 파크 Sea Life Park

하와이에 사는 다양한 종류의 물고기를 만날 수 있는 해양 공원

알록달록한 열대어를 비롯해 상어, 거북이, 돌고래,
펭귄까지 만날 수 있어 가족 단위의 여행객에게 인
기 있다. 또한 바다와 만나고 있는 하와이 오션 극장
에서는 돌고래쇼와 펭귄쇼를 볼 수 있다. 시 라이프
파크의 가장 인기 있는 프로그램은 돌고래와 함께
수영할 수 있는 '돌핀 인카운터'로 돌고래에 대한 간
단한 교육을 받고 나면 물속에서 돌고래와 함께 수
영도 하고 뽀뽀도 할 수 있어 어린이들에게 최고의
인기다. 프로그램 가격은 시간과 프로그램에 따라
$100~225로 다양하다.

주소 41-202 Kalanianaole Hwy. #7, Waimanalo, HI
96795 교통 더 버스 22번 버스를 타고 1시간 정도 걸린다.

렌터카 H1 East를 타고 가다 보면 72번 도로로 이어진다.
하나우마 베이, 할로나 블로우 홀, 샌디 비치, 마카푸우 포
인트를 순차적으로 지난 다음 언덕을 넘어 내려가면 왼쪽
에 있다. (주차비 1일 $5) 시간 09:30~16:30 요금 성인
$39.99, 3~12세 $24.99 전화 808-259-2500 홈페이
지 www.sealifeparkhawaii.com 지도 p. 49 P

MAPECODE 22029

마카푸우 포인트 Makapuu Point

아름다운 자연 절경을 즐길 수 있는 뷰 포인트

탁 트인 바다와 하늘, 2개의 작은 섬. 마카푸우 포인트에서 볼 수 있는 아름다운 광경이다. 에메랄드빛 바다와 앙증맞은 섬을 볼 수 있는 멋진 광경 때문에 오아후 섬 동부 지역의 필수 관광 코스이다. 전망대에서 바다를 바라보면 2개의 섬이 보이는데 앞에 보이는 작은 섬이 카오히카이푸(Kaohikaipu Island)이고 뒤쪽에 보이는 큰 섬이 토끼섬(Rabbit Island)이라고 불리는 마나나 섬(Manana Island)이다. 1880년대 이 섬에서 토끼를 키웠다고 해서 그렇게 불린다는 설과 모양이 토끼를 닮아서라는 설이 있다. 아직도 이 섬에 토끼가 살고 있다는 얘기가 있지만 확인된 바는 없다.

더 멋진 전망을 보고 싶다면 마카푸우 라이트하우스 트레일에 도전해 보자. 왕복 1시간 정도 소요된다. 포장된 길을 따라 올라가다 보면 어느새 넓은 바다가 시원하게 펼쳐진다. 길을 따라 정상의 전망대에 올라가면 홀로 서 있는 빨간 지붕의 등대와 그림 같은 풍경을 두 눈으로 볼 수 있다.

교통 더 버스 22번 버스를 타고 1시간 정도 걸린다. 렌터카 H1 East를 타고 가다 보면 72번 도로로 이어진다. 하나우마 베이를 지나고 샌디 비치를 지난 다음 직진하다 보면 언덕을 오르게 된다. 첫 번째 Kaiwi라고 적힌 곳으로 우회전해서 빠지면 마카푸우 라이트하우스 트레일 주차장에 가게 되고, 조금 더 직진하면 오른쪽에 마카푸우 포인트가 있다. 지도 p. 49 P

와이마날로 비치 파크 Waimanalo Beach Park

해양 스포츠를 즐기기에 좋은 해변
5km가 넘게 길게 이어진 비치로 다양한 해양 스포츠를 즐기기에 적당한 곳이다. 여름철에는 파도가 높지 않아 수영을 하러 온 가족들이 많이 찾으며 반대로 겨울철에는 파도가 높아 보디 보딩이나 서핑을 즐기러 온 사람들로 일 년 내내 사람들의 발길이 끊이지 않는다. 안전 요원이 상주하며 화장실, 샤워장, 바비큐 그릴까지 있어 주말에는 피크닉을 즐기기 위해 현지 주민들이 많이 찾는다.

주소 41-741 Kalanianaole Hwy., Waimanalo, HI 96795 **교통** 렌터카 ① H1 East를 타고 가다 보면 72번 도로로 이어진다. 72번을 타고 약 15마일(24km) 정도 가면 오른쪽에 있는데 와이마날로 비치 파크(Waimanalo Beach Park)라고 적힌 푯말이 정말 작기 때문에 이정표를 보고 찾기는 힘들다. 시 라이프 파크에서 약 4마일(6.4km) 정도 북쪽에 있다. ② 61번 Pail Hwy.를 이용해서 북쪽 방향으로 오다가 72번을 타고 내려와도 된다. 지도 p. 49 P

카일루아 비치 파크 Kailua Beach Park

세계 최고의 비치로 뽑힌 평화롭고 아름다운 해변
하와이에 이런 비치가 있을까 싶을 만큼 평화롭고 아름다운 곳이다. 미국 내 여러 조사에서 당당히 세계 최고의 비치에 여러 번 오르기도 했다. 화장실과 샤워장, 피크닉 시설 등을 완벽하게 갖추고 있어 주말에는 현지 주민들이 많이 찾는다. 바다 한가운데에는 바다새 보호 구역인 플랫 아일랜드라고 하는 편평한 작은 섬이 있는데 카약을 타고 그곳까지 갈 수 있다. 카약은 카일루아 비치 파크 주변에 있는 몇몇 업체에 문의하면 된다. 카약 렌탈 업체에서는 카약에 필요한 일체의 장비를 대여해 주며 간단한 강습도 함께 진행한다. 보통 카약을 빌리는 데는 2인에 $40~80 정도이다.

주소 526 Kawailoa Rd., Honolulu, HI 96734 **교통** 더 버스 8, 19, 20, 42,58번을 타고 알라 모아나 센터에서 하차하여 57번 버스로 환승한 후 카일루아 Ave.에서 하차. 도보로 10분 정도면 도착한다. 렌터카 61번 Pali Hwy.를 타고 Kailua 방향으로 직진, 83번 교차로에서 직진, 72번과의 교차로에서 Kailua 방향으로 61번 도로를 타고 계속 직진, 길이 끝나는 곳까지 직진 후 우회전해서 S. Kalaheo Ave.로 진입, 작은 다리를 건너자마자 왼쪽에 카일루아 비치 파크 주차장이 있다. 지도 p. 49 L

라니카이 비치 Lanikai Beach

카일루아 비치와 더불어 아름답기로 유명한 해변

세계적으로 유명한 부호들도 찾아와 며칠씩 시간을 보내는 곳이다. 카일루아 비치 파크에 비해 주차장도 없고 접근하기 어려운 단점이 있음에도 불구하고 가 볼 만한 가치가 있다. 모래사장은 폭신폭신하고 바다는 하늘을 닮아 한없이 맑고 푸르다. 비치 타월 한 장만 가지고 가도 이곳이 천국이라고 느낄 수 있다.

라니카이 비치는 주변에 딱히 공영 주차장이 없어 아무 생각 없이 주택 근처에 무단 주차를 하게 되는데 그랬다가는 열에 여덟은 주차 딱지를 떼게 될 것이다. 천국 같은 라니카이 비치를 즐기는 대가라고 하기에 하와이의 주차 위반 벌금은 너무 비싸다. 가장 안전한 방법은 카일루아 비치 파크에 주차를 하고 걸어오는 것이다.

교통 더 버스 8, 19, 20, 42, 58번을 타고 알라 모아나 센터에서 하차해 57번 버스로 환승한 후 카일루아 Ave.에서 70번 버스를 타면 라니카이 비치에 도착한다. 단, 70번 버스의 배차 간격이 1시간 30분이므로 카일루아 비치에서 10분 정도 걸어가도 된다. 렌터카 카일루아 비치에서 더 직진해서 내려가다가 갈림길에서 우회전하여 Mokulua Dr.로 진입, 길을 따라 가다 보면 'LANIKAI'라고 적힌 기둥이 나온다. 일방 통행이기 때문에 길을 따라 주택가를 크게 한 바퀴 돌면 집들 사이에 바다로 나가는 길이 있다. 지도 p. 49 L

누아누 팔리 전망대 Nuuanu Pali Lookout

최고의 오아후 경치를 볼 수 있는 곳

카메하메하 대왕의 마지막 격전지로 알려진 누아누 팔리는 최고의 오아후 뷰를 제공하는 전망대이다. 팔리 하이웨이를 따라 조금 올라가면 'Pali Lookout'이라는 표지판이 나온다. 주차장을 지나면 바로 넓게 펼쳐지는 풍경을 볼 수 있는데 카일루아와 카네오헤, 중국인 모자섬(모콜리이 섬)까지 한눈에 들어온다. 이곳은 일 년 내내 강한 바람이 불어 일명 '바람산'으로도 불리는데 엄청난 강도의 바람에 몸을 제대로 가누기 어려울 정도이니 긴소매 옷을 반드시 챙기도록 하자. 오후에는 날이 흐려지는 경우가 많아 오전에 방문하는 것이 좋다.

주소 Nuuanu Pali Dr., Honolulu, HI 96817 시간 04:00~20:00 입장료 무료 교통 와이키키 출발. H1 West에서 61번 Pali Hwy.를 북쪽 방향으로 타고 가다 보면 'Pali Lookout'이라는 이정표가 나온다. 홈페이지 www.gohawaii.com 지도 p. 49 K

MAPECODE 22034

뵤도인 사원 Byodo-in Temple

와이키키 근교의 일본식 사원

화려하고 혼잡한 와이키키를 벗어나 1시간 정도 가면 만날 수 있는 일본식 사원이다. 'Valley of the Temples Memorial Park' 안에 있는 이 사원은 1968년 일본인의 하와이 이주 100주년을 기념해 일본 교토에 있는 900년이 넘는 역사를 간직한 사원을 복제한 것이다. 공원 입구부터 쭉 이어진 묘비들과 일본식 비석들이 이국적이면서도 엄숙한 기분을 느끼게 한다. 공원을 지나 안쪽으로 들어가면 거칠면서도 웅장한 팔리 산을 배경으로 고즈넉한 사원의 모습이 들어온다. 들뜬 마음을 가라앉히고 천천히 사원을 둘러보는 데에는 30분 정도 걸리며 연못 주변에서는 야생 공작과 백조를 만날 수 있다. 사원 한쪽에는 3톤이 넘는 거대한 종이 있는데 종을 울리면 평화와 행운을 가져다준다고 한다. 종종 방문객들이 울리는 장중하면서도 은은한 종소리를 들을 수 있다.

한편 미국의 유명한 TV 시리즈인 〈로스트〉는 한국 배경의 장면을 이곳에서 촬영하기도 했다.

주소 47-200 Kahekili Hwy., Kaneohe, HI 96744 **교통** 렌터카 와이키키를 출발해 H1 West에서 Exit 20로 나가 63번 Likelike Hwy.를 타고 직진, 터널을 통과한 뒤 오른쪽의 83번 Kahekili Exit로 빠져나가 Kahekili Hwy.로 진입, 5개의 신호등을 지나고 언덕을 내려오다 보면 오른쪽에 맥도날드가 있고 왼쪽에 The Valley of the Temple's Cemetery 입구가 있다. 좌회전해서 길따라 끝까지 가면 주차장이 있다. **시간** 08:30~17:00 **입장료** 성인(13~64세) $5, 시니어(65세 이상) $4, 어린이(2~12세) $2, 현금만 가능 **전화** 808-239-8811 **홈페이지** www.byodo-in.com **지도** p. 49 K

쿠알로아 비치 파크 & 중국인 모자섬 Kualoa Beach Park & Chinaman's hat Island

하와이에서 가장 인기 있는 피크닉 · 캠핑 장소

시원하고 푸르게 펼쳐진 너른 잔디밭을 마음껏 뛰노는 아이들, 하늘을 향해 솟은 야자수, 그리고 뒤로는 병풍처럼 이어지는 산봉우리까지, 달력에서 갓 튀어나온 것 같은 모습의 쿠알로아 비치 파크는 어른, 아이 할 것 없이 모두가 좋아하는 하와이에서 가장 인기 있는 피크닉·캠핑 장소다. 또한 이곳에서는 중국인 모자섬을 볼 수 있는데, 섬 모양이 꼭 하와이 중국 이민자들이 썼던 모자와 닮았다고 하여 붙여진 별명이다. 본래 정식 명칭은 모콜리이 섬(Mokolii Island)이다.

주소 49-479 Kamehameha Hwy., Kaneohe, HI 96744 교통 렌터카 ① 와이키키 출발. H1 West에서 Exit 20A로 나가 63번 Likelike Hwy.를 타고 직진하다가 터널을 통과한 뒤 83번 Kahekili Hwy. 진입, 마을을 통과한 뒤 숲길을 따라 직진하다가 정면에 바다가 보이고, 직진하다 보면 오른쪽으로 빠지는 길이 있다. 우회전하면 공원이다. ② 와이키키 출발. 61번 Pali Hwy.를 타고 가도 된다. H1 West에서 61번 Pali Hwy.를 타고 Kailua 방향으로 직진, 83번 교차로에서 좌회전하여 83번 Kamehameha Hwy.로 진입, 직진하면 830번 도로를 거쳐 다시 83번을 타게 된다. 지도 p. 49 G

쿠알로아 랜치 Kualoa Ranch

많은 영화와 드라마의 배경이 된 목장

쿠알로아 목장에서는 금방이라도 공룡이 튀어나올 것 같은 험준하고 기묘한 모양의 산을 배경으로 드넓게 펼쳐진 초원을 만날 수 있다. ATV 체험, 정글 투어, 승마, 하이킹 등 다양한 액티비티를 즐길 수 있는데 액티비티를 한데 엮은 패키지 프로그램도 있다. 개별적으로 랜치를 찾아 액티비티를 즐기고 싶다면 적어도 오후 3시 이전에는 도착해야 한다. 쿠알로아 랜치를 바라보면 어디선가 많이 본 것 같은 느낌이 드는데 바로 영화 〈쥬라기 공원〉에서 아이들이 공룡을 피해 여기저기 숨던 바로 그곳이다. 〈고질라〉, 〈로스트〉 등도 이곳에서 촬영됐다.

주소 49-560 Kamehameha Hwy., Kaneohe, HI 96730 교통 쿠알로아 비치 파크에서 북쪽으로 500m 정도 직진하면 왼쪽에 입구가 있다. 시간 07:00~17:00 (1월 1일, 크리스마스 휴무) 입장료 Secret Island Beach Activities, Jurassic Jungle Expedition Tour 성인 $45.95, 어린이 $35.95 Horseback Riding, ATV Tour 성인 $84.95~129.95 전화 808-237-7321 홈페이지 www.kualoa.com 지도 p. 49 G

노스 쇼어 · 할레이바
North Shore　　Hale′iwa

● 서퍼들의 로망인 멋진 해변이 끊임없이 펼쳐지고 내륙에는 향긋한 파인애플 밭이 이어지는 오아후 북쪽 지역을 '노스 쇼어'라고 한다. 와이키키에서 가장 멀리 떨어진 곳이기 때문에 렌터카를 빌렸다면 꼭 가 봐야 할 곳이다. 와이키키의 번잡함과는 달리 자유로운 영혼의 서퍼들이 보드를 끼고 걷거나 비치에서 망중한을 즐기는 모습을 발견할 수 있다. 노스 쇼어 초입에는 '할레이바'라는 마을이 있는데 예술가들의 마을로 아기자기하면서 의외로 구경거리가 많으니 놓치지 말자. 셰이브 아이스로 유명한 마츠모토 잡화점이 있는 곳도 이곳 할레이바 마을이다. 서퍼들의 고향 노스 쇼어로 낭만적인 드라이브를 떠나 보자!

MAPECODE **22037**

할레이바 마을 Hale′iwa Town

서퍼들의 아지트, 노스 쇼어의 올드 타운

노스 쇼어의 입구에 해당하며 히피풍의 가게가 넘치는 한적한 올드 타운이다. 서퍼들의 아지트이기도 하다. 와이키키와는 전혀 다른 모습으로 빈티지한 상점들과 복고풍의 간판, 서핑 보드를 들고 걸어 다니는 멋진 남녀들로 가득한 곳이다. 마을 한쪽에 주차를 해 놓고 셰이브 아이스를 먹으며 슬슬 돌아다녀도 채 한 시간이 걸리지 않지만, 중간중간에 아기자기한 기념품을 파는 숍과 갤러리가 많아 구경하다 보면 한두 시간은 훌쩍 지나간다. 테라스가 있는 카페나 식당에 앉아 멋진 근육질의 서퍼들을 흘깃거리는 재미도 쏠쏠하다.

원조 쿠아 아이나 샌드위치 숍이 이곳에 있다. 또 맥도날드 건너편에는 낙서가 가득한 두 대의 트럭이 보이는데 노스 쇼어의 명물 새우 트럭이다. 지오바니스(Giovannis)와 호노스(Honos) 두 곳 다 고소하고 통통한 새우볶음에 마늘밥 얹은 것을 기본으로 한다. 지오바니스의 오리지널 트럭은 좀 더 북쪽으로 가야 있는데 그곳까지 갈 시간이 없다면 호노스에서 맛보는 것도 괜찮다. 호노스의 주인은 한국인이다.

교통 더 버스 와이키키에서 8, 19, 20, 42, 58번을 타고 알라 모아나 센터에서 하차, 52번 또는 55번으로 환승하면 된다. 52번은 2시간, 55번은 3시간 정도 소요된다. 렌터카 와이키키에서 출발 기준으로, H1 West에서 H2를 타고 끝까지 이동한다. 803번 도로를 타고 직진하다가 할레이바로 우회전하라는 이정표가 나오면 우회전하여 930번 도로를 타고 직진, 원형 교차로(Round about)에서 83번 쪽으로 가다가 할레이바 쪽으로 빠져나가 직진하면 할레이바에 도착한다. 50분~1시간 정도 걸린다. 지도 p. 48 F

라니아케아 비치(터틀 비치) Laniakea Beach(Turtle Beach)

푸른바다거북을 보는 포인트

하와이어로 '호누(Honu)'라고 불리는 푸른바다거
북(green sea turtle)을 가까이서 볼 수 있는 곳이다.
사람들을 두려워하지 않아 해변에 한가로이 엎드
려 낮잠을 즐기거나 얕은 바다에서 수영을 하는 거
북을 많이 만날 수 있다. 특별히 이정표나 표지판
은 없으나 많은 사람들이 차를 세우고 바다를 바라
보며 무엇인가를 찾고 있기 때문에 노스 쇼어에 가
면 금방 '이곳이구나' 하는 생각이 든다. 비치 한쪽
에서는 푸른바다거북 보호 단체에서 'malama na
honu(거북이를 보호해 주세요)'라는 홍보 자료 등을
나눠 준다.

주소 Laniakea Beach, North Shore, HI 96712 교통 와
이키키에서 H1 West, H2 North를 타고 Exit 8로 나가
서 99번 도로를 타고 83번과 교차로에서 우회전, 83번
Kamehameha Hwy.를 타고 북쪽으로 올라가다가 작은 다
리를 건넌 후 2마일 정도 가면 양쪽에 버스 정류장이 있고
왼쪽에 Papailoa Rd.가 있다. 이곳을 지나친 후에 왼쪽에
비치가 나오고 오른쪽에 차들이 주차되어 있는데 오른쪽에
주차를 하고 왼쪽으로 건너가면 된다. 지도 p. 48 B

와이메아 베이 비치 파크 Waimea Bay Beach Park

구경만 해도 즐거운 다이빙 포인트

와이메아 베이 비치 파크는 주말이면 로컬 피플들로 가득 차 비치에 누울 틈이 없을 정도다. 이곳을 찾는 이유는 바로 유명한 다이빙 포인트 때문! 해변 한쪽에 위치한 적당히 높은 바위는 늘 다이빙을 하려는 사람들로 바글바글하다. 직접 다이빙을 해 보는 것도 좋지만 앉아서 구경하는 것만으로도 시간이 잘 간다. 아래에서 보면 꽤 도전할 만하지만 막상 올라가면 뛰어내리는 게 쉽지 않다. 겨울에는 파도가 높아 수영하기에도 적절하지 않다. 비치 파크는 넓지만 따로 그늘이 없기 때문에 태닝을 원하지 않는다면 파라솔은 필수다. 주변에 따로 먹거리를 팔지 않기 때문에 간단한 도시락이나 음료를 준비하는 것이 좋다. 입장과 주차는 무료이며 샤워 시설도 구비되어 있다. 주말에는 주차장이 늘 만원이므로 이른 오전이나 오후가 좋다. 주말에 주차 공간이 없다고 이중 주차나 갓길 주차는 금물. 수시로 교통 경찰이 순찰을 한다. 평일에는 한산한 편이다. 주차장에 소매치기나 좀도둑이 종종 등장하기 때문에 차 안의 물건들은 모두 트렁크에 넣는 것이 좋다.

주소 61-031 Kamehameha Hwy., Haleiwa, HI 96712
교통 할레이바 마을에서 북쪽으로 15분 정도 달리다 보면 도로 아래로 와이메아 비치 파크의 모습이 보인다. 지도 p. 48 B

와이메아 밸리 Waimea Valley

트레킹과 수영할 수 있는 곳

하와이에서 트레킹하기 좋은 곳 중 하나로, 예전에는 원주민들이 살았으나 지금은 휴양림 형태로 바뀌었다. 멸종 위기의 식물부터 아름다운 꽃까지, 상쾌한 공기를 마시며 즐겁게 산책하기 적당한 곳이다. 와이메아 폭포 밑에는 수영할 수 있는 물웅덩이가 있는데 꽤 깊고 물이 차기 때문에 구명조끼를 입고 수영해야 한다. 하와이의 색다른 모습을 즐기고 싶다면 한번쯤 들러 보길 추천한다.

주소 59-864 Kamehameha Hwy., Haleiwa, HI 96712 교통 와이메아 비치 파크에서 5분 정도 가면 표지판이 보인다. 시간 09:00~17:00, 땡스기빙데이와 크리스마스 휴무 입장료 성인 $16.95, 학생 $12.95, 어린이 $8.95 전화 808-638-7766 홈페이지 www.waimeavalley.net 지도 p. 48 B

샤크 코브(푸푸케아 비치 파크) Shark's Cove(Pupukea beach park)

노스 쇼어에서 유일하게 스노클링을 할 수 있는 곳

이름은 샤크 코브지만 걱정하지 말라. 상어는 없다. 이곳이 유명한 이유는 노스 쇼어에서 유일하게 스노클링을 할 수 있는 곳이기 때문이다. 하나우마 베이보다 알록달록한 열대어가 많지는 않지만 훨씬 조용하고 깨끗하다. 수심이 얕고 파도가 없어 무릎 높이 정도만 가도 많은 물고기를 볼 수 있기 때문에 특히 어린아이들이 놀기에 좋다. 관광객들에게 많이 알려져 있지 않아 한적하게 스노클링이나 수영을 하면서 노스 쇼어의 낭만과 여유를 즐기기에 최고의 장소이다. 하지만 날카로운 바위들이 많아 아쿠아 슈즈가 없으면 걸어다니기 힘들다. 샤크 코브라는 표지판은 없으나 도로 맞은편에 있는 Shark's cove grill이 성업 중이니 그 주변을 찾으면 된다.

주소 Sharks Cove, Pupukea, HI 96712 교통 와이키키에서 H1 West, H2 North를 타고 Exit 8로 나가서 99번 도로를 타고 83번과의 교차로에서 우회전, 83번 Kamehameha Hwy.를 타고 북쪽으로 직진, Puula Rd.를 지나자마자 나오는 낡은 주유소 맞은편에 있다. 지도 p. 48 B

에후카이 비치 파크 Ehukai Beach Park

서핑 대회가 열리는 유명한 해변

선셋 비치와 나란히 이어져 있는데 이곳은 '반자이 파이프라인(Banzai Pipeline)'이라는 이름으로 더욱 유명하다. 겨울철이면 온갖 종류의 서핑 대회가 열리면서 서퍼들과 관광객, 방송사 관계자들로 주차장이 꽉 들어찬다. 초보 서퍼들은 엄청난 크기의 파도에 압도되어 바다 안으로 들어가지도 못할 정도로 무섭고 큰 파도가 끊임없이 몰려온다. 서핑을 하지 못하는 사람이라도 파도를 뚫고 달려가는 멋진 서퍼들의 뒷모습과 파도와 한 몸이 되어 자유롭게 파도 위를 날아다니는 그들의 모습에 저절로 감탄이 나온다. 반면 여름철에는 파도가 굉장히 잔잔해져 물놀이를 할 수 있을 정도다. '반자이 파이프라인'이라는 표지판이 없어서 자칫하면 놓칠 수도 있으나 도로 반대편에 '선셋 비치 초등학교(Sunset Beach Elementary School)'가 있으므로 찾기는 어렵지 않다.

주소 Ehukai Beach Park, Hale'iwa, HI 96712 위치 선셋 비치 가기 바로 전에 있다. 지도 p. 48 B

선셋 비치 파크 Sunset Beach Park

전 세계 서퍼들의 로망이자 꿈의 해변

서핑을 사랑하는 사람이라면 '죽기 전에 이곳에 와서 서핑을 꼭 해 보고 싶다.'라고 말할 정도로 전 세계 서퍼들의 로망이자 꿈인 곳이다. 겨울이 되면 6~10m의 높은 파도가 치는데 서핑을 즐기러 온 사람들과 관광객들로 해가 질 때까지 북적인다. 여름에는 파도가 잠잠해지기는 하지만, 때로는 수영하기 적당하지 않기 때문에 안전 요원의 지시를 따르는 것이 좋다.

한편, 이름처럼 이곳에서 맞는 해넘이는 아름답기로 유명한데 사랑하는 사람과 비치에 앉아 바다 저편으로 넘어가는 해를 바라보는 것만으로도 낭만적이다.

주소 Sunset Beach Support Park, Hale'iwa, HI 96712 교통 와이키키에서 H1 West, H2 North를 타고 Exit 8로 나가서 99번 도로를 타고 83번과의 교차로에서 우회전, 83번 Kamehameha Hwy.를 타고 북쪽으로 올라가다가 마일 마커 7을 지나면 왼쪽에 주차장이 있다. 지도 p. 48 B

폴리네시안 문화 센터 Polynesian Cultural Center

문화 체험과 공연을 즐길 수 있는 문화 테마 파크

폴리네시안 부족인 하와이, 타히티, 사모아, 피지, 뉴질랜드(아테아로아), 마르케사스, 통가 등의 7개 마을에서 문화 체험과 공연을 즐길 수 있는 문화 테마 파크이다. 몰몬 교회에서 운영하고 BYU 대학 학생들이 자원봉사자로 활동하며 이윤을 추구하지 않는 비영리 문화 센터이다.

폴리네시안 문화 센터는 7개의 마을로 이루어져 있으며 입구에서 나눠 주는 시간표에 맞춰 움직이면서 폴리네시안의 생활 양식, 놀이, 춤 등을 보고, 체험할 수 있도록 구성되어 있다. 전통 악기 연주를 직접 해 볼 수도 있고 훌라나 전통 놀이를 배울 수 있는 공간이 있어 반나절쯤은 투자해야 할 정도로 다양한 프로그램들이 갖춰져 있다. 또한 매일 오후 2시 30분~3시에 메인 연못에서 열리는 '레인보우 파라다이스 쇼'는 7개의 부족이 나와 전통 춤과 쇼를 선사하는

데 한시도 눈을 떼지 못할 만큼 화려하고 멋있다. 저녁에는 하와이 전통 정찬인 '루아우'와 웅장한 디너 공연인 'Ha'를 엮은 다양한 패키지가 있어 자신의 일정에 맞게 티켓을 선택하는 것이 좋으며 방문하기 전 반드시 홈페이지를 확인하도록 하자. 한국어 홈페이지는 별다른 정보를 얻을 수 없으므로 영문 홈페이지를 참고하는 것이 좋다.

주소 55-370 Kamehameha Hwy., Laie, HI 96762 교통 ① 와이키키 출발, H1 West에서 Exit 20A로 나가 63번 Likelike Hwy.를 타고 직진, 터널을 통과한 뒤 오른쪽의 83번 Kahekili Exit로 빠져나가 Kahekili Hwy.로 진입, 직진해서 Laie 마을 들어가기 전에 왼쪽에 있다. ② 와이키키에서 H1 West, H2 North를 타고 Exit 8로 나가서 99번 도로를 타고 83번과 교차로에서 우회전, 83번 Kamehameha Hwy.를 타고 북쪽으로 직진, Laie 마을을 통과하고 나면 오른쪽에 있다. 시간 센터 11:45~21:00, 후킬라우 마켓 플레이스 11:00~21:30, 일요일 · 추수감사절 · 성탄절 휴무 입장료 General Admission 성인 $89.95, 어린이(4~11세) $71.96 / 석식과 쇼 포함, 방문 10일 전 온라인으로 예매 시 10% 할인, 다양한 패키지 상품 보유 전화 808-293-3333 홈페이지 www.polynesia.com 지도 p. 49 C

돌 플랜테이션 Dole Plantation

파인애플을 위한 복합 공간

달콤한 향이 가득한 파인애플의 천국, 돌 플랜테이션은 유명한 Dole사가 만든 파인애플을 위한 복합 공간이다. 마당 한쪽에서는 실제로 파인애플이 자라고 있는데 파인애플을 먹어 보기만 했지 어떤 모양으로 열리는지 몰랐던 사람들에게는 매우 신기하다. 매장 안에는 파인애플 관련 먹거리와 기념품을 판매하고 있다. 유지방이 들어가지 않은 상큼하고 달콤한 파인애플 아이스크림이 가장 인기가 많으며 파인애플 사탕 등 달콤한 간식거리가 가득하다.

이곳에는 기네스북에도 등재된 세계에서 가장 큰 미로가 있는데 막상 들어가 보면 시시하게 느껴지지만 어린이들에게는 인기 만점이다. 또한 〈토마스와 친구들〉에 열광하는 어린이라면 미니 열차를 타고 파인애플 농장을 둘러보는 프로그램도 좋다. 노스 쇼어로 가는 길에 부담 없이 들러 아이스크림 등을 먹으며 둘러보기에 딱이다. 농장을 지나는 도로에 끊임없이 펼쳐진 파이애플 밭도 장관이다.

주소 64-1550 Kamehameha Hwy., Wahiawa, HI 96786 교통 더 버스 알라 모아나에서 52번 버스 탑승, 돌 플랜테이션에서 하차. 렌터카 와이키키에서 H1 West, H2 North를 타고 Exit 8로 나가서 99번 도로를 타고 올라가다 보면 오른쪽에 있다. 시간 09:30~17:00, 크리스마스 휴무 입장료 익스프레스 트레인 성인 $11.50, 어린이(4~12세) $9.50 가든 투어 성인 $7.00, 어린이(4~12세) $6.25 미로 성인 $8.00, 어린이(4~12세) $6.00 전화 808-621-8408 홈페이지 www.doleplantation.com 지도 p. 48 F

리워드 Leeward

● 2011년 9월 디즈니 아울라니 리조트가 오픈하기 전까지 '바람을 등에 지는 방향'이라는 뜻의 리워드 지역은 오아후에서 가장 개발되지 않은 지역이었다. 코올리나 리조트와 웨트앤 와일드 하와이 외에는 이렇다 할 관광 시설이 없었으나 아울라니 리조트가 개장함과 동시에 이곳은 오아후에서 가장 핫한 지역으로 부상했다. 오아후의 복잡함을 벗어나 여유 있는 휴양을 즐기고픈 가족 단위 관광객의 발길이 끊임없이 이어지고 있다.

MAPECODE 22046

코 올리나 비치 Ko Olina Beach

아름다운 인공 라군이 있는 리조트 단지

'즐거움의 장소'라는 뜻의 코 올리나 비치는 와이키키에서 자동차로 25분 정도 떨어진 곳에 위치한 리조트 단지다. 4개의 큰 라군을 중심으로 호텔과 골프장 등이 이어져 있다. 라군은 리조트 투숙객뿐만 아니라 일반 관광객도 출입 가능한데 공영 주차장이 협소하기 때문에 이른 오전에 가는 것이 좋다. 라군은 완만한 모래와 바위 언덕이 파도를 막아 주어 일년 내내 바다가 잔잔하고 고요하기 때문에 오아후에서 어린아이들이 마음껏 물놀이하기에 가장 좋은 장소이다. 또한 4개의 라군을 연결하는 산책로가 있는데 바다를 배경으로 천천히 걷기에 좋다. 1, 3번 라군이 아이들과 즐기에 가장 적당하다. LPGA Fields Open in Hawaii가 개최되는 코 올리나 골프 클럽도 이곳에 있다. 리조트 내에는 고급 식당들이 많이 있지만 음식 가격이 비싸고 이 지역에는 마트나 식당 시설이 부족하기 때문에 간단하게 피크닉 도시락을 싸가는 것이 좋다.

교통 와이키키에서 H1 West를 타고 끝까지 가면 93번 Farrington Hwy.와 이어지고, 직진하다 보면 오른쪽에 Ko

Olina로 빠지는 이정표가 있다. 이정표를 따라서 오른쪽으로 빠져나가면 코 올리나 리조트 입구에 도착한다. 지도 p. 48 N

Travel Tip

라군이란?

모래톱이 둑처럼 쌓여 만들어진 호수다. 바닷물로 이루어진 호수라서 염분 농도가 높고, 파도가 거의 치지 않아 물놀이하기 좋다. 그러나 아무 생각 없이 뜨거운 햇볕 아래 누워 있다 보면 금방 일사병 증세를 호소하게 된다. 특히 어린아이들은 햇볕으로 인한 화상이나 탈수 등에 노출되기 쉬우므로 주의하도록 한다.

웨트 앤 와일드 하와이 Wet'n Wild Hawaii

하와이판 캐러비안 베이

오아후의 유일무이한 워터파크로 1년 내내 개장하는 하와이판 캐러비안 베이. 평화로운 하와이 비치와는 달리 스릴 넘치는 물놀이 기구가 가득하다. 직각으로 떨어졌다가 솟구치는 등 고무 튜브를 타고 즐기는 놀이 기구가 특히 인기. 인공 파도가 있어 서핑에 도전해 볼 수도 있다. 어린이를 동반한 관광객이라면 하루쯤 할애하여 다녀와도 좋다.

개별적으로 가도 좋지만 렌터카가 없다면 입장료와 왕복 교통편을 제공하는 패키지 상품도 괜찮다. 놀이 공원 내 음식물 반입은 금하고 있으며 유리병도 가지고 들어갈 수 없다. 고무 튜브나 어린이 튜브는 무료로 대여 가능하다.

주소 400 Farrington Hwy., Kapolei, HI 96707 시간 10:30~15:30 입장료 성인 $49.99, 어린이(키 106cm 아래, 3세 이상) $37.99 (택스 별도), 2세 이하 무료 전화번호 808-674-9283 홈페이지 www.wetnwildhawaii.com 지도 p. 48 N

Activity & Entertainment
오아후 섬의 즐길거리

다양한 액티비티와 전통 공연이 가득한 곳

볼 것 많고 놀 것 많은 오아후는 서핑, 스노클링 등 해양 스포츠부터 넓은 초원에서 즐기는 골프까지 다양한 액티비티가 있다. 또 무료 공연이나 하와이 전통 공연을 즐길 수 있는 기회도 매일 가득하다. 놀라움과 즐거움으로 가득 찬 오아후에서는 하루가 어떻게 지나가는지 모를 정도다. 짧은 시간 동안 모든 액티비티를 즐길 수는 없으니 욕심부리지 말고 스케줄에 맞춰 사전에 준비하도록 하자. 호텔이나 쇼핑센터에서 이뤄지는 무료 공연은 시간이 자주 변동되므로 반드시 인터넷으로 시간을 체크하는 것이 좋다.

스포츠

서핑 Surfing

시원한 파도 위에서 짜릿한 서핑을

하와이는 누구도 부인할 수 없는 서핑의 메카, 서퍼들의 천국이다. 높은 파도가 많지 않아 서핑을 접해 볼 기회가 적었던 우리에게 다시 없을 기회이다. 개헤엄을 칠 수 있는 정도의 수영 실력과 간단한 의사소통이 가능한 영어 실력이면 누구나 어렵지 않게 배울 수 있다. 가장 많이 쓰는 단어인 Paddling(팔로 젓기)만 알아도 배울 수는 있다. 어차피 서핑은 입으로 배우는 게 아니라 몸으로 익히는 것이기 때문에 영어 실력에 크게 구애받지 않는다. 와이키키 주변에 있는 해양 스포츠 관련 숍이나 렌탈 숍에서 서핑 레슨을 진행하고 있는데 실내에서 기본적인 용어와 상식 등을 20~30분 정도 익히고 나면 바로 바다에 나가 실전 연습을 하게 된다. 1~2시간 정도면 어느 정도 파도를 따라 어설프게나마 설 수 있을 정도의 실력이 된다. 개인 강습도 받을 수 있지만 비용이 비싸고 단체 강습이라고 해도 많아야 4~5명 정도밖에 되지 않기 때문에 단체 강습이 훨씬 효율적이다.

초보자들은 연중 내내 적당한 파도가 있는 와이키키에서 배우는 것이 가장 좋다. 와이키키 비치에는 매일 아침 서핑을 배우는 초보 강습생들이 아주 많다.

 ## 한스 히데만 서프 Hans Hedemann Surf

세계 서핑 대회 챔피언이 운영하는 서핑 스쿨이다. 초보자들도 한 번의 레슨으로 당당하게 파도를 가를 수 있다.

와이키키점
주소 2586 Kalakaua Ave., Honolulu, HI 96815 시간 서프레슨 09:00, 12:00, 15:00 요금 단체 강습 $75~ 개인 강습 $150~ 보드 렌탈 1시간 $20 전화 808-924-7778 홈페이지 www.hhsurf.com

노스 쇼어점
주소 Hans Hedemann Surf North Shore at Turtle Bay Resort, 57-091 Kamehameha Hwy., Kahuku, HI 96762 전화 808-447-6755 이메일 tbay@hhsurf.com

 ## 하와이 액티비티 예약 플랫폼 THERE

서핑 강습을 비롯한 해양 스포츠와 쇼 등을 예약할 수 있는 사이트로 다양한 후기를 한눈에 살펴볼 수 있고, 현지에서도 어플을 통해 예약이 가능하다.

전화 1661-0882 카카오톡 아이디 there 홈페이지 www.okthere.com

 ## 하와이안 파이어 서프 스쿨 Hawaiian Fire Surf School

이름대로 정말 파이어맨(소방수)이 직접 가르친다. 비번인 날에 교대로 가르치며 와이키키까지 픽업 서비스도 운영한다.

주소 3318 Campbell Ave., Honolulu, HI 96815 시간 07:00 pick up~11:30 drop off / 09:30 pick up~14:00 drop off 요금 단체 강습 $109, 개인 강습 $225, 어린이 $125, 3일 패키지 $395, 5일 패키지 $895, 7일 패키지 $1,125, VIP 레슨 $275 전화 808-737-3473 / 888-955-7873 홈페이지 www.hawaiianfire

 ## 하와이안 워터스포츠 Hawaiian Watersports

오아후 지역의 각종 워터스포츠 및 강습을 받을 수 있다. 개인과 그룹으로 나뉘어져 있으므로 일정에 맞게 예약하면 된다.

주소 415 Kapahulu Ave., Honolulu, HI 96815 시간 서프레슨 09:00~15:00, 최소 하루 전 예약 필수 요금 서프 강습 1.5시간 그룹 $104(온라인 예약 시 $ 74), 개인 $168(온라인 예약 시 $136) 전화 808-262-5483 홈페이지 www.hawaiianwatersports.com

스노클링 Snorkeling

신비한 바닷속 세상을 들여다보기

스노클링은 물안경과 스노클만 있으면 바닷속 신
비한 세상을 들여다볼 수 있는 가장 쉬운 해양 스
포츠이다. 심지어 수영을 하지 못하더라도 구명조
끼를 입고 물에 떠서 발만 저으면 될 정도로 쉬워
어린아이부터 할머니까지 함께 즐길 수 있다. 오
아후에서 언제 어디서나 스노클링을 할 수 있는 가
장 유명한 곳은 하나우마 베이와 노스 쇼어의 샤크
코브이다. 와이키키에서는 카피올라니 공원 앞쪽
카이마나 비치가 물이 맑아 물고기들을 마음껏 볼
수 있다.

스노클링 도구는 호텔에 문의하거나 와이키키 주
변의 렌탈 숍에서 대여할 수 있으며 ABC 스토어
즈나 월마트, 세이프웨이 등에서도 $10~20로 초
보자용 스노클링 장비를 구입할 수 있다. 2~3일
이상 도구를 빌릴 예정이라면 차라리 구입하는 것
을 추천한다.

 스노클 밥스 Snokel bob's

오아후뿐 아니라 하와이 전체 섬에 있는 대표적인
해양 스포츠 렌탈 숍이다. 스노클링 세트 대여비
는 상태에 따라서 $10부터 시작하며, 주 단위로
대여할 경우 저렴하다.

주소 700 Kapahulu Ave., Honolulu, HI 96816 시간 서프
레슨 09:00, 12:00, 15:00 요금 단체 강습 $75~ 개인 강습
$150~ 보드 렌탈 1시간 $20 전화 808-735-7944 홈페이
지 www.snorkelbob.com

수중 스쿠터 Submerged Scooter

스쿠터를 타고 신비한 바닷속을 즐기는 레포츠

편안하게 숨을 쉬면서 아름다운 하와이 바닷속을
산책하듯 여행할 수 있는 수중 스쿠터는 특별한 강
습 없이도 누구나 참여할 수 있어 인기가 많다. 걸
을 필요도 없이 수중 스쿠터를 타고 이동하게 되며
헬멧에는 대형 곡면 고글이 붙어 있어 넓은 시야로
아름다운 해양 생물을 관찰할 수 있다. 항상 가이
드 다이버가 동행하기 때문에 수영을 하지 못하더
라도 안심할 수 있다. 만 12세 이상, 신장 137cm
이상이면 누구나 가능하다. 일반적으로 프로그램
은 약 20분 동안 진행되며 기다리는 동안 보디 보
딩이나 제트 스키, 패러세일링 같은 다른 해양 스
포츠에 참여할 수 있다. 요금은 $120부터이다.

스탠딩 보드 Standing Board

따사로운 태양 아래 신선 놀음

보드 위에 서서 직접 노를 저으며 잔잔한 바다를
즐길 수 있는 '스탠딩-패들 보드'는 요즘 와이키
키 최고의 인기 액티비티다. 와이키키 주변 액티
비티 숍에 문의하자.

요금 45분 $25, 90분 $35

상어 우리 체험 Shark Cage Tour

바다 한가운데서 만나는 야생 상어

태평양 한가운데에서 야생 상어를 코앞에서 감상할 수 있는 스릴 넘치는 액티비티로 〈무한도전〉에서 멤버들이 체험하면서 더욱 유명해졌다. 노스 쇼어에 있는 선착장에서 보트를 타고 육지로부터 약 5km 떨어진 곳으로 이동하게 되며 안전과 유의사항에 대한 간단한 설명을 들은 후 케이지를 내려 바다로 입수하게 된다. 금속 소재의 케이지는 유리로 완벽하게 처리되어 있기 때문에 안심하고 상어를 관찰할 수 있다. 프로그램은 약 6시간 정도 소요되며 만 5세 어린이부터 참여가 가능하다. 요금은 $70부터 시작하며 왕복 교통비 등에 따라 추가 요금이 있다.

 노스 쇼어 샤크 어드벤처
North Shore Shark Adventures

주소 66-105 Haleiwa Rd, Haleiwa, HI 96712 전화 808-228-5900 홈페이지 sharktourshawaii.com

스쿠버 다이빙 Scuba Diving

신비한 심해를 찾아 떠나는 여행

하루 이틀 정도만 투자한다면 신비하게 생긴 산호초와 알록달록 예쁜 물고기, 그리고 바다거북과 돌고래까지 하와이 깊은 바다의 매력을 온몸으로 직접 느낄 수 있다. 와이키키 주변과 하와이 카이 주변 대부분의 스쿠버 다이빙 숍에서는 와이키키까지 픽업과 레슨, 실전 체험까지의 프로그램을 패키지로 묶어서 판매하고 있다.

 와이키키 다이빙 센터 Waikiki Daving Center

주소 424 Nahua St., Honolulu, HI 96815 전화 808-922-2121 홈페이지 www.waikikidiving.com

 아일랜드 다이버스 Island Divers

주소 377 Keahole St., Honolulu, HI 96825 전화 808-423-8222 또는 888-844-3483 홈페이지 www.oahuscubadiving.com

기타 해양 스포츠

이 밖에도 와이키키 지역과 카네오네, 코코마리나 센터 등에서 웨이크보드, 패러세일링, 카이트 서핑 등 다양한 해양 스포츠를 즐길 수 있다.

 사우스퍼시픽워터 스포츠
South Pacific Water sports

주소 7192 Kalanianaole Hwy., Honolulu, HI 96825 시간 월~금 09:00~17:00 요금 $39~ 전화 808-395-7474 홈페이지 www.southpacifichawaii.com

골프 Golf

일 년 내내 골프를 즐길 수 있는 하와이는 말 그대로 골프의 천국이다. 단순히 사시사철 골프를 칠 수 있다는 사실뿐 아니라 그림 같은 풍경에 둘러싸여 태평양 바다를 향해 샷을 날릴 수 있는 세계 최고의 골프 환경이 뒷받침하고 있기 때문이다. 세계적인 골퍼들이 디자인한, 그린 피(green fee, 골프장 사용료)가 $200에 가까운 럭셔리 골프장도 있지만 하와이 거주자들을 위해 시에서 운영하는 6곳의 착한 가격의 골프장도 이용할 수 있다 (Municipal Golf Courses). 여행자들은 보통 3일 전 전화 예약을 통해 18홀의 그린 피를 $66 전후로 이용 가능하여 누구나 부담 없이 즐길 수 있다. 9홀은 $44이다.(시영 골프 코스에 관한 정보는 www. honolulu.gov/des/golf/golf.htm 참조)

또한 날짜만 맞는다면 소니 오픈 PGA 투어나 SBS 오픈 LPGA 챔피언십에 갤러리로 참가할 수도 있다. 아름다운 오아후의 자연과 함께하며 푸른 그린 위에서 실력을 마음껏 발휘해 보자.

오아후 지역의 골프장은 반드시 예약을 해야 하며 (특히 시영 골프장은 반드시), 대부분 캐디 없이 스스로 카트를 움직이며 경기를 진행하기 때문에 훨씬 속도감이 있다. 드레스 코드는 한국보다 자유로워서 노출이 심한 옷이나 짧은 치마가 아니라면 모두 OK.

대부분 골프 클럽에서 해당 리조트 게스트는 할인을 해 주고 있으며 숙박과 골프를 패키지로 묶은 상품도 판매한다. 또한 오후 2시 전후로 라운딩을 할 경우 그린 피의 20~30%를 할인해 주는 트와일라잇 요금 제도도 각 골프장마다 운영하고 있으니 확인해 보자.

코 올리나 골프 클럽 Ko Olina Golf Club

코 올리나 리조트 내에 위치한 수로를 기반으로 한 아름다운 골프장이다. 테드 로빈슨이 디자인한 이 코스는 1990년에 개장하였으며, 층진 그린들과 휘어진 페어웨이, 16개의 수로로 이루어져 있는데 골프다이제스트 등에서 여러 번 수상한 오아후 최고의 골프 코스라고 할 수 있다. 현재 LPGA Fields Open in Hawaii를 개최하고 있다.

주소 92-1220 Aliinui Dr., Kapolei, HI 96707 전화 808-676-5300 홈페이지 www.koolinagolf.com

알라 와이 골프 코스 Ala Wai Golf Course

오아후에서 운영하는 와이키키 근처의 시영 골프장이다. 기네스북에 전세계에서 가장 바쁜 골프장으로 등재될 정도로 놀랍도록 빠르게 움직이는 곳이다. 다이아몬드 헤드를 배경으로 넓게 펼쳐지는 코스는 시영 골프장이라고 생각되지 않을 정도로 아름다우며 현지 주민과 관광객들 모두에게 인기다.

주소 404 Kapahulu Ave., Honolulu, HI 96815 전화 808-733-7387 홈페이지 www.honolulu.gov/des/golf/alawai.html

터틀 베이 리조트 골프 코스 Turtle Bay Resort Golf Course

아놀드 파머가 설계한 오아후 최북단의 터틀 베이 리조트 내에 위치한 최고급 골프 코스로 PGA와 LPGA가 번갈아 개최된다.

주소 57-091 Kamehameha Hwy., Kahuku Oahu, HI 96731 전화 808-293-8574 홈페이지 www.turtlebayresort.com

와이켈레 컨트리 클럽 Waikele Country Club

테드 로빈슨이 디자인한 와이켈레 컨트리 클럽은 코올라루 산맥인 와이아나에 산을 개발하여 만든 코스로, 지형의 기복과 울창한 나무들의 조화가 하와이에서 가장 매력적인 골프 코스라는 평가를 받고 있다. 전반 9홀은 언덕이 많은 지형이고 후반 9홀은 평탄한 다운힐이어서 비교적 스코어 내기가 수월한 편이다. 그러나 곳곳에 연못이 배치되어 있어 처음부터 끝까지 집중해야 한다. 와이키키에서 30분 정도 소요되며 바로 옆에 유명 아웃렛인 와이켈레 쇼핑센터가 있기 때문에 오전엔 골프, 오후엔 쇼핑을 즐기기에 적당하다. 골프장 오너가 한국인으로, 한국인 직원이 있어 안내받기 수월하다.

주소 94-200 Paioa Place, Waipahu, HI 96797 시간 06:00~20:00 전화 808-676-9000 홈페이지 www.golfwaikele.com

모아날루아 골프 클럽 Moanalua Golf Club

하와이에서 가장 오래된 골프 코스로 9홀로 구성되어 있다.

주소 1250 Ala Aolani St., Honolulu, HI 96819 요금 그린 피 $25~40 전화 808-839-2311 홈페이지 moanaluagolfclub.com

디너 크루즈 Dinner Cruise

허니무너들의 필수 코스, 디너크루즈

어마어마한 규모를 자랑하는 크루즈선에 탑승하여 저녁 식사를 하며 쇼와 하와이의 음악을 즐길 수 있는 프로그램이다. 디너 크루즈는 다양한 회사가 있으나 로맨틱함을 원한다면 스타 오브 호놀룰루를 추천한다. 스타 오브 호놀룰루는 등급에 따라 프로그램과 뷔페와 코스 요리로 나눠지는데 스리스타가 가장 가격 대비 합리적이고, 여유가 있다면 파이브스타를 추천한다. 코스로 제공되는 음식을 즐기고 나면 신나는 하와이 공연이 이어지는데 꽤 볼 만하다. 최근에는 '강남 스타일'에 맞춰 군무를 추기도 한다. 하와이 바다 한가운데에서 석양이 지는 것을 바라보는 것만큼 낭만스런 순간이 또 있을까. 음식에 대한 기대만 약간 낮춘다면 만족할 만한 프로그램이다. 예약은 옵션을 전문으로 하는 여행사에서 왕복 교통편과 함께 예약을 하는 것이 약간 저렴하다.

⛵ 스타 오브 호놀룰루 Star of Honolulu

전화 808-983-7827 홈페이지 www.starofhonolulu.com

루아우 & 디너쇼 Luau & Dinner Show

하와이 전통 음식과 공연을 함께 만날 수 있는 기회

하와이 전통 연회인 루아우는 보통 식사나 칵테일과 함께 쇼를 즐길 수 있도록 구성되어 있다. 유명한 공연으로는 와이키키의 '매직 오브 폴리네시아 쇼'와 씨라이프 파크의 '치프스 루아우 쇼' 그리고 폴리네시안 문화 센터의 '루아우 쇼'가 있다. 그중 '루아우 쇼'가 가장 화려하지만 위치상의 문제로 쇼를 관람하기 위해서는 꼬박 하루를 그곳에서 보내야 한다. 전통과 재미를 겸비한 공연인 '매직 오브 폴리네시아 쇼'는 홀리데이 인 비치 콤버 호텔에서 열리며 디너를 즐기거나 칵테일을 마시며 공연을 관람할 수 있다. 특수 효과와 마술의 오묘함에 하와이 전통 공연이 더해져 다이나믹하고 지루하지 않아 인기가 많다. 또한 씨라이프 파크에 위치한 치프스 루아우에서 펼쳐지는 하와이안 전통 '치프스 루아우 쇼'에는 세계적으로 유명한 폴리네시안 엔터테이너 치프 시엘루(Chief Sielu)가 출연하여 스릴 넘치는 불쇼를 펼친다. 공연 전에는 훌라 레슨과 전통 공예, 타투 등을 체험할 수 있는 코너가 있어 하와이안 문화 체험을 즐기기에 좋다. 패키지 상품에는 쇼와 식사, 칵테일 환영 레이 및 팁 등이 포함되어 있어 이용하기 편리하다.

⛵ 매직 오브 폴리네시아 쇼

주소 2300 Kalakaua Avenue, Honolulu, HI 96815
전화 808-922-4646

⛵ 치프스 루아우 쇼

주소 41-202 Kalanianaole Hwy, Waimanalo, HI 96795
전화 877-357-2480

쿠히오 비치 토치 라이팅 & 훌라쇼
Kuhio Beach Torch Lighting & Hula Show

와이키키 해변에서 즐기는 무료 훌라 공연

호놀룰루 시에서 와이키키 관광객들을 위해 열고
있는 무료 공연이다. 해가 지기 시작하면 듀크 카하
나모쿠 상이 있는 쿠히오 비치에는 널따란 무대가
마련되는데 횃불을 점등하는 이벤트를 시작으로
감미로운 하와이 음악에 맞춰 어른과 아이들이 추
는 훌라 공연을 볼 수 있다. 가장 인기 있는 공연 순
서는 단연 어린이들의 무대다.

전통 의상과 알록달록 예쁜 레이로 장식한 현지 어
린이들이 맑은 미소와 함께 앙증맞은 훌라 공연을
펼친다. 곳곳에서는 사진 세례가 쏟아지고 귀여
운 실수에 함께 웃고 박수 치며 공연 내내 훈훈함
과 하와이다운 와이키키의 정취를 흠뻑 즐길 수 있
다. 보통은 화, 목, 토요일 오후 6시~6시 30분에
시작되나 상황에 따라 일정이 바뀔 수도 있으니 반
드시 홈페이지의 스케줄을 확인하도록 하자. 비가
오는 날에는 공연이 열리지 않는다.

위치 와이키키 쿠히오 비치 전화 808-923-1094 홈페
이지 www.waikikiimprovement.com

힐튼 하와이안 빌리지 불꽃놀이
Hilton Hawaiian Village Fireworks

아름다운 해변에 누워 즐기는 환상적인 쇼

매주 금요일 저녁이면 힐튼 하와이안 빌리지 호텔
풀사이드 무대에서는 하와이 전통 노래와 춤 공연
이 열린다. 이 쇼가 끝나면 멋진 불꽃놀이로 성대
한 쇼의 피날레를 장식하는데 와이키키의 하늘을
수놓는 불꽃쇼는 어느 곳에서 보아도 아름답고 감
동적이다.

금요일 밤의 낭만을 더욱 고취시켜 주는 불꽃놀이
를 보고 있자면 와이키키에 오길 잘했다는 생각을
한 번쯤은 하게 된다. 하절기와 동절기의 시작 시
간이 다르므로 미리 홈페이지를 통해 확인하자.

주소 2005 Kalia Rd., Honolulu, HI 96815 시간 불꽃놀
이는 오후 7시 30분에서 8시 사이로 시기에 따라 시간이
바뀌므로 미리 확인할 것. 전화 808-949-4321 홈페이
지 www.hiltonhawaiianvillage.com

선셋 온 더 비치 Sunset on The Beach

해변에 누워 즐기는 영화 한 편의 즐거움

5~7일에 불과한 하와이 여행 기간 동안 '선셋 온 더 비치'를 만날 수 있다면 스스로를 럭키한 사람이라고 생각해도 좋다. 선셋 온 더 비치는 호놀룰루 시가 관광객과 주민들에게 선물하는 와이키키 최고의 볼거리 중 하나이다. 토요일이나 일요일 와이키키 비치에서 무료로 열리는 '선셋 온 더 비치'는 비치에 누워 즐기는 무료 영화도 좋지만, 그 주위의 로맨틱하고 평화로운 분위기에 너무나 기분이 좋아진다. 해가 지기 전에 무대가 설치되고 주변에는 프레즐이나 핫도그, 플레이트 도시락을 파는 음식 가판대들이 하나둘 나타나기 시작한다. 밴드와 함께하는 라이브 공연이 시작되면 사람들 역시 자리를 잡는데 모래를 베개삼아 눕기도 하고 비치타월을 길게 깔고 엎드리기도 하는 등 저마다 자유롭게 신나는 음악과 와이키키의 선셋을 즐긴다. 해가 지면 영화가 상영되는데 자막이 없어 영화의 내용을 잘 모르더라도 이렇게 행복한 사람들 가운데 사랑하는 이와 함께한다는 사실만으로도 즐겁다. 상영 스케줄은 그때그때 달라지므로 홈페이지를 확인하도록 하자. 저녁 때 모래밭에 앉아 있으면 꽤 쌀쌀하기 때문에 두꺼운 겉옷과 비치타월 준비는 필수다.

위치 퀸스 서프 비치, 파크 쇼어 호텔 앞 해변. 시간 해질 무렵 홈페이지 www.sunsetonthebeach.net

로열 하와이안 센터의 무료 전통 체험 및 훌라쇼 Royal Hawaiian Center

무료로 배울 수 있는 하와이안 전통 문화

칼라카우아 애비뉴에 위치한 복합 쇼핑센터인 로열 하와이안 센터는 단순히 쇼핑만을 위한 공간이 아니라 관광객들에게 다양한 이벤트와 체험의 기회를 제공하고 있다. 거의 하루 종일 훌라, 퀼트, 레이, 우쿨렐레 등 하와이 전통 문화를 직접 배울 수 있는 프로그램이 무료로 운영되고 있다. 또 매일 저녁 6시경부터 열리는 우아한 훌라쇼도 볼 만하다. 이벤트 내용은 조금씩 바뀌기 때문에 홈페이지를 참고하자.

홈페이지 www.royalhawaiiancenter.com

차이나타운 퍼스트 프라이데이 China Town First Friday

이국의 섬에서 즐기는 문화의 거리

차이나타운 퍼스트 프라이데이는 2008년부터 시작되었다. 예술의 거리로 화제를 모으고 있는 차이나타운에서 아트갤러리에 들러 작품을 감상하고 무료 와인 테이스팅도 즐기는 시간을 가져 보자. 매월 첫째 주 금요일 오후 5~9시에 차이나타운 일원에서 개최된다.

홈페이지 www.firstfridayhawaii.com

하와이 스냅 & 파파라치 촬영

하와이에서의 아름다운 순간을 포토 스토리로

와이키키 해변에서는 로맨틱하게 웨딩을 올리거나 사진을 찍는 커플들을 많이 볼 수 있다. 하와이에서의 아름다운 순간을 사진으로 남기고 싶은 이들에게 전문 포토그래퍼가 찍어 주는 스냅 사진은 하와이에서 경험할 수 있는 수 있는 특별한 즐길거리다. 전문 포토그래퍼가 와이키키 주변을 함께 다니며 아름다운 자연을 배경으로 사진을 찍어 스토리를 구성해 주는 허니문 & 가족 스냅, 자연스럽고 생동감 넘치는 순간을 포착한 사진을 아름다운 스토리로 남겨 주는 파파라치 촬영, 그리고 둘만의 결혼식과 웨딩 촬영까지. 하와이에서의 행복한 기억과 발자취를 고스란히 사진첩에 담을 수 있는 특별한 선물이 될 것이다.

 라벨라 하와이 스냅 labella Hawaii snap

주소 1833 Kalakaua Ave. #100, Honolulu, HI 96815 요금 가족 & 커플 하와이 스냅 촬영 $300~ 하와이 비치 웨딩 $900~ 오션프론트 하우스 웨딩 $2,000~ 전화 하와이 808-955-5115 서울 02-318-3117 홈페이지 www.hawaiisnap.com 지도 p.77 H

Food & Restaurant
오아후 섬의 먹을거리

하와이의 매력에 빠질 수밖에 없는 또 하나의 이유

다양한 볼거리와 즐길거리 못지않게 많은 사람들이 하와이의 매력에 빠지는 이유는 바로 먹을거리 때문이다. 하와이 전통 요리법과 세계 각국의 음식을 절묘하게 결합한 퍼시픽 림(Pacific Rim)을 맛볼 수 있으며 미국, 프랑스, 이탈리아 등 웨스턴 푸드뿐 아니라 이민자들에 의해 뿌리내린 한국, 일본, 중국 등 아시아 음식도 마음껏 즐길 수 있다.

또한 하와이에만 존재하는 전통 요리와 독특하지만 친숙한 현지 음식들을 맛보자면 하루 세 끼가 부족할지도 모른다. 꼭 들러야 할 맛집 리스트를 만들어 여행의 즐거움을 더해 보자.

고급 레스토랑

MAPECODE 22048

알란 웡스 Alan Wong's

하와이 요리를 가장 현대적으로 해석한 하와이 리저널 퀴진의 전설적인 셰프 알란 웡

하와이에서 나는 신선한 재료에 이탈리아, 프랑스, 한국, 중국, 일본 요리를 응용하여 오로지 알란 웡스에서만 만날 수 있는 독창적인 요리를 만들어 낸다. 알란 웡은 깨끗하고 엄선된 재료를 찾기 위해 하와이에 있는 농장들을 직접 방문하며 화학 조미료는 일체 사용하지 않는다고 한다. 그뿐만 아니라 지속적으로 새로운 메뉴를 개발하기 때문에 그날그날의 메뉴가 달라 매일 방문해도 항상 새로운 요리를 만날 수 있다. 물론 언제나 만날 수 있는 알라카트르(al la cartre) 메뉴도 있다.

작품과 같은 그의 요리를 조금씩 맛보기 좋은 메뉴는 '5 코스 또는 7 코스 메뉴 샘플링'이다. 애피타이저로 시작해 가장 인기있는 메인 요리 2~3가지를 제공하며 각 요리에 맞는 와인까지 함께 곁들일 수 있다. 항상 접할 수 있는 메뉴(알라카트르)는 부드러운 새우와 조개를 곁들인 링귀니 파스타(Sauteed shrimp and clams, linguine pasta)가 여성들에게 인기가 많고, 1파운드의 거대한 양을 자랑

하는 밤부차 스테이크(Bambucha steak)는 남성들에게 추천한다. 또 한국의 갈비와 고추장에서 영감을 얻은 쇼트립 메뉴(Twice cooked shortrib, soy braised and grilled 'Kalbi' style)는 한국인뿐만 아니라 알란 웡스를 방문한 세계인들에게 가장 인기 있는 요리 중 하나로, 입에 넣는 순간 부드럽게 사

라지는 고기와 고추장 소스의 조화가 환상적인 맛을 낸다. 또한 알란 웡스는 디저트까지 모두 직접 만드는데 'The coconut sherbet'과 'Chocolate sampler'는 잊지 못할 달콤한 맛으로 유명하다. 와이키키의 외곽 킹 스트리트의 작은 건물 2층에 위치해 있으며, 테이블 수가 많지 않기 때문에 반드시 예약해야 한다.(전화 또는 reservations@alanwongs.com) 남자는 셔츠를, 여자는 원피스 정도로 예의를 갖추는 것이 좋다.

주소 1857 S. King St., Honolulu, HI 96826 교통 S. King St.는 일방통행이기 때문에 와이키키에서 출발할 경우 Ala Wai Blvd.에서 우회전해서 Kalakaua Ave.에서 다시 우회전해서 S. King St.로 가는 방식으로 가야 한다. S. King St.와 Artesian St. 이정표 바로 뒤에 있는 오른쪽 4층 건물이다. 오른쪽에 보이는 '한국일보 & 라디오 서울' 간판 바로 옆에 있다. 시간 17:00~22:00 요금 코스 $75~105 단품 요리 $32~55 전화 808-949-2526 홈페이지 www.alanwongs.com 지도 p. 77 C

Travel Tip

하와이 리저널 퀴진(Hawaii Regional Cuisine)

'하와이 지방 요리'라는 뜻으로 20여 년 전 하와이의 젊은 요리사들이 만든 단체이다. 이들은 하와이 전통 요리와 식재료에 프랑스, 이탈리아, 한국, 중국, 일본 요리를 접목하여 하와이에만 존재하는 하와이 퓨전 요리를 탄생시켰다. 이런 요리들을 통칭하여 '퍼시픽 림(Pacific Rim)'이라고 하는데 퍼시픽 림은 하와이에서 나는 신선한 채소와 과일, 하와이 근해에서 잡히는 마히마히, 아히, 오파카파카 생선 등을 이용하여 환상적인 맛의 세계를 만들어 내고 있다. 유명한 요리사로는 알란 웡, 샘 초이스, 로이 야마구치 등이 있다.

톱 오브 와이키키
Top of Waikiki

도시의 뷰를 즐길 수 있는 360도 회전 레스토랑

와이키키 비즈니스 플라자 맨 위층에 위치한 360도 회전 레스토랑으로 시티뷰부터 오션뷰까지 모두 즐길 수 있는 곳이다. 한바퀴 도는 데 1시간 정도 걸리기 때문에 어지럽거나 식사하는 데 어려움은 없다. 또 해가 지면 건물에 조명이 들어오면서 로맨틱한 와이키키의 야경도 볼 수 있어 인기가 많다. 일본 계열의 레스토랑으로 전통적인 퍼시픽 림 요리에 일본과 한국, 태국 등 아시아적 풍미를 입힌 메뉴가 많아서 전체적인 음식 수준도 높은 편. 예약은 필수이며 홈페이지에서 간단하게 예약이 가능하다. 특별한 드레스 코드는 없지만 남성의 경우 옷깃이 없는 셔츠나 슬리퍼는 피하는 것이 예의.

주소 2270 Kalakaua Ave., 18st Floor, Honolulu, HI 96815 주차 와이키키 쇼핑 플라자와 와이키키 비즈니스 플라자에 주차한 후, 주차증을 가지고 와 주차 확인(Validation)을 받으면 무료로 이용 가능하다. 시간 매일 17:00~21:30 전화 808-923-3877 홈페이지 topofwaikiki.com 지도 p.78 J

호쿠스 Hoku's

카할라 호텔 내의 대표 레스토랑

호쿠스는 아시아, 유럽 등의 맛을 하와이 로컬 푸드와 접목시킨 컨템포러리 아일랜드 퀴진을 추구하고 있다. 멋진 바다가 내려다보이는 풍경과 각종 어워드에서 수상을 한 셰프들의 요리로 유명하여 다소 비싼 가격에도 불구하고 저녁에는 항상 만석이다. 메인 셰프를 비롯하여 다수의 셰프가 동양계여서 어떤 메뉴나 우리 입맛에 잘 맞는다. 평일에는 저녁 시간에만 운영하며 일요일에는 선데이 브런치를 맛볼 수 있다. 드레스 코드는 남성은 반드시 칼라가 있는 셔츠를 입고 슬리퍼나 샌들은 피하며, 여성은 이브닝 드레스 정도로 갖춰 입는 것이 좋다. 와이키키까지 셔틀을 운영하므로 예약 후 호텔에 문의하도록 하자.

주소 5000 Kahala Ave., Honolulu, HI 96816 시간 디너 매일 17:30~21:30 선데이 브런치 일 09:00~15:00 전화 808-739-8760 홈페이지 www.hokuskahala.com 예약 restaurants@kahalaresort.com 지도 p.49 O

아주르 레스토랑 Azure Restaurant

로열 핑크 호텔의 퍼시픽 림 레스토랑

셰프 존은 매일 아침 신선한 채소와 생선들을 직접 고른다고 한다. 그래서인지 스테이크나 립 등의 메뉴도 있지만 가장 인기 있는 것은 역시 해산물 메뉴이다. 하와이의 바다 향이 물씬 풍기는 요리들로 가득하다. 화이트 톤의 심플한 인테리어는 화려한 요리의 배경으로 제격이며 직원들의 서비스도 최상이다.

주소 2259 Kalakaua Ave., Honolulu, HI 96815 위치 로열 하와이안 호텔 1층 시간 17:30 ~ 21:00(연중무휴) 요금 $30~ 전화 808-921-4600 홈페이지 www.azurewaikiki.com 지도 p.78 J

마리포사 Mariposa

따뜻하고 여성스러운 분위기

이미 너무나 유명한 곳이지만 절대 진부하지 않은 마리포사 레스토랑은 권위 있는 '할레 아이나 상'을 7년 연속 수상한 경력이 있다. 마리포사는 스페인어로 '나비'를 뜻하며 이름처럼 따뜻하고 여성스러운 분위기가 가득하다. 하와이 풍미를 담은 참치회 요리 포케부터 가볍게 즐길 수 있는 브런치, 하와이 로컬 재료만으로 신선하게 만들어진 샐러드 등 언제 어떤 메뉴를 선택하더라도 만족스러운 곳이다. 알라 모아나 비치가 보이는 베란다 테이블에서 멋진 경치도 감상하면서 하와이의 따뜻한 여유를 즐겨 보자.

주소 1450 Ala Moana Blvd., Honolulu, HI 96814 위치 알라 모아나 센터 안 니만마커스 백화점 3층 시간 일~목 11:00~20:00, 금~토 11:00~21:00 전화 808-951-3420 지도 p.76 J

더 시그니처 프라임 스테이크 & 시푸드 The Signature Prime Steak& Seafood

정통 스테이크 & 해산물 요리 전문점

알라 모아나 센터와 이어지는 알라 모아나 호텔 36층에 최근 오픈한 정통 스테이크 & 해산물 요리 전문점이다. 육즙이 가득한 스테이크와 랍스타, 굴 요리 등을 맛 볼 수 있으며 와인 리스트 또한 훌륭하다.

작은 룸이 있어 모임을 하기에도 적당하다. 특히 이 곳의 전망은 알라 모아나 비치와 와이키키, 다이아몬드 헤드까지 보여 하와이의 석양을 보며 우아한 식사를 하기에 제격이다. 금요일 불꽃놀이를 볼 수 있는 몇 안 되는 포인트이기 때문에 기회가 된다면 반드시 금요일 저녁에 식사를 할 것을 추천한다. 추천 메뉴는 필렛 미뇽과 코스 요리로 나오는 시그니처 시푸드 타워.

주소 Ala Moana Hotel 36th Floor 410 Atkinson Dr., Honolulu, HI 96814 주차 발레파킹이 $3에 가능하며 알라 모아나 호텔 로비에서 36층으로 가는 엘리베이터가 있다. 시간 16:30~22:00 전화 808-949-3636 홈페이지 signatureprimesteak.com 지도 p.77 K

산세이 시푸드 레스토랑 Sansei Seafood Restaurant & Sushi Bar

하와이식 스시와 일식을 즐기기에 적당한 곳

매리어트 리조트 3층에 DK steak house와 나란히 붙은 산세이 시푸드 레스토랑은 와이키키 비치와 함께 하와이식 스시와 일식을 즐기기에 적당한 곳이다. 그러나 제대로 된 산세이 시푸드 레스토랑을 만나려면 금·토요일 밤 10시 이후에 가야 한다. 50% 할인된 금액으로 롤과 스시 등을 마음껏 즐길 수 있으며 무료 가라오케 무대가 펼쳐져 그야말로 파티 분위기로 무르익는다. 또한 일부 맥주나 사케 등의 술을 $3~6의 파격적인 가격으로 제공하기 때문에 '음주가무'가 어우러진 주말 밤을 즐기기에 부족함이 없다. 여행 중 하와이 젊은이들의 '프라이데이 나이트'를 엿볼 수 있는 즐거운 기회이기도 하다. 금·토요일 밤에는 21세 이상만 출입 가능하며 레스토랑 입구에서 신분증을 보여 주면 귀여운 스시 모양의 도장을 손에 찍어 준다. 10시 이후에는 계산서에 17%의 팁(gratuity)이 포함되기 때문에 따로 팁을 낼 필요가 없다.

주소 2552 Kalakaua Ave., Honolulu, HI 96815 위치 Waikiki Beach Marriott Resort & Spa 3층. 주차 매리어트 리조트 주차장에 주차를 하고 주차 확인 도장을 받거나 발레파킹 가능. 시간 일~목 17:30~22:00 금~일 새벽1시까지 요금 초밥 $3~, 애피타이저 $3~, 메인 $16~ 전화 808-931-6286 홈페이지 www.sanseihawaii.com 지도 p.79 K

가츠미도리 스시 도쿄 Katsumidori Sushi Tokyo

가츠미도리 스시 도쿄의 해외 첫 매장

하와이 프린스 호텔에서 프린스 와이키키로 이름을 바꾼 곳에 새롭게 들어 온 정통 일식 레스토랑으로 이름처럼 도쿄에 본점이 있다. 일본을 제외하면 하와이는 제2의 스시 고향이라고 할 만큼 유명한 셰프들이 포진하고 있는데, 가츠미도리 스시는 해외 첫 매장을 하와이로 선정하고 그동안 쌓아온 경험과 비법으로 도전장을 내밀었다. 메인 셰프인 노부로 나구모는 일본 사계절의 맛과 하와이

현지 재료의 조화를 중요시하며 담백하면서도 깊은 일본식 스시를 추구하고 있어 한창 유명세를 타고 있다. 음식의 수준에 비해 분위기도 캐주얼하며 가격 역시 부담스럽지 않아 만족스럽다. 아이패드로 사진을 보면서 주문할 수 있어 편리하다.

주소 100 Holomoana St., Honolulu, HI 96815 위치 프린스 와이키키 1층 시간 런치 11:30~14:00 디너 17:30~22:30 전화 808-946-7603 홈페이지 katsumidori-hawaii.com 지도 p.77 K

울프강 스테이크 하우스 Wolfgang's Steak House

뉴욕의 유명 셰프 울프강 퍽의 스테이크 전문점

뉴욕에서 가장 유명한 셰프 중의 하나인 울프강 퍽의 스테이크 전문점이 드디어 하와이로 진출했다. 적당히 숙성되어 입안을 가득 채

우는 육즙과 살짝 익힌 채소의 조화가 일품이다. 뉴욕점과 같이 우아하고 격조 있는 인테리어로 꾸

며져 있으며 칼라카우아 애비뉴가 바로 내려다보이는 로열 하와이안 쇼핑센터에 위치해 있다. 스테이크 마니아라면 놓치지 말아야 할 곳이다.

주소 2301 Kalakaua Ave., Royal Hawaiian Center, 3rd Level Honolulu, HI 96815 위치 로열 하와이안 쇼핑센터 C빌딩 3층. 시간 일~목 11:00~22:30 금~토 11:00~23:30 전화 808-922-3600 홈페이지 www.wolfgangssteakhouse.net/waikiki 지도 p.78 I

루스 크리스 스테이크 하우스 Ruth's Chris Steak House

뉴올리언스 홈메이드 스타일의 스테이크 전문점
1965년 뉴올리언스의 작은 마을에서 시작한 루스 크리스 스테이크 하우스는 뉴올리언스 홈메이드 스타일의 스테이크 전문점이다. 미국 상위 2%의 최고급 쇠고기를 사용하여 먹음직스러운 스테이크를 선보이는데 맛과 양 모두 만족스러워 꾸준한 사랑을 받고 있다. 미국 농무부 USDA 인가를 받은 프라임 스테이크와 신선한 해산물 요리, 수상 경력이 있는 와인과 다양한 애피타이저, 사이드 메뉴, 디저트까지 우리 입맛에도 잘 맞고 가격도 부담스럽지 않아 가볍게 식사하며 하와이의 느긋함을 느끼기에 좋다.

■ **와이키키**
주소 226 Lewers St., Waikiki Beach Walk, Waikiki, HI 96815 시간 16:30~22:00(해피 아워 16:30~17:00) 전화 808-440-7910 홈페이지 www.ruthschrishawaii.com 지도 p.78 I

■ **호놀룰루**
주소 500 Ala Moana Blvd., Honolulu, HI 96813 시간 디너 17:00~22:00 전화 808-599-3860 홈페이지 www.ruthschrishawaii.com 지도 p.74 J

캐주얼 다이닝

치즈 케이크 팩토리 Cheese Cake Factory

와이키키에서 가장 유명한 캐주얼 레스토랑
테라스 좌석까지 포함해 600여 석이 넘지만 늘 한 시간쯤 기다리는 것은 각오해야 할 만큼 와이키키에서 가장 인기 있는 레스토랑이다. 게다가 메뉴는 어찌나 많은지 메뉴판을 보려면 한참을 들여다봐야 할 정도이다. 아메리칸, 멕시칸, 이탈리안, 퓨전 일식, 타이 요리와 수십 종의 디저트까지 200 종류가 넘는다. 이곳의 강점은 어떤 종류의 메뉴를 시켜도 좀처럼 실패하지 않는다는 것이다. 점심 시간에 일부 메뉴는 런치 사이즈로 작게 주문할 수도 있다. 오래 기다리는 것을 피하기 위해서는 오후 3~5시에 방문하는 것도 좋은 방법이다.

주소 2301 Kalakaua Ave., Honolulu, HI 96815 주차 로열 하와이안 쇼핑센터 주차장에 주차를 하고 주차

도장을 받으면 3시간까지 무료 주차 가능. 시간 일~목 10:00~23:00 금 11:00~24:00 토 10:00~24:00 요금 메인 요리 $15~50 전화 808-924-5001 홈페이지 www.thecheesecakefactory.com 지도 p.78 J

호놀룰루 버거 Honolulu Burger Co.

하와이에서 가장 핫한 버거

하와이에서 아는 사람은 다 아는 호놀룰루 버거.
빅 아일랜드 초원에 방목한 소고기와 유기농 채
소, 주인이 직접 만든 특제 소스로 만들어진 호놀
룰루 버거는 점심 때에는 길에 줄이 늘어설 정도로
요즘 하와이에서 가장 핫한 버거집이다. 메뉴가
많아서 고민하게 되는데 추천하는 메뉴는 블루 하
와이 버거! 한국인의 맛을 원한다면 김치와 고추
장이 들어간 코리안 빅뱅 버거도 있지만 호불호가
갈리므로 신중하게 결정할 것. 사이드 메뉴로 감
자튀김 외에도 고구마튀김과 갈릭 감자튀김 등을
선택할 수 있다. 신선한 채소와 뚝뚝 떨어지는 육
즙으로 얼굴과 손이 더러워져도 즐겁기만 하다.
1호점은 코리안 타운 근처에, 2호점은 카할라 몰
에 있다.

■ **1호점**

주소 1295 S Beretania St., Honolulu, HI 96814 주
차 호놀룰루 버거 건물 옆에 주차 장소가 있다. 시
간 월~목 10:30~21:00 금~토 10:30~22:00 일
10:30~20:00 전화 808-591-0090 홈페이지 www.
honoluluburgerco.com 지도 p.76 B

듀크스 와이키키 Duke's Waikiki

와이키키 오션 프런트에 위치한 유명 레스토랑

와이키키 비치 중심에 위치한 레스토랑 겸 바로 아침부터 밤까지 흥겨운 음악과 사람들로 가득 붐비는 유
명한 곳이다. 아침, 점심은 뷔페로 운영되며 개별 메뉴도 별도로 주문할 수 있다. 매일 저녁 하와이 우쿨렐
레 연주나 흥겨운 DJ의 라이브 음악을 들을 수 있고, 비치와 연결된 베어풋 바(Barefoot Bar)에서는 시원
한 칵테일을 마시며 오션 프런트 뷰를 감상할 수 있다. 하와이 요리와 정통 아메리칸 스타일 요리부터 일
식, 한식, 태국식까지 다양한 메뉴는 듀크스만의 특징으로, 가격대도 부담스럽지 않다.

주소 2335 Kalakaua Ave #116, Honolulu, HI 96815 시간 07:00~24:30 전화 808-922-2268 홈페이지
dukeswaikiki.com 지도 p.78 J

테디스 비거 버거
Teddy's bigger burger

육즙이 넘치는 두툼한 패티가 인상적인 수제 버거 '쿠아 아이나 샌드위치'와 함께 하와이 버거의 양 대산맥으로 꼽히는 테디스 비거 버거. 스테이크를 연상케 하는 두툼한 패티와 테디스 버거만의 특제 소스가 더해져 진한 풍미를 느낄 수 있다. 양파, 양 상추, 치즈, 토마토 등 넉넉한 재료에 입맛에 따라 베이컨이나 아보카도 등을 토핑으로 올릴 수 있고 햄버거 빵도 테디스 버거만의 포테이토 번이나 곡

물 빵, 가벼운 느낌으로 즐기는 양상추 랩 형태로 주문할 수 있다. 오아후에는 와이키키와 하와이 카 이, 할레이바 이외에도 10개의 지점이 있어 찾아 가기도 쉽다. 우리 입맛에 잘 맞는 버거로는 데리야 끼 버거와 치즈와 버섯의 조화가 일품인 카일루아 버거, 구운 파인애플이 곁들어진 하와이안 버거를 추천한다. 또 다른 특별 메뉴는 아이스크림이 가득 들어간 스페셜 쉐이크인데, 코나 커피나 누텔라같 은 다양한 재료가 있어 고르는 재미가 있다.

■ **와이키키 지점**
주소 134 Kapahulu Ave. Honolulu, HI 96815 위 치 와이키키 그랜드 호텔 1층에 위치한다. 시간 10:00~21:00 요금 $6~ 전화 808-926-3444 홈페이 지 www.teddysbb.com 지도 p.79 K

■ **하와이 카이 지점(코코 마리나 센터 위치)**
주소 7192 Kalanianaole Hwy. E124 Honolulu, HI 96825 시간 10:00~21:00 전화 808-394-9100

부바 검프 쉬림프 Bubba Gump Shrimp Co.

새우 마니아들의 천국

영화 〈포레스트 검프〉를 테마로 만든 캐주얼하고 발랄한 식당이다. 식당 내부에는 탁구채로 만든 메뉴판과 행복하게 웃는 새우 등 기발한 소품과 인테리어로 가득하다. 오아후 북부 지역에서 잡 은 신선한 새우로 요리하여 특별히 맛이 좋다. 인 기 메뉴는 맥주에 살짝 데쳐서 나오는 쉬림퍼스 넷 캐치(Shrimper's Net Catch)와 네 가지 스타일 의 다양한 새우 요리를 맛볼 수 있는 Shrimper's Heaven이다.

주소 1450 Ala Moana Blvd., Honolulu, HI 96814 위치 알라 모아나 센터 4층에 위치한다. 알 라 모아나 센터에서의 주차는 무료. 시간 일 ~목 10:30~22:00 금·토 10:30~23:00, 해피 아워 (월·일) 21:00~Close 전 화 808-949-4867 홈페이지 www.bubbagump.com 지도 p.76 J

로마노스 마카로니 그릴 Romano's Macaroni Grill

캐주얼한 이탈리아 키친

1988년 텍사스 샌안토니오 인근의 레온 스프링스라는 곳에서 레스토랑 경영자 필 로마노에 의해 설립, 미 전역에 많은 체인점을 가지고 있다. 친구들과 친척들이 모두 모여 맛있는 음식과 와인을 즐기며 좋은 시간을 함께 나누는 이탈리아 키친의 전통을 느낄 수 있는 곳으로, 분위기는 캐주얼하지만 맛은 굉장히 클래식하다. 다양한 수상 경력을 지닌 주방장들의 정성이 담긴 투스칸 스타일의 메인 요리와 정통 이탈리안 파스타, 구워 낸 특제 피자 등을 맛 볼 수 있으며 손님이 원하는 고기나 채소, 소스, 파스타 종류 등을 직접 선택하여 메뉴를 주문할 수 있다. 인기 메뉴는 닭고기 스칼로피네, 파스타 밀라노, 펜 루스티카, 빌 살팀보카 등이다.

■ 알라 모아나 센터 지점(호오키파 테라스 위치)
주소 1450 Ala Moana Blvd., Honolulu, HI 96813 시간 11:00~22:00 전화 808-356-8300 홈페이지 www.macaronigrill.com 지도 p.76 J

아시아 & 한국 레스토랑

마루카메 우동 Marukame Udon

전 세계에서 가장 큰 우동 체인점

전 세계에서 가장 큰 우동 체인이라 할 수 있는 마루카메 우동의 하와이 점. 일본, 홍콩, 태국 등 아시아 국가에서 우동 브랜드로는 가장 잘 알려져 있다. 그래서 늘 길게 선 줄 때문에 지나가다가 한 번쯤은 돌아보게 된다. 줄은 길지만 의외로 빨리 줄어든다. 기다리면서 일사분란하게 움직이는 직원들을 구경하는 재미도 있다. 우동 하나 가격이 평균 $5대로 매우 저렴해서 가벼운 식사로 제격이다. 레귤러 사이즈는 한끼 식사로 약간 부족하기 때문에 우동과 튀김, 무수비를 곁들이는 것이 좋다.

주소 2310 Kuhio Ave., Honolulu, HI 96815 시간 07:00~22:00 전화 808-931-6000 지도 p.78 F

서라벌 Sorabol Korean Restaurant

대형 한국 식당

오아후의 리틀 코리아 타운(Little Korea Town)이
라고 불리는 키아모쿠 거리에 위치한 대형 한국 식
당이다. 갈비, 불고기 등 즉석 구이뿐 아니라 다양
한 탕과 찌개 종류를 만날 수 있다. 주말에는 한국
인뿐만 아니라 외국인도 많이 찾으며 작은 룸이 있
어 모임을 하기에도 적당하다. 24시간 영업한다.

주소 805 Keeaumoku St., Honolulu, HI 96814 교통 와
이키키 출발 기준으로 Ala Wai Blvd.에서 우회전, Mc Cully
St.에서 좌회전, Kapiolani Blvd.를 직진하다가 Keeaumoku
St.에서 우회전, Rycroft St.와 교차하는 사거리 오른쪽에 위
치한다. (주차 가능) 시간 08:00~01:00(단, 금요일과 토요
일은 24시간 오픈) 요금 $10~ 전화 808-947-3113 홈
페이지 www.sorabolhawaii.com 지도 p.76 F

신라원 New Shilawon Korean Restaurant

정갈하고 깨끗한 한국 음식점

현지인들은 주로 즉석구이나 샤브샤브를 즐기러
많이 찾는다. 칼칼한 김치찌개나 대구탕이 생각날
때도 제격이다.

주소 747 Amana St., Honolulu, HI 96814 교통 와이
키키 출발 기준으로 Ala Wai Blvd.에서 우회전해서 Mc
Cully St.에서 좌회전, Kapiolani Blvd.를 직진하다가
Kaheka St.에서 우회전, Makaloa St.에서 좌회전, Amana
St.에서 우회전하면 오른쪽에 위치한다. 주차 지하에 주
차 가능. 시간 월~토 11:00~24:00 일 17:00~24:00
요금 $10~ 전화 808-944-8700 홈페이지 www.
newshilawonhonolulu.com 지도 p.76 F

PF 창스 비스트로 PF Chang's Bistro

퓨전 중식 요리를 격식 있게 즐길 수 있는 곳

미국 본토에서도 인기인 이곳은 중국 요리를 현대
적으로 해석한 셰프의 정성 어린 손길을 느낄 수
있다. 특히 중국 건축 양식을 기반으로 한 인테리
어는 화려하면서도 음식과 잘 어울려 관광객들에
게도 인기다.

주소 2201 Kalakaua Ave., Honolulu, HI 96815 위치 로
열 하와이안 쇼핑센터 2층 시간 월~목·일 11:00~23:00
금·토 11:00~24:00 전화 808-628-6760 홈페이지
pfchangshawaii.com 지도 p.78 I

이레 분식 Ireh Restaurant

담백하고 깔끔한 한국 음식

다양한 한국 음식을 합리적인 가격에 맛볼 수 있는 분식점으로 집에서 해 먹는 것과 같은 정성이 들어가 있어 한국인 뿐 아니라 외국인들도 많이 찾는다. 보통 미국에 있는 코리안 레스토랑이 조미료 맛이 너무 강해 물을 몇 컵씩 들이키기 마련인데 이곳은 담백함과 깔끔함이 어우러진 한국 음식을 만든다. 하와이에서 몸이 아파 죽을 먹어야 할 때에도 이레 분식을 찾으면 된다. 특히 이 집의 제육볶음은 현지 한국인들 사이에서도 유명한데, 매콤하면서도 달콤하고 쫄깃한 고기가 입에 착착 감겨서 밥 한 그릇은 뚝딱이다. 함께 나오는 반찬들도 정갈하고 직원들도 친절하다. 한국 슈퍼마켓인 키아모쿠 마켓 옆 블록에 있어서 찾기 쉽다.

주소 911 Keeamoku St., Honolulu, HI 96814 주차 키아모쿠 슈퍼마켓에 하면 된다. 시간 **월~토** 08:00~22:00 일 11:00~22:00 전화 808-943-6000 홈페이지 www.irehrestaurant.com 지도 p.76 B

스위티 & 카페

호놀룰루 커피 컴퍼니 Honolulu Coffee Company

하와이 특산물 코나 커피 즐기기

미국 본토를 스타벅스가 점령했다면 하와이는 호놀룰루 커피 컴퍼니가 대세다. 하와이의 특산품인 코나 커피를 마음껏 즐길 수 있는 곳으로 이른 아침이면 커피 볶는 향이 매장 안을 가득 채운다. 여러 매장이 있지만 추천하는 곳은 비숍 스퀘어를 보면서 커피 한잔의 여유를 즐길 수 있는 비숍 스트리트 매장과 와이키키 중심부에 있는 모아나 서프라이더 호텔 매장이다. 알라 모아나 센터 안에도 있다.

주소 2365 Kalakaua Ave., Honolulu, HI 96815(모아나 서프라이더 호텔 점) 시간 06:00~22:00(연중무휴) 전화 877-533-1500 홈페이지 www.honolulucoffee.com 지도 p.76 J

호놀룰루 쿠키 컴퍼니 Honolulu Cookie Company

엄선한 재료로 매일 구워 신선한 쿠키

앙증맞은 파인애플 모양을 한 하와이안 쇼트 브레드. 엄선된 재료로 매일 구워 신선하고 많이 달지 않아 현지인에게 인기다. 포장 역시 이국적인 하와이안 스타일로 되어 있어 선물로도 제격이다. 여러 가지 종류의 샘플을 맛보고 구입할 수 있다. 하와이 전역에 매장이 있으며 와이키키와 비치 워크에도 매장이 있다. 알라 모아나 센터와 워드 센터에도 있어 찾기 쉽다. 이외에도 오아후에 10개의 매장이 있으므로 홈페이지를 통해 확인하도록 하자.

주소 1450 Ala Moana Blvd, Honolulu, HI 96814 시간 09:00~22:00 전화 808-945-0787 홈페이지 www.honolulucookie.com 지도 p.77 K

레오나드 베이커리 Leonard's Bakery

포르투갈 도넛인 말라사다가 유명한 곳

말라사다의 맛은 우리 식의 설탕 뿌린 꽈배기 도넛과 비슷하지만 훨씬 더 부드럽고 달콤하다. 커스터드, 초코, 구아바 크림 등을 넣은 것도 인기다. 주문하면 금방 튀긴 도넛을 내오기 때문에 항상 따끈따끈하게 즐길 수 있다. 달달한 간식이 생각날 때 커피와 함께 곁들이면 딱 좋다. 와이키키 외곽인 카파훌루 애비뉴에 있다.

주소 933 Kapahulu Ave., Honolulu, HI 96816 위치 와이키키에서 Kalakaua Ave.에서 좌회전, Kapahulu Ave.를 따라가다가 Charles St.와 만나는 지점 오른쪽에 있다. 주차 무료 주차 가능. 시간 일~목 05:30~22:00 금~토 05:30~23:00 요금 오리지널과 시나몬 개당 $0.70, 커스터드 초콜릿 개당 $0.90 전화 808-737-5591 홈페이지 www.leonardshawaii.com 지도 p.73 L

버비스 아이스크림 Bubbies Homemade Ice Cream & Desserts

찰떡 아이스로 유명한 아이스크림 가게

아이스크림 모찌, 다시 말하면 '찰떡 아이스'로 유명한 아이스크림 가게이다. 한 입 크기의 앙증맞은 달달한 아이스크림 모찌를 먹다 보면 3~4개는 앉은 자리에서 먹게 된다. 녹차, 바닐라, 초코, 구아바, 리찌 등 다양한 맛이 있고 직접 구운 베이커리 종류와 아이스크림도 판매한다.

주소 7192 Kalanianaole Hwy D103, Honolulu, HI 96825 시간 10:00~23:00 요금 모찌 한 개 $1(현금만 사용 가능) 전화 808-396-8722 홈페이지 bubbiesicecream.com

릴리하 베이커리 Liliha Bakery

60년이 넘도록 하와이 로컬들의 사랑을 받아 온 베이커리

'레오나드 베이커리'만큼 유명한 곳으로 케이크와 머핀, 데니쉬, 도넛 등 제빵류 이외에도 간단한 식사 메뉴가 준비되어 있다. 이곳에서 가장 인기 있는 메뉴는 부드러운 크림이 가득한 '코코 퍼프'

로 하루에 5,000개 이상 판매된다고 한다. 두 개의 매장이 있으며 최근에 오픈한 2호점이 조금 더 다양한 메뉴를 판매하고 고급스러운 인테리어로 꾸며져 있다.

1호점
주소 515 N. Kuakini Street Honolulu, HI 96817 시간 화~일 24시간, 월요일 휴무 전화 808-531-1651 홈페이지 lilihabakeryhawaii.com 지도 p.72 F

2호점
주소 580 N. Nimitz Hwy. Honolulu, HI 96817 시간 커피숍 06:00~22:00 베이커리 06:00~24:00 전화 808-537-2488 홈페이지 lilihabakeryhawaii.com

마쓰모토 잡화점의 셰이브 아이스 Matsumoto's Shave Ice

하와이 셰이브 아이스의 원조

셰이브 아이스는 간 얼음에 다양한 종류의 색소를 듬뿍 넣은 불량 식품에 불과하지만 내리쬐는 태양 아래 셰이브 아이스 한 입이면 입안이 얼얼해지면서 더위가 싹 가신다. 우리 식 팥빙수처럼 팥(beans)이나 아이스크림을 추가해도 맛있다.

주소 66-087 Kamehameha Hwy. Haleiwa, HI 96712 교통 쿠아 아이나 샌드위치에서 북쪽으로 150m에 위치한다. Kamehameha Hwy.를 타고 북쪽으로 올라가다 보면 왼쪽에 주차장으로 이용되는 큰 공터가 있고, 그 뒤에 슬레이트 지붕으로 된 허름한 가게가 마쓰모토 잡화점이

다. Kamehameha Hwy.와 Emerson Rd.가 만나는 곳에 있다. 시간 09:00~18:00 (1월 1일, 크리스마스, 추수감사절 휴무) 요금 셰이브 아이스 $2~ 전화 808-637-4827 홈페이지 www.matsumotoshaveice.com 지도 p.48 F

고릴라 인 더 카페 Gorilla in the cafe

배우 배용준이 운영하는 와이키키의 모던한 카페

우리나라 청담동에 있는 고릴라 인 더 키친에 이은 욘사마표 카페로 욘사마를 사모하는 일본 관광객들로 늘 북적거리는 곳이지만 100% 하와이산 커피 맛 또한 뒤지지 않는다. 커피와 함께 곁들일 수 있는 패스트리와 파이, 베이글도 늘 신선하다. 와이키키 초입의 테디베어 월드 하와이 옆에 작게 있어서 지나치기 쉬우나 칼라카우아 애비뉴를 걷다가 잠시 쉬어가기 좋다. 카페에서 파는 하와이안 꿀과 텀블러는 기념품으로도 적당하다. 배용준이 운영하는 카페지만 일본 관광객이 사진 찍는 모습을 제외하면 욘사마의 흔적은 찾기 힘들다.

주소 2155 Kalakaua Ave., Honolulu. HI 96815 시간 월~금 06:30~22:00 토~일 07:00~22:00 전화 808-922-2055 지도 p.781

아일랜드 빈티지 커피 Island Vintage Coffee

100% 코나 커피를 전문으로 하는 로컬 브랜드

와이키키 중심인 로열 하와이안 센터와 알라 모아나 센터에 있어서 쉽게 만날 수 있다. 매장에 들어서면 전체적으로 따뜻한 느낌의 인테리어와 향긋한 코나 커피의 향이 마음을 차분하게 해 준다. 브랜드 코나 커피를 원한다면 이곳에서 원두를 사는 것도 괜찮다. 관광이나 쇼핑 중에 잠시 쉬면서 커피도 즐기고 무료 인터넷도 이용할 수 있으니 하와이에 왔다면 스타벅스 대신 하와이 로컬 브랜드 커피 숍을 이용해 보자.

로열 하와이안 센터점

주소 2301 Kalakaua Ave., Honolulu, HI 96815 (로열 하와이안 쇼핑센터 C동 2층) 시간 06:00~23:00 전화 808-926-5662 홈페이지 www.islandvintagecoffee.com 지도 p.78 J

알라 모아나 센터점

주소 1450 Ala Moana Blvd, Honolulu, HI 96814 시간 월~토 08:00~21:00 일 08:00~19:00 전화 808-941-9300

브런치

MAPECODE **22081**

하우 트리 라나이 Hau Tree Lanai

하와이 로맨스를 꿈꾸는 이들을 위한 최고의 장소

고운 모래사장과 평화로운 카이마나 비치가 내려다보이는 커다란 나무 그늘과 고풍스러운 하얀 테이블과 핑크빛 테이블보가 아름다운, 사랑하는 이와 함께 늦은 아침 식사를 할 수 있는 곳이다.

복잡한 와이키키에서 불과 5분 정도 떨어진 뉴 오타니 카이마나 비치 호텔에 위치한 하우 트리 라나이는 하와이 로맨스를 꿈꾸는 모든 이에게 최적의 장소다. 하와이 최고의 맛집을 가리는 상인 Hale'aina Award를 연속해서 수상하는 등 현지인과 관광객 모두에게 인기 있다.

주말 늦은 아침이면 이제 갓 결혼한 신혼부부나 여유 있게 선데이 브런치를 즐기러 온 노부부들로 가득 찬다. 많은 사람들이 찾는 메뉴로는, 잉글리시 머핀에 터키햄과 베이컨을 넣고 부드러운 치즈 안에 달걀을 살포시 넣은 Egg Benedict Kaimana와 하와이 로컬 푸드인 Locomoco이다. 아침을 즐기기에 너무 늦었다면 아름다운 선셋과 함께하는 저녁도 괜찮다. 와이키키에서 가장 인기 있는 레스토랑이기 때문에 예약은 필수다.

주소 2863 Kalakaua Ave., Honolulu, HI 96815 위치 New Otani Kaimana Beach Hotel 내 1층. 주차 발레파킹만 가능하며, 하우 트리 라나이에서 주차 확인 도장을 받으면 3시간까지는 $4이며, 이후에는 시간당 $6의 추가 요금이 발생한다. 시간 07:00~10:45, 11:45~14:00(일 12:00~14:00), 17:30~21:00 요금 아침 · 점심 $10~15 저녁 $30~38 전화 808-921-7066 홈페이지 www.kaimana.com/hautreelanai 지도 p.79 P

MAPECODE **22082**

오리지널 팬케이크 하우스
Original Pancake House

팬케이크와 오믈렛 전문점

아침 메뉴로 팬케이크와 오믈렛이 생각난다면 망설일 것 없이 오리지널 팬케이크 하우스로 가자. 미국 전역에 있는 체인으로, 부담 없이 아침 식사를 하기에 좋다. 갓 구운 팬케이크와 다양한 종류의 토핑은 어떤 것을 주문해도 맛있다. 팬케이크보다 얇게 구운 크레페를 좋아한다면 Fresh Fruit Crepe를 추천한다. 부드러운 크레페와 몽실몽실한 크림, 상큼한 과일이 잘 어울린다. 알라 모아나 센터에서 카피올라니 쪽으로 두 블록 떨어진 건물 1층에 위치하며 주차 가능하다.

주소 1221 Kapiolani Blvd., Honolulu, HI 96814 교

통 와이키키 출발 기준으로 Ala Wai Blvd.에서 우회전해서 Mc Cully St.에서 좌회전한다. Kapiolani Blvd.에서 Pensacola St.와 교차 지점 왼쪽에 위치. 주차는 Kapiolani Blvd.에서 Pensacola St.로 좌회전해서 첫 번째 Hopaka St.에서 좌회전하면 주차장 입구가 있다. 주차 주차 확인을 받으면 3시간까지 무료이다. 시간 06:00~14:00 요금 $5~10 전화 808-596-8213 홈페이지 www.originalpancakehouse.com 지도 p.76 I

에그스 씽즈
Eggs'n Things

팬케이크와 오믈렛 전문점

보통의 인내심이 아니면 맛볼 수 없는 팬케이크 오믈렛 전문점이다. 언제나 대기하고 있는 사람이 많아서 기본 30분~1시간은 기다려야 한다. 크림을 얹은 팬케이크와 푸짐하게 즐길 수 있는 부드러운 달걀 요리가 유명하다.

와이키키 비치워크 플래그십점
주소 343 Saratoga Rd., Honolulu, HI 96815 시간 06:00~14:00, 16:00~22:00 전화 808-923-3447 홈페이지 www.eggsnthings.com 지도 p.78 I

와이키키 비치점
주소 2464 Kalakaua Ave., Honolulu, HI 96815 시간 06:00~14:00, 16:00~22:00 전화 808-926-3447

알라모아나점
주소 451 Piikoi St., Honolulu, HI 96814 시간 06:00~22:00 금·토 6:00~24:00 전화 808-538-3447

아이홉 IHop (International House of Pancakes)

아메리칸 스타일의 아침이 먹고 싶다면

미국 전역에 있는 아메리칸 스타일의 레스토랑 체인이다. 아침, 점심, 저녁 모두를 합리적인 가격에 즐길 수 있으며, 와이키키 근처 매장은 오전부터 아침 메뉴를 즐기러 온 현지인과 관광객들로 늘 가득 찬다. 레스토랑의 이름이 International House of Pancakes인 만큼 역시 팬케이크가 가장 인기 있으며 다양한 종류의 오믈렛도 꾸준히 사랑받는 아이템이다.

■ 와이키키
주소 2211 Kuhio Ave., Honolulu, HI 96815 위치 Lewers St.와 Royal Hawaiian Ave. 사이의 Kuhio Ave에 위치. 시간 24시간 요금 $6~25 전화 808-921-2400 홈페이지 www.ihop.com 지도 p.78 E

■ 알라모아나
주소 1850 Ala Moana Blvd., Honolulu, HI96815 시간 일~목 06:00~22:00 금~토 06:00~23:00 전화 808-949-4467

더 베란다 The Veranda

오아후 최고의 브런치 뷔페

와이키키 중심인 모아나 서프라이더 1층에 시원스레 뻗은 와이키키 해변을 배경으로 위치해 있다. 서비스, 맛, 종류, 뷰 등 모든 것이 만족스럽

다. 다양한 빵과 치즈, 달걀 요리, 과일 등 아침으로 하기엔 아쉬울 정도.

주소 2365 Kalakaua Ave., Honolulu, HI 96815 위치 모아나 서프라이더 1층 시간 06:00~10:30, 11:30~24:00 전화 808-921-4600 지도 p.78 J

뷔페

100 세일즈 레스토랑 100 Sails Restaurant & Bar

프린스 와이키키 호텔에 위치한 럭셔리 뷔페

새하얀 요트가 줄지어 있는 알라 와이 항구를 배경으로 럭셔리하고 풍성하게 꾸며진 뷔페 레스토랑이다. 프린스 와이키키 호텔이 리노베이션을 진행하면서 새롭게 바뀌었다. 그 전에도 프린스 와이키키의 레스토랑은 모두 유명했는데 리노베이션과 함께 한층 업그레이드되었다. 신선한 해산물 요리와 하와이 요리, 일식 등을 기본으로 하며 아침, 점심, 저녁으로 시간이 나눠져 있고 토요일

에는 하와이안 뷔페를, 일요일에는 브런치 메뉴를 제공한다. 가격대는 $32~$55로 요일과 시간대에 따라 달라진다. 특히 저녁에는 라이브 음악과 와이키키의 선셋을 감상할 수 있어 예약은 필수이다. 홈페이지를 통해 간단하게 예약할 수 있다.

주소 Prince Waikiki, 100 Holomoana St., Honolulu, HI 96815 시간 일~목 06:00~22:00 금~토 06:00~23:00 전화 808-944-4494 홈페이지 www.100sails.com 지도 p.77 K

바&펍

MAPECODE **22090**

야드 하우스 Yard House

전형적인 아메리칸 스타일 펍 & 바

와이키키 비치 워크 대로변에 위치하여 금방 찾을 수 있다. 저녁이면 시끌벅적한 즐거운 소음이 거리까지 들린다. 요즘 관광객들에게 최고의 인기 스폿으로, 주말에는 줄 서는 것을 감수해야 한다. 다양한 세계 맥주와 많은 종류의 안주가 이 집의 특징. 어떤 것을 고를지 모른다면 유쾌한 서버에게 문의하자.

주소 226 Lewers St., Honolulu, HI 96815 위치 와이키키 비치 워크 초입 시간 11:00~일일 01:00 전화 808-923-9273 홈페이지 /www.yardhouse.com 지도 p.78 I

Travel Tip

와이키키에서 즐기는 칵테일 한 잔!

똑같은 칵테일이라도 와이키키에서 즐기는 트로피컬 칵테일은 더욱 색다르다. 해 질 무렵 해변가 바에 앉아 칵테일 한 잔을 즐겨 보자.

- **마이타이** 로열 하와이안 호텔의 마이타이에서 탄생한 유명한 칵테일이다. 노을빛을 닮은 럼을 베이스로 오렌지 주스와 파인애플 주스의 조화가 강하면서도 부드럽다. 달콤한 맛과는 다르게 은근히 도수가 높으니 한 번에 들이키지 않도록 한다.

- **블루 하와이** 하와이의 대표적인 칵테일로 블루 큐라소로 바닷빛을 표현하고 럼과 파인애플 주스를 베이스로 한다. 맛있다고 홀짝홀짝 마시다가는 취하기 십상이다.

- **라버 플로** 붉게 흐르는 용암의 모습과 비슷하다고 해서 지어진 이름이다. 향긋한 스트로베리 시럽에 럼과 코코넛 주스가 들어가 달콤하다. 여성들에게 특히 인기가 있다.

MAPECODE 22091

지피스 ^{Zippy's}

하와이 버전의 '김밥천국'

관광객보다는 현지인들이 사랑해 마지 않는 곳이다. 햄버거, 샌드위치, 일식 도시락, 치킨, 스테이크, 돈가스, 샐러드, 로코모코, 멕시코 요리와 온갖 종류의 디저트까지 없는 것이 없다. 가격대는 $5~15로 합리적이다.

주소 601 Kapahulu Ave., Honolulu, HI 96815 교통 와이키키에서 가까운 카파홀루에 위치한 곳은 와이키키 Kalakaua Ave.에서 좌회전해서 Kapahulu Ave.를 따라 가다가 Campbell Ave.와 만나는 사거리 오른쪽에 있다. 쉽게 찾을 수 있으며 무료 주차장이 완비되어 있다. 또는 알라 모아나 센터 Sears 백화점 안에도 있다. 시간 월~목 06:00~24:00 금~일 24시간 요금 $5~15 전화 808-733-3725 홈페이지 zippys.com 지도 p.76 J, 79 C

MAPECODE 22092

마카이 마켓 푸드코트
Makai Market Foodcourt

알라 모아나 센터 1층에 위치한 대형 푸드코트

스테이크, 피자, 파스타, 일식 도시락과 중식, 베트남 쌀국수, 한국식 BBQ, 케이크과 쿠키 등 없는 것이 없다. 저렴한 가격에 다양한 음식을 맛보기에도, 쇼핑에 지친 다리를 두드리며 시원한 음료수를 한잔하기에도 제격이다. 추천 매장은 퓨전 한식과 갈비 도시락이 맛있는 야미 코리안 BBQ 이다.

주소 1450 Ala Moana Blvd., Honolulu, HI 96814 시간 월~토 08:00~21:00 일 09:00~19:00 홈페이지 www.alamoanacenter.com 지도 p.76 J

MAPECODE 22093

코나 브루잉 컴퍼니
Kona Brewing Company

오아후 유일의 빅아일랜드 코나 맥주 직영점

롱보드나 화이어락 등 코나 맥주를 마음껏 즐길 수 있다. 샘플러로 주문하면 조금씩 다양한 맥주를 맛볼 수 있고 시중에서는 볼 수 없는 종류의 맥주도 접할 수 있다. 코코 마리나 센터 내에 있다.

주소 7192 Kalaniana'ole Hwy., Honolulu, HI 96825 시간 11:00~22:00 위치 코코 마리나 센터 내에 위치. 코코 마리나 센터는 Kalanianade Hwy.와 Lunalilo Home Rd.의 교차점에 위치. 와이키키 방향에서 가면 쉐브론 주유소를 지나서 코코 마리나 센터의 입구가 있다. 신호등 없이 비보호 좌회전을 해야 하기 때문에 주의해야 한다. 전화 808-394-5662 홈페이지 www.konabrewingco.com 지도 p.49 P

기타

ABC 스토어즈 ABC Stores

없는 것 빼고 다 있는 하와이의 대표 편의점

여행자들이 필요한 모든 것을 갖추고 있는 하와이의 대표적인 편의점으로, 먹을거리에서도 예외가 아니다. 샌드위치와 버거, 샐러드뿐만 아니라 한 끼 식사로도 충분한 일식 도시락 등 간편하게 먹을 수 있는 음식들이 냉장고 한쪽을 차지하고 있다. 특히 이른 아침이면 갓 만들어져 나온 따끈따끈한 스팸 무수비를 만날 수 있는데 찾는 이가 많아 점심이 되기 전에 다 팔리곤 한다.

홈페이지 www.abcstores.com

MAPECODE 22094

푸드 팬트리 Food Pantry

관광객들의 출출한 배를 채워 줄 식료품점

이름 그대로 식료품점이다. 일반 마트에서 파는 식료품과 더불어 베이커리, 일식 도시락, 다양한 종류의 무수비 등 와이키키를 찾은 관광객들의 출출한 배를 채워 줄 음식들로 가득하다. 특히 콘도미니엄에 숙박 중이라면 신선한 채소와 과일 등은 이곳에서 사는 것이 좋다.

주소 2370 Kuhio Ave., Honolulu, HI 96815 전화 808-923-9831 지도 p.78 F

Travel Tip

하와이는 스팸을 사랑해

영양학적으로 혹은 정치적으로 옳지 못한 식품으로 알려진 스팸이지만 하와이에서만큼은 최고의 식품 대접을 받는다. 하와이안들의 스팸 사랑은 하와이 곳곳에서 느낄 수 있다. 한국에서도 따뜻한 밥에 스팸을 얹어 먹는 것을 좋아하는 사람이라면 두 손 들어 반길 '스팸 무수비'를 비롯하여 사이민, 로코모코 등에도 스팸이 절대 빠지지 않는다. 기념품 코너에는 스팸을 모티브로 한 인형과 냉장고 자석들이 즐비하다. 하와이안들의 스팸에 대한 애정은 Waikiki

Spam jam이라는 스팸 페스티벌에서 절정에 달한다. 매년 4월 말에 열리는 이 행사는 와이키키 주변에 무대와 부스가 세워지면서 스팸과 관련된 다양한 행사를 펼친다. 또 주변 식당들은 행사 기간 동안 스팸을 이용한 요리들을 선보이는데 스팸으로 만들 수 있는 음식이 이렇게 많다는 것에 대해 놀라게 될 것이다. 스팸 페스티벌과 관련해서는 홈페이지 www.spamjamhawaii.com을 참고.

하와이 음식 사전

스팸 무수비 살짝 간이 된 주먹밥 위에 구운 스팸을 올리고 김으로 싼 하와이식 사각 김밥이다. 아주 단순한 조리법이지만 짭조름한 스팸과 주먹밥의 조화가 그 어떤 요리보다도 맛있다. 특히 따끈따끈할 때 먹으면 더욱 맛있는데 이른 오전에 ABC 스토어즈나 푸드 팬트리 등에서 만날 수 있으며 파머스 마켓이나 대형 마트 에도 있을 만큼 하와이 현지인들이 사랑하는 대중적인 먹거리이다.

로코모코 돈가스나 햄버거 패티 위에 달걀프라이, 그 위에 그레이비 소스를 얹어 밥과 소시지 등과 함께 먹는 하와이 현지인들의 아침 식사이다. L&L 드라이브 인 이나 레인보우 드라이브 인처럼 저렴한 대중 식당에서도 팔지만 호텔 레스토랑 아침 메뉴로도 나올 만큼 인기다. 맛있는 만큼 엄청난 칼로리는 감수해야 한다.

베네딕트 잉글리시 머핀에 햄이나 생선 익힌 것을 올리고 부드러운 크림과 달걀 이 함께 나오는 하와이 현지인들의 아침 메뉴이다.

사이민 닭 육수나 새우로 낸 국물에 꼬불꼬불한 면을 넣은 하와이식 라면이다. 스 팸을 넣어 먹기도 한다.

버터 모찌 버터와 캐러멜 향이 가득한 쫀득쫀득 찹쌀떡이다. 달콤하면서도 입안 에서 씹히는 질감이 간식거리로 딱이다. 이른 아침 파머스 마켓에 가면 가정에서 직접 만든 따끈한 버터 모찌를 맛볼 수 있다.

칼루아 피그 하와이 정찬 루아우에 메인으로 나오는 음식으로 흙 속에서 푹 익힌 돼지고기를 잘게 썰어 각종 채소나 소스와 함께 먹는다.

아히 포케 우리 식으로 말하면 '참치회 무침' 정도 된다. 깍뚝썰기한 참치에 간장 과 참기름 등을 넣고 조물조물 무쳐서 먹는다. 유명 레스토랑이나 동네 식당 어디 에든 있는 대표적인 하와이 음식이다. 짭조름하면서도 참치의 질감이 살아 있는 맛이 식사뿐 아니라 맥주 안주로도 딱이다.

플레이트 런치 밥과 고기, 채소 등이 한 그릇에 담겨 나오는 하와이식 도시락이다. 아이스크림 스쿱으로 동그랗게 담은 쌀밥과 바비큐나 갈비, 데리야키 치킨, 새우 등을 메인으로 하고, 마카로니나 샐러드를 한 그릇에 담아 주며 보통 $3~6로 가 격도 착하다. 점심 시간이면 와이키키 주변에 런치 트럭이 종종 등장하며 푸드코 트에서도 많이 판다.

새우 트럭 어디로 먹으러 갈까? 카후쿠 vs 할레이바

하와이에 다녀온 사람은 누구나 먹어 봤다는 새우 트럭 요리. 그 원조는 오아후 가장 북쪽인 카후쿠에 있지만 할레이바 마을이나 와이키키 주변에서도 새우 트럭을 만날 수 있다. 그렇다면 원조 새우 요리를 먹으러 와이키키에서 1시간 넘게 달려 카후쿠까지 가야할까? 취향에 따라 다르겠지만 '굳이 그럴 필요까지는 없다.'가 정설. 그렇지만 노스 쇼어 지역을 방문했다면 꼭 원조인 카후쿠에 들러 보도록 하자. 이곳에는 그 유명한 '지오바니스 오리지널 새우 트럭'과 더불어 많은 새우 트럭들이 있다. 양은 가게마다 다르지만 보통 밥과 함께 나오면 가격이 $10~13 정도 한다.

■ 카후쿠의 새우 트럭

. . . .

지오바니스 오리지널 새우 트럭 Giovanni's Original Shrimp Truck

오리지널이라는 이름답게 늘 관광객으로 넘쳐나는 곳. 이곳의 인기 때문에 주변에는 과일이나 옥수수 기념품을 파는 가게까지 생기게 되었다. 가장 많이 시키는 것은 갈릭새우인데 레몬을 밥 위에까지 뿌려서 먹으면 고소하고 맛이 있다. 식으면 약간 비린내가 나고 맛이 없기 때문에 즉석에서 먹도록 한다.

주소 66-472 Kamehameha Hwy, Haleiwa, HI 96712 위치 83번 Kamehameha Hwy.와 Burroghs Rd.와의 교차점. 터틀 베이 리조트와 폴리네시안 문화 센터의 중간 정도에 위치하고 있다. 터틀 베이 리조트 입구에서 약 3마일, 폴리네시안 문화 센터 입구에서 약

3.5마일 떨어져 있다. 'Giovanni's Original Shrimp Truck'이라고 적힌 커다란 흰색 간판이 트럭 위에 놓여 있다. 시간 10:30~17:00 전화 808-293-1839 지도 p.49 C 홈페이지 www.giovannisshrimptruck.com

. . . .

후미스 카후쿠 쉬림프
Fumi's Kahuku Shrimp

지오바니스보다 덜 알려져 있지만 현지인들에게 더 인기가 있는 집. 최근에는 일본 관광객으로 발 디딜 틈이 없다. 다른 집보다 양념 맛이 좀 더 강해서 우리 입맛에도 잘 맞는다.

주소 56-777 Kamehameha Hwy, Kahuku, HI 96731 위치 노스 쇼어에서 출발하면 지오바니스 가기 전에 왼쪽으로 보인다. 시간 10:00~19:30 전화 808-232-8881

로미스 Romy's Kahuku Prawns Shrimp Hut

트럭이 아닌 가게로 되어 있으며 양식한 새우를 다듬는 공장과 붙어 있다. 추천 메뉴는 스위트 앤 스파이시인데, 새콤달콤하면서도 약간 매콤한 맛이 우리 입맛에 잘 맞는다. 홈페이지에는 무료 음료 쿠폰이 있으니 이곳에 방문할 예정이라면 미리 챙기도록 하자. 새우 낚시 프로그램도 운영하고 있다.

주소 56781 Kamehameha Hwy, Kahuku, HI 96731 위치 노스 쇼어에서 출발했을 때 터틀 베이 리조트에서 약 2분간 달리다 보면 만날 수 있다. 후미스와 지오바니스 사이에 있다. 시간 10:30~17:45 전화 808-232-2202

■ 할레이바의 새우 트럭

할레이바 초입의 맥도날드 건너편 공터에 호노스와 지오바니스의 분점이 위치하고 있다.

호노스 새우 트럭
Honos Shrimp Truck

한국인의 운영하는 새우 트럭으로 한글로 크게 쓰여 있어 쉽게 찾을 수 있다. 워낙 상업화된 지역이기 때문에 한국인을 만난다고 해서 특별히 반가워하거나 특별 서비스는 없지만 편하게 주문할 수 있다는 장점이 있다. 또 다소 느끼한 새우를 매운 맛으로 승화시킨 갈릭 스파이시는 이 집만의 특화 메뉴. 트럭에 한국어로 된 이름들을 찾아 보는 재미도 있다.

주소 66-472 Kamehameha Hwy, Haleiwa, HI 96712 시간 11:00~18:00(목요일 휴무) 전화 808-341-7166

지오바니스 새우 트럭 할레이바 분점
Giovanni's Shrimp Truck

카후쿠의 지오바니스 새우 트럭 분점이다. 분명 오리지널과 같은 새우, 같은 소스를 쓸 터인데 맛은 약간 다르다. 주로 일본 단체 관광객들이 테이블을 차지하고 있다.

주소 66-472 Kamehameha Hwy, Haleiwa, HI 96712 시간 10:30~17:00

Shopping
오아후 섬의 쇼핑

쇼핑의 천국 오아후에 빠지다

하와이에서는 한번쯤 쇼핑에 빠져 볼 만하다. 세계적인 유명 브랜드와 아기자기한 현지 브랜드, 이국적인 느낌의 하와이 토산품을 비롯해 우리가 원하는 모든 브랜드와 숍이 골고루 갖춰져 있다. 미국 본토에 비해 절반 수준밖에 되지 않는 세금과 수시로 만날 수 있는 파격적인 세일까지 하와이는 그야말로 쇼핑의 천국이다. 오아후에서 쇼핑을 하다 보면 자칫 충동구매하는 경향이 많은데 원하는 브랜드와 물품을 미리 정해 합리적이고도 만족스러운 쇼핑을 즐기도록 하자. 특히 추수감사절, 크리스마스 시즌과 새해에 오아후를 방문한 방문객이라면 파격 세일을 절대 놓치지 말자. 계획을 잘 세워 후회 없는 쇼핑을 하도록 하자.

쇼핑센터

MAPECODE **22095**

로열 하와이안 쇼핑센터 Royal Hawaiian Shopping Center

와이키키 중심가에 위치한 원스톱 쇼핑센터

와이키키 가장 중심가에 위치하고 있으며 쇼핑과 레스토랑, 문화 공간까지 두루 갖춰 관광객들의 발걸음이 끊이지 않는다. 펜디, 오메가, 에르메스 등의 명품 브랜드부터 토리버치와 같은 미국 브랜드와 캐주얼 브랜드, 하와이 로컬 브랜드 매장까지 모두 있어 원스톱 쇼핑이 가능하다. 또한 월요일부터 금요일까지 풍부한 하와이 문화 관련 프로그램을 제공하여 하와이 퀼트 만드는 법, 로미로미(lomilomi) 마사지, 우쿨렐레 연주, 훌라 댄스, 레이 만들기 등에 직접 참여할 수 있다. 홈페이지에서 관련 프로그램을 미리 확인하도록 하자.

주소 2201 Kalakaua Ave., Honolulu, HI 96815 주차 주차 입구는 로얄 하와이안 거리 오른쪽 진입로에 위치해 있다. 센터의 무료 주차 서비스 인증(Validation)에 의한 주차는 최초 1시간 무료이며, 1시간 이후부터 3시간 초과(최초1시간 포함)되는 요금은 시간당 $2이다. 단, 4시간째부터는 매20분마다 $2씩 부과된다. 시간

10:00~22:00 전화 808-922-2209 홈페이지 www.royalhawaiiancenter.com 지도 p.78 I

하와이의 대표적인 세일 기간

크리스마스 & 새해 세일

크리스마스를 전후로 다음 해 1월 1일까지는 쇼퍼들의 천국이라고 해도 좋다. 평소 세일을 하지 않던 명품 브랜드들도 이 시기에는 세일을 진행하기 때문에 평소에 봐 두었던 명품을 구매하기에 적절한 시기. 그뿐만 아니라 기존 세일 브랜드들도 추가 세일을 진행하기 때문에 하루 정도는 쇼핑에 할애하는 것도 남는 장사다. 다만 동양인의 표준 사이즈는 빨리 빠지므로 사이즈가 있을 때 구매하는 것이 좋다.

추수감사절(블랙 프라이데이)

11월 넷째 주 금요일, 추수감사절 다음 날 진행되는 블랙 프라이데이 세일은 현지인들도 기다리는 쇼핑 데이. 밤 12시부터 줄을 서거나 이른 새벽부터 숍에 줄을 서 있는 모습을 쉽게 발견할 수 있다. 선착순으로 80%까지 세일을 하거나 1+1은 쉽게 만날 수 있다. 특히 와이켈레는 자정부터 문을 열고 알라 모아나는 새벽 6시부터 문을 열기 때문에 시간에 맞춰 일찍 가는 것이 좋다.

독립기념일 세일

7월 4일 전후로 진행되며 크리스마스 세일 수준으로 할인 폭이 커진다. 특히 독립기념일 세일은 시즌 세일과 함께 진행되기 때문에 이미 세일된 물건에 추가 할인을 받을 수 있다.

메모리얼 데이 세일

5월 넷째 주 주말. 미국은 5월에 마더스 데이와 메모리얼 데이가 있기 때문에 각종 프로모션이 진행되는 달이다. 할인폭은 크지 않지만 1+1 프로모션이나 각종 쿠폰을 이용한 세일이 진행된다.

노동절 세일

9월 첫째 주 주말에 진행되며 주로 중저가 브랜드의 세일과 프로모션이 많다.

이월 상품 세일

연중 비슷한 기온의 하와이지만 여름과 겨울 시즌을 나눈다. 8월에는 여름 상품 세일을 하고, 1월과 2월에는 겨울 상품 세일이 많다. 할인 폭은 보통 20~50%이며 사이즈가 금방 품절되니 세일이 시작되면 미리 사 두는 것이 좋다.

알라 모아나 센터 Ala Moana Center

세계 최대 규모의 야외 쇼핑센터

세계 최대 규모의 야외 쇼핑몰이자 하와이 최대 쇼핑센터인 알라 모아나 센터는 하와이 여행에서 빼놓을 수 없는 하와이의 쇼핑 메카라 할 수 있다. 티파니, 루이비통, 디올, 구찌, 샤넬, 프라다와 같은 명품 브랜드를 비롯한 290개가 넘는 브랜드 매장과 레스토랑이 지상 4층 규모의 쇼핑몰을 꽉 채우고 있다. 쇼핑센터 중앙에는 명품 브랜드 매장과 고급 백화점 니만 마커스(Neiman Marcus)가, 양 끝으로는 메이시스(Macy's), 노드스트롬(Nordstrom)과 같은 백화점이 위치해 있다. 특히 현재 서쪽 에바 윙 확장 프로젝트가 진행 중으로 서쪽 지역이 3층 규모의 쇼핑센터로 탈바꿈할 예정이다. 이곳에는 하와이 최초 블루밍 데일스 백화점이 들어설 계획이며 이 밖에도 대규모 브랜드 매장, 레스토랑, 엔터테인먼트 공간 등이 들어설 예정이다.

알라 모아나 센터에서 쇼핑을 즐기려면 넓은 규모에 대비해 똑똑한 쇼핑 루트 전략이 필요하다. 연간 4천 2백만 방문 횟수를 기록하는 곳에서 계획

없이 무작정 쇼핑했다가는 하루를 다 써도 모자라기 때문에 어느 매장에 들를 것인지 미리 확인하는 것이 좋다. 똑똑하고 실속 있는 쇼핑을 원한다면 공식 홈페이지에 들어가 센터 디렉토리 맵을 통해 진행 중인 이벤트와 다양한 정보를 미리 확인해 보자. 홈페이지는 한국어 서비스를 제공한다.(p.367 쿠폰 제공)

주소 1450 Ala Moana Blvd., Honolulu, HI 96814 교통 핑크 라인 트롤리를 타면 편도 $2로 알라 모아나 센터까지 갈 수 있다. 주차 무료 시간 월~토 09:30~21:00 일 10:00~19:00 전화 808-955-9517 홈페이지 www.alamoanacenter.com 지도 p.73 K, 76 J

🛒 우리가 열광하는 Brand Top 10

●아베크롬비 피치 Abercrombie & Pitch

가장 미국다운 빈티지 캐주얼 웨어이다. 청바지 핏과 사이즈가 다양하기 때문에 여러 벌 입어 보고 구입하도록 하자. 클리어런스(Clearance) 코너에는 시즌이 지난 상품이나 남는 사이즈의 상품을 30~50%까지 할인 판매하기 때문에 눈여겨볼 필요가 있다. 남성과 여성 매장이 서로 반대편에 위치한다.

●세포라 Sephora

한국 여성들이 좋아하는 화장품 브랜드가 한데 모여 있는 멀티 코스메틱 숍이다. 디오르나 샤넬, 베네피트뿐 아니라 필라소피, 나스 등 한국에는 수입되지 않는 브랜드를 모두 만날 수 있다. 기초보다는 색조 화장품이 대세다. 20% 이상 세일을 하는 제품도 많기 때문에 선물용으로도 적당하다.

●빅토리아 시크릿 Victoria Secret

여성스러움을 극대화한 미국 란제리 브랜드이다. 섹시하고 때론 귀여운 란제리가 가득한 곳이다. 란제리뿐 아니라 빅토리아 시크릿 계열 보디 용품과 향수도 판매하며 수영복도 마음껏 착용해 보고 구매할 수 있다. 한국과 속옷 사이즈가 다르기 때문에 반드시 착용해 보고 구입해야 한다. 여러 벌 착용해 봐도 전혀 눈치 주지 않는다. 빅토리아 시크릿 바로 옆 매장은 세컨드 브랜드인 Pink 매장이다. 귀여운 강아지 마크를 모티브로 한 걸리시하고 스포티한 제품들이 많다.

●포에버21 Forever 21

특히 젊은 여성들이 좋아하는 미국의 저가 브랜드이다. 탱크톱부터 파티용 원피스까지 발랄하고 섹시한 옷이 가득하다. 너무 많아서 고르기 힘들 정도다. 청바지는 같은 사이즈라도 디자인에 따라 다를 수 있으니 꼭 입어 보고 구입하자.

●아메리칸 이글스 American Egles

미국에서 가장 대중적인 캐주얼 브랜드. 편하게 입을 수 있는 심플한 티셔츠와 청바지, 후드가 주 품목이다. 한

쪽에 있는 Clearance에는 50% 이상 할인하는 제품도 있으니 눈여겨보도록 하자.

●홀리스터 Holister

미국 캘리포니아의 서퍼 보이를 콘셉트로 한 캐주얼 브랜드이다. 여성 매장에는 심플하면서도 아기자기한 의상이 많다. 겨울에는 털모자나 부츠 등 소품도 건질 것이 많다.

●윌리엄 앤 소노마 William & Sonoma

주방용품에 관심이 있는 주부가 아니더라도 아기자기한 주방 소품에 왠지 모르게 사고 싶어지는 미국의 유명한 주방용품 전문점이다. 곰국을 끓일 것 같은 대형 냄비부터 각종 요리 도구와 식기 세트까지 주방에 관한 모든 것이 있다. 특히 한국에서 고가에 팔리거나 미입고된 브랜드의 상품을 합리적인 가격으로 구매할 수 있기 때문에 주부들에게 인기가 좋다.

●갭 키즈 Gap kids

Gap의 어린이 매장이다. 실용적이고 오래 입을 수 있는 옷이 많다. 계절이 지난 옷은 30~70%까지 할인하기 때문에 미리 구입해 두는 것도 알뜰 쇼핑의 방법이다.

●지미 추 Jimmy Choo

〈섹스 앤 더 시티〉의 사라 제시카 파커가 자주 신어 유명해진 슈즈 브랜드이다. 최근 한국에 인기 있는 킬힐 등이 모두 지미 추 디자인에서 시작됐다. 가격대는 그리 착하지 않지만 지미 추 디자인은 유행을 타지 않으므로 정말 마음에 드는 디자인이 있다면 큰 맘 먹고 장만해도 후회하지 않을 것이다.

●나인 웨스트 Nine west

지미 추와 다르게 부담 없이 마음에 드는 슈즈를 골라 보자. 종종 'Buy 1 Get 1 free' 행사를 하는데, 두 컬러를 사도 $30 미만인 경우가 많다. 화려하진 않지만 심플해서 질리지 않게 신을 수 있는 디자인이 많다.

잊지 말고 챙기세요, 무료 정보지!

흔히 '와이키키'라 통칭되는 칼라카우아 거리를 걷다 보면 초록색 박스 형태로 된 무료 정보지를 볼 수 있는데 단순 정보뿐만 아니라 사이사이 식당 할인 쿠폰 등이 보석처럼 숨겨져 있으니 잊지 말고 챙기도록 하자. 영문판이 가장 많으며 일본어와 한글로 된 무료 정보지도 있다. 일본어를 모른다고 하더라도 쿠폰은 유용하게 챙겨 쓸 수 있으니 숙소로 챙겨 가 보물찾기하듯 쿠폰 찾기 삼매경에 빠져 보자.

니만 마커스 Neiman Marcus

알라 모아나 센터에 위치한 럭셔리 백화점

미국의 대표적인 고급 백화점으로 100여 년이 넘는 역사를 지니고 있다. 니만 마커스 하와이 지점은 알라 모아나 센터에 입점해 있으며, 각종 명품 브랜드 매장을 보유하고 있다. 니만 마커스는 총 3개의 층으로 구성되어 있는데 수백 마리의 크리스탈 나비로 장식된 중앙에는 한국인들에게 사랑받는 명품 브랜드인 토리버치, 지방시, 발렌시아가, 생 로랑, 마크 바이 마크제이콥스 등의 핸드백 매장이 들어서 있다. 이 밖에도 구찌, 톰포드 선글라스 등의 명품 아이템과 의류 매장, 디올, 샤넬 등 각종 화장품 브랜드로 가득하다.

니만 마커스 하와이 지점만의 특별한 서비스가 제공되고 있다. 니만 마커스에서 판매되는 모든 상품에 대하여 쇼핑 도우미가 일대일 개인 쇼핑 서비스를 제공하며 화장품 매장에서는 무료 메이크업 컨설팅을 받을 수 있다. 또한 인터내셔널 포인트 클럽(IPC) 프로그램을 실시하여 실제로 회원이 1달러를 사용할 때마다 1포인트를 적립해 주고, 포인트에 따라 특별 사은품을 증정하고 있어 홈페이지에서 미리 회원 가입하는 것을 추천한다.

주소 1450 Ala Moana Blvd. Honolulu HI 96814 시간 월~금 10:00~20:00 토 10:00~19:00 일 12:00~18:00 홈페이지 www.neimanmarcushawaii. com, neimanmarcushlog.com 지도 p.76 J

 에피큐어(식품관) Epicure

하와이 여행 선물로 무엇을 살지 고민이라면 일단 이곳에 들러 보는 것을 추천한다. 호놀룰루 쿠키 컴퍼니의 쿠키를 니만 마커스만의 나비 상자에 예쁘게 포장하여 판매하는가 하면 전 세계적으로 유명한 니만 마커스 쿠키와 고디바와 같은 인기 초콜릿 및 캔디 브랜드들이 모두 모여 있다. 니만 마커스 3층에 있다.

T 갤러리아 T Galleria

세계 최대 규모의 면세점

하와이안 공예품부터 고급 명품 브랜드의 가방과 주얼리, 의류, 화장품까지 다양한 상품과 디자인 물건들을 두루 갖춘 곳이다. 한국에는 수입되지 않는 제품이나 한정 상품도 만날 수 있다. 그러나 면세 구역이 아닌 1층 기념품 매장은 다소 비싼 편이다. 2층 화장품 코너 역시 면세 구역이 아니다. 3층 면세 구역은 여권이 있어야 상품을 구매할 수 있다.

와이키키에서 가장 늦은 시간인 밤 11시까지 운영하기 때문에 여유 있게 쇼핑을 즐길 수 있으며 T 갤러리아에서 구입한 물건은 한국에 돌아와서도 교환, 환불, AS가 가능하다. 오전 11시부터 폐점 시간까지 와이키키 주요 호텔을 왕복하는 무료 트롤리

가 운행된다. 시간표는 1층 고객센터에서 구할 수 있다.

주소 330 Royal Hawaiian Ave., Honolulu, HI 96815 시간 09:00~23:00 전화 808-931-2700 홈페이지 www.dfs.com/en/hawaii 지도 p.78 I

와이키키 비치 워크 ^{Waikiki Beach Walk}

개성 있는 브랜드 숍이 줄지어 있는 쇼핑 거리

칼라카우아 애비뉴와 루어스 스트리트가 만나는 지점에서 시작되는 와이키키 비치 워크는 엠버시 스위트-와이키키 비치 워크 호텔과 윈덤 호텔을 양옆으로 두고 쇼핑, 맛집, 다양한 엔터테인먼트를 즐길 수 있는 곳으로, 와이키키 메인 거리보다는 좀 더 세련된 느낌이 가득하다. 액세서리, 의류, 신발부터 갤러리, 상점들 그리고 하와이 맛집으로 소개되는 레스토랑까지 모두 만나 볼 수 있어 편리하다. 또 야자수와 푸른 잔디가 펼쳐진 플라자 무대에서는 훌라쇼와 요가 레슨, 무료 콘서트가 개최되니 놓치지 말자.

와이키키 비치 워크에서 특히 가 볼 만한 곳은 다양한 브랜드의 선글라스를 구입할 수 있는 '프리키티키 트로피컬 옵티컬', 하와이 느낌이 물씬 나는 꽃이 프린트된 의류를 구입할 수 있는 '블루 진저', 분위기 좋은 '루스 크리스 스테이크 하우스 레스토랑' 등이 있다.

주소 226 Lewers St., Honolulu, HI 96815　시간 09:00~(매장마다 다름)　전화 808-931-3595　홈페이지 www.waikikibeachwalk.com　지도 p.78 I

■ 무료 엔터테인먼트 & 이벤트
우쿨렐레 레슨, 퀼팅 클래스, KU HA'AHEO(하와이안 뮤직 & 훌라), 요가, 홉 댄스 등 다양한 무료 이벤트가 진행 중이니 자세한 일정은 홈페이지 참고

럭셔리 로우 ^{Luxury low}

하와이 최고의 명품 거리

칼라카우아 거리를 따라 위치해 있는 럭셔리 로우는 샤넬, 루이비통, 보테가베네타, 구찌 등 명품 브랜드가 줄지어 입점해 있다. 특히 샤넬 매장은 국내에서는 자주 품절되어 구하기 힘든 WOC나 액세서리 등이 다양하게 구비되어 있으며 루이비통 매장은 루이비통 마니아라면 반드시 들르는 것이 좋다. 다양한 베르니 라인의 백과 신상품들을 골고루 구비하고 있어 한국보다 선택의 폭의 넓은 것이 가장 큰 강점.

주소 2100 Kalakaua Ave., Honolulu, HI 96815　주차 9:30~23:00에는 킹 칼라카우아 플라자(King Kalakaua Plaza)에 주차를 하고 주차 확인을 받으면 무료이다.　시간 10:00~22:00　홈페이지 www.luxuryrow.com　지도 p.78 I

워드 센터 Ward Center

현지 주민들이 좋아하는 브랜드가 가득

워드 센터, 워드 엔터테인먼트 센터, 워드 웨어 하우스 등 총 6개 동의 쇼핑센터를 통칭하여 워드 센터라고 부른다. 관광객보다는 현지 주민들이 사랑하는 브랜드와 숍으로 가득하다. 유명 브랜드는 없지만 개성 있는 로컬 브랜드와 콜렉트 숍 등이 많아 구석구석 구경하다 보면 시간 가는 줄 모른다. 현지인들에게 인정받은 맛집도 많기 때문에 저녁 시간이면 주차장이 꽉 찰 정도이다.

지도 p.76 M

노드스트롬 랙 Nordstrom Rack

로스의 업그레이드 버전

노드스트롬 백화점에서 넘어온 재고와 이월 상품을 판매하는데 로스보다 쇼핑하기 편하고 사이즈와 브랜드별로 잘 정리되어 있다. 특히 한국에서 수십만 원을 호가하는 프리미엄 진들을 $100 미만으로 구입할 수 있으며 사이즈가 맞는다면 지미추, 버버리, 코치 등 유명 브랜드의 슈즈도 50% 이상 할인된 금액으로 구할 수 있다. 신발의 경우 보통 한 짝씩만 구비하고 있는데 직원에게 디자인과 사이즈를 보여 주면 제 짝을 맞춰서 가져다준다. 종종 마크제이콥스나 코치, 셀린느 등의 가방이 파격적인 가격으로 나오곤 하는데 매번 그런 상품들이 나오는 것이 아니니 발견하면 바로 구입하는 것이 좋다. 인기 브랜드는 다음 날 찾아가면 아예 남아 있지 않을 정도로 물건이 한 번에 쭉쭉 빠진다. 고민은 신중하게, 구입은 재빠르게! 노드스트롬 랙 쇼핑의 원칙이다.

주소 330 Kamakee St., Honolulu, HI 96814 시간 월~목 10:00~21:00 금~일 10:00~22:00 전화 808-589-2060 홈페이지 shop.nordstrom.com

Nordstrom Rack Hyatt Centric Waikiki Beach점
주소 2255 Kuhio Ave Suite 200, Honolulu, HI 96815
시간 월~토 10:00~22:00 일 10:00~20:00 전화 808-275-2555

Nordstrom Rack Ward Village Shop점
주소 1170 Auahi St, Honolulu, HI 96814 시간 월~목 10:00~21:00 금~토 10:00~22:00 일 10:00~19:30
전화 808-589-2060

로스 드레스 포 레스 Ross Dress For Less

재고와 이월 상품을 저렴한 가격으로

로스의 외관을 보고 실망하지 말라. 겉보기에는 정신없는 후줄근한 숍 같지만 찬찬히 눈을 크게 뜨고 찾아보면 예상치 못한 수확을 얻을 수 있다. 각 백화점이나 숍에서 재고의 재고와 이월의 이월을 거쳐서 로스로 오게 되는데 열심히 찾다 보면 종종 DKNY, Calvin, 7Jeans 같은 고급 브랜드 의류를 50~90% 할인된 가격에 얻는 진정한 쇼핑의 기쁨을 맛볼 수 있게 된다. 신발과 액세서리, 화장품, 가정용품 등 없는 것이 없다. 특히 주방용품은 한국 백화점에서 고가에 팔리는 식기와 도구들을 $5~50 정도의 파격적인 가격에 구입할 수 있다. 인내심을 가지고 열심히 골라 보자. 원하는 것을 얻을 것이다.

홈페이지 www.rossstores.com

Ward Center점
주소 333 Ward Ave., Honolulu, HI 96814 시간 월~토 09:30~21:30 일 10:00~20:00 전화 808-589-2275

Keeaumoku점
주소 711 Keeaumoku St., Honolulu, HI 96814 시간 월~토 09:00~21:30 일 10:00~20:00 전화 808-945-0848

Hawaii Kai점
주소 333 Keahole St., Honolulu, HI 96825 시간 월~토 09:30~21:30 일 10:00~20:00 전화 808-395-8077

Miliani Shopping Center점
주소 95-221 Kipapa Dr, Miliani, HI 96789 시간 일~목 08:00~23:30, 금~토 08:00~23:30 전화 808-625-6499

Pearl Highlands Center점
주소 1000 Kamehameha Hwy, Pearl City, HI 96782 시간 월~목 08:00~23:30 금~토 08:00~24:00, 일 08:30~23:00

North Nimitz점
주소 500N N Nimitz Hwy Ste A, Honolulu, HI 96817 시간 월~토 07:30~22:00 일 08:00~22:00

와이켈레 프리미엄 아웃렛 Waikele Premium Outlets

프리미엄 아웃렛의 하와이 버전

한국인들이 가장 선호하는 쇼핑센터 중 하나이다. 미국 전역과 한국의 여주와 파주에도 있는 프리미엄 아웃렛의 하와이 버전이다. 50여 개가 넘는 아웃렛 매장은 상시 25~60% 정도 할인하기 때문에 현지 주민과 관광객 모두에게 인기이다. 다만, 와이키키에서 차로 40분 정도 떨어져 있기 때문에 렌터카를 이용하는 것이 가장 편리하다. 물론 대중교통도 이용 가능하지만 시간도 많이 걸리고 비용도 만만찮다.

넓은 부지 안에 매장이 띄엄띄엄 떨어져 있어 꼼꼼하게 보려면 최소 반나절은 투자해야 한다. 아웃렛 길 건너에는 빅 K마트와 올드네이비, 스포츠 어소리티 등이 있다. 미리 홈페이지에서 회원 가입을 하면 VIP 할인 쿠폰을 이메일로 전송해 주는데 여러 매장에서 요긴하게 쓰인다.

주소 94-790 Lumiaina St., Waipahu, HI 96797 교통 P.G플로버 와이켈레까지 가는 가장 저렴한 방법으로, 오전 2회 와이키키에서 출발하며 돌아오는 것은 오후 3회로 운영하고 있다. 성수기와 비수기에 따라서 운영 시간과 픽업 장소가 바뀌기 때문에 홈페이지에서 반드시 확인하는 것이 좋다. 편도 $50이며 성수기 때는 예약을 하는 것이 좋다.(홈페이지 : pgplover.com / 전화번호 : 808-536-5527) 렌터카 와이키키에서 H1 West를 타고 가다 가 Exit 7 Waikele 방향 출구로 빠져나와서 이정표 Waikele 방향으로 바로 우회전하여 Paiwa St.로 진입, 오른쪽에 와이켈레 센터 입구를 지나자마자 큰 사거리에서 우회전하여 Lumianina St.로 진입, 첫 번째 신호등에서 좌회전하면 도착한다. 더 버스 와이키키에서 42번 버스를 탑승해 와이파후 트랜짓 센터(Waipahu Transit Center)에서 하차, Waipahu-Waikele Shopping Center 방면으로 향하는 433번 버스로 환승, Lumiaina St.의 Waikele Center 정류장에서 하차한다. 편도 $2.25로 환승까지 가능하기 때문에 비용은 저렴하나 배차 간격이 길어져 2시간 가까이 걸리며 쇼핑한 짐을 들고 돌아오기에는 너무 힘들다. 에노아 투어(와이켈레 공식 투어) www.enoa.com이나 $20 정도로 현지 여행사에서 운영하는 투어에 참가할 수도 있다. 택시 편도 $35~45 시간 09:00~21:00(일요일은 10:00~18:00, 매장마다 다르다.) 전화 808-676-5656 홈페이지 www.premiumoutlets.com 지도 p.48 J

우리가 열광하는 Brand Top 10

● 프린세스 탐탐 Princess tomtom
섹시하고 앙증맞은 디자인이 유명한 프랑스 란제리 숍이다. 마음껏 착용해 볼 수 있어 선택의 폭이 더욱 넓다.

● 코치 Coach

와이켈레 최고의 매출을 자랑하는 인기 숍이다. 특히 한국인과 일본인들로 발 디딜 틈이 없을 정도다. 코치는 미국 내에서 한국보다 워낙 저렴한 데다 아웃렛 코치 매장은 추가로 20~50% 할인을 하기 때문에 매우 저렴한 가격으로 가방과 액세서리 등을 구입할 수 있다. 태그에 붙어 있는 가격에서 추가로 할인을 더 해 주므로 직원에게 가격을 확인하도록 하자. 한국인 직원도 있다. 다만 한국이나 온라인에서 특정 디자인을 미리 점찍어 두고 간다면 실망할 수도 있다. 신상이나 인기 디자인 상품보다는 코치의 스테디셀러 디자인이 다수다. 우산, 스카프, 카드지갑 등은 보통 $20~$50선이라 선물용으로 좋다.

● 캘빈 클라인 Calvin Klein
심플하면서도 캘빈다운 의류들이 디자인별로 구비되어 있다. 가죽 재킷이나 진도 인기이다. 또 실용적이고 촉감이 좋기로 유명한 캘빈 클라인 언더웨어도 할인된 가격으로 구입할 수 있다. 남성용 속옷은 한국보다 가격이 많이 저렴하기 때문에 한국인들이 많이 찾는다.

● 바니스 뉴욕 아웃렛 Barneys New York Outlet
바니스 뉴욕 매장의 고급 브랜드들을 한 곳에서 만날 수 있다. 마이클 제이콥스, 디젤, DKNY, 프라다 등 의류와 소품을 20~70% 할인된 가격으로 구입할 수 있다.

● 오프 삭스 피프스 애비뉴 Off saks fifth Ave.
미국의 최고급 백화점인 삭스 피프스 애비뉴의 할인 매장으로 명품들을 할인된 가격으로 구입할 수 있다.

● 폴로 랄프 로렌 Polo Ralph Lauren

한국인들을 가장 많이 만날 수 있는 매장이다. 기본적인 폴로 디자인의 의류와 가방, 모자 등 모두 할인된 가격으로 구입할 수 있으며 클리어런스(Clearance) 코너에는 사이즈별로 세일 품목들이 걸려 있는데 잘만 찾으면 한국에는 없는 특이한 디자인의 랄프 로렌 의류를 싼 가격에 살 수 있다. 앙증맞은 어린이 의류도 매우 저렴해 선물용으로 좋다.

● 짐보리 Gymboree
24개월까지의 아이들 옷은 가격 대비 질도 가장 좋고 디자인도 무난하다. 특히 여아용 옷이 예쁘기 때문에 선물용으로 많이 구입하며 VIP 쿠폰을 이용하면 더 저렴하게 구입할 수 있다.

● 튜미 Tumi
수트케이스나 남성용 서류 가방 등이 우리나라에 비해 매우 저렴하다. 내구성도 좋고 디자인도 세련되어서 인기가 많다.

● 나인 웨스트 nine west
물론 우리나라에도 매장이 있지만 우리나라에는 없는 다양한 디자인을 구비하고 있다. 특히 웨지힐 디자인은 우리나라 매장보다 훨씬 많아서 구두 마니아라면 꼭 한 번 들러 보는 것이 좋다.

인터내셔널 마켓 플레이스 International Market Place

관광객을 위한 재래시장

1975년에 문을 연 시장으로, 안으로 들어가면 재래식 판매대가 길게 이어져 있고 하와이 특산품이나 수제로 만든 장신구, 기념품, 알로하 셔츠 등을 판매한다. 물론 흥정도 가능하다. 꼭 갖고 싶은 하와이 기념품을 고르는 재미도 쏠쏠하다. 푸드코트에는 한국식 바비큐 플레이트를 파는 곳뿐 아니라 각종 아시아, 멕시코 음식을 파는 곳들이 있어 저렴한 가격으로 푸짐하게 식사를 할 수 있다. 푸드코트 앞 무대에서는 거의 매일 저녁 훌라쇼나 전통 공연 등이 펼쳐진다.

주소 2330 Kalakaua Ave., Honolulu, HI 96815 시간 10:00~22:00 전화 808-971-2080 홈페이지 shopinternationalmarketplace.com 지도 p.78 J

티파니 Tiffany & Co.

사랑하는 연인에게 특별한 선물을

하와이를 방문한 관광객들, 특히 신혼부부들에게 단연 인기인 곳이 바로 주얼리 숍이다. 그중 명품 주얼리 숍 티파니(Tiffany & Co.)는 1837년부터 지속되어 온 전통과 독창적이고 품격 있는 디자인으로 세계 주얼리 업계를 선도하고 있다. 티파니는 하와이 오아후, 마우이, 빅아일랜드에도 위치하고 있으며 최고의 인기를 누리고 있다. 티파니의 전문 디자이너들의 손을 거쳐 고급스러운 멋을 더한 결혼반지, 목걸이, 시계 등 다양한 종류의 액세서리는 하와이 여행에서 빼놓을 수 없는 쇼핑의 묘미! 오하우에서는 명품 브랜드들이 모여 있는 와이키키의 럭셔리 로우와 세계 최대 야외 쇼핑몰인 알라 모아나 센터에 위치하고 있어 어렵지 않게 찾을 수 있다. 그중 와이키키에 위치한 티파니는 하와이에서는 물론이거니와 미국 전역에서도 가장 큰 티파니 매장으로 손꼽힌다.

■ Royal Hawaiian Center 매장
주소 2201 Kalakaua Ave Suite# A101, Honolulu, HI 96815 시간 10:00~22:00 전화 808-926-2600 지도 p.78 I

■ 알라 모아나 센터 매장
주소 1450 Ala Moana Boulevard Honolulu, HI 96814 시간 월~토 09:30~21:00, 일 10:00~19:00 전화 808-943-6677 지도 p.76 J

마우이 다이버스 주얼리 Maui Divers Jewelry

하와이의 국민 주얼리

마우이 다이버스 주얼리는 하와이의 '국민 주얼리'라고 불릴 정도로 하와이 현지인들에게 각별한 사랑을 받는 곳이다. 마우이 다이버스는 1958년 마우이 라하이나 지역에서 관광객들에게 체험 다이빙을 안내하는 작은 다이빙 회사였다. 그러던 어느 날 다이빙 중 신기하고 놀라운 흑산호를 발견하게 되고 이것을 채취하여 반지, 목걸이 등으로 가공하여 판매하면서 그 이름 역시 마우이 다이버스 주얼리가 되었다. 하와이 대표 흑산호뿐 아니라 진주, 다이아몬드, 금은 세공품 등 세계 어디에서도 만날 수 없는 독특한 Made in Hawaii 디자인으로 현지인과 관광객들의 눈을 사로잡고 있다. 특히 알로하 팬던트는 빛에 비추면 A.L.O.H.A라는 그림자가 나타나는 로맨틱한 디자인으로 최고의 인기 아이템이다. 하와이 전 지역에서 볼 수 있는 플루메리아 꽃을 모티브로 한 팬던트 역시 스테디셀러다.

마우이 다이버스 주얼리 디자인 센터를 방문하면 직접 금, 은, 진주 등을 가공하는 모습을 볼 수 있으며 마우이 다이버스 주얼리에 관한 다큐멘터리 영화도 감상할 수 있다(한국어 제공).

한편, 공항, 돌 플랜테이션, 알라 모아나 센터, 힐로 해티 등에서 픽 어 펄(Pick a Pearl) 프로그램을 만날 수 있는데 진주 조개 더미 틈에서 자신이 원하는 조개를 골라 조개를 열면 화이트, 핑크 때로는 흑진주까지 나오며 즉석에서 고른 조개로 팬던트나 반지를 세팅할 수 있다.

마우이 다이버스 주얼리 제품은 평생 보증을 보장하기 때문에 한국 지점을 통해 언제든지 A/S를 받을 수 있다는 점도 우리에겐 큰 매력이다.

홈페이지 www.mauidivers.com / www.mauidivers.kr

디자인 센터
주소 1520 Liona St., Honolulu, HI 96814 시간 08:30~17:00 전화 808-946-7979 지도 p.76 B

인터내셔널 마켓 플레이스1호
주소 2330 Kalakaua Ave., Space TH101, Honolulu, HI 96815 전화 808-924-1416

Pick A Pearl - 힐튼 하와이안 빌리지점
주소 2005 Kalia Road, Honolulu, HI 96815 시간 08:30~22:00 전화 808-955-0930

알라 모아나 센터점
주소 1450 Ala Moana Blvd. Space 2258, Honolulu, HI 96814 시간 월~토 09:30~21:00 일 10:00~19:00 전화 808-949-0411 지도 p.76 J

T 갤러리아점
주소 330 Royal Hawaiian Ave. 2nd Flr., Honolulu, HI 96815 시간 09:00~23:00 전화 808-931-2700(내선 2500)

ABC 스토어즈 ABC Stores

와이키키에서 한 블록마다 있는 편의점

하와이에서 뭔가 필요한 것이 있다면 무엇이든 ABC 스토어즈에서 찾을 수 있다고 해도 과언이 아니다. 식료품과 음료수, 물놀이용품, 하와이 기념품과 화장품, 의약품까지 생활에 필요한 대부분의 것을 갖추고 있으며 와이키키에서 가장 일찍 문을 열고 가장 늦게 문을 닫는다. 영수증을 모아 일정 금액 이상이 되면 금액별로 기념품을 제공하는 이벤트도 종종 연다.

시간 06:30~익일 01:00, 연중무휴   홈페이지 www. abcstores.com

MAPECODE 22111

월마트 WalMart

관광객과 현지인들이 자주 찾는 마트

미국 대형 체인 마트로, 현지인뿐만 아니라 관광객들도 많이 찾는다. 월마트는 주로 저가 공산품이 주력 상품이다. 매장 입구에 들어서면 하와이답게 관광객들을 위한 하와이 기념품 코너가 따로 마련되어 있다.

아기자기한 냉장고 자석, 액자, 하와이산 화장품, 비치타월 등 우리가 원하는 기념품을 모두 갖추고 있기 때문에 쇼핑하기 편리하고 가격도 와이키키 주변 상점보다 저렴하다. 특히 귀국 선물로 가장 좋은 마카다미아 너츠와 초콜릿은 5~10개씩 묶어서 번들로 판매하는데, 하와이에서 가장 착한 가격이다. 이 밖에도 스노클링 기어, 보디 보드나 어린이용 전신 수영복 등을 싼 가격에 구입할 수 있다.

주소 700 Keeaumoku St., Honolulu, HI 96814   시간 24시간   전화 808-955-8441   홈페이지 www. walmart.com   지도 p.76 F

팔라마 슈퍼 Palama Market

와이키키 가까이에 있는 대형 한인 마트

한국 마트와 별반 차이가 없을 정도로 주요 식품과 반찬을 팔고 있으며 팔라마 슈퍼가 있는 건물은 한국인 숍이 많아 급할 때 유용하다. 콘도미니엄이나 주방이 있는 리조트에서 묵을 예정이라면 굳이 한국에서 음식을 가져가지 말고 팔라마에서 간단히 구입하는 것도 요령이다.

홈페이지 www.palamamarket.com

1매장(King)
주소 1070 N. King St., Honolulu, HI 96817 시간 매일 08:00~20:00 전화 808-847-4427 지도 p.72 F

2매장(Palama Makaloa)
주소 1670 Makaloa St. Honolulu, HI 96814 시간 08:00~21:00 전화 808-447-7777

3매장(Palama Waimalu)
주소 98-020 Kamehameha Hwy. #2e, Aiea, HI 96701 시간 월~토 08:30~20:00 일 09:00~19:00 전화 808-488-5055

---

88 슈퍼마켓 Pal Pal Supermarket

신선한 한국 식품과 런치 플레이트가 유명한 곳

오아후의 코리아 타운으로 불리는 키아모쿠 지역에 위치한 한국 슈퍼이다. 다양한 한국 식료품과 일본 등 아시아 식재료도 골고루 갖추고 있다. 특히 오전 11시부터 오후 1시까지 운영되는 런치 플레이트 코너는 다양한 한식을 저렴한 가격에 즐길 수 있어 현지인들과 관광객 모두에게 인기이다. 런치 플레이트는 테이크 아웃을 할 수 없기 때문에 오전 11시쯤에 도착해야 여유롭게 식사할 수 있다.

주소 835 Keeaumoku St I-102, Honolulu, HI 96814 시간 07:00~24:00 전화 808-941-1300 지도 p.76 F 홈페이지 www.88supermarkethawaii.com

돈키호테 Don Quijote

일본계 슈퍼마켓

일본계 슈퍼마켓으로, 팔라마보다 훨씬 큰 규모를 자랑하고 있다. 관광객에게는 특히 다양한 도시락을 구매할 수 있어 좋다. 또 아이들과 함께 콘도미니엄에 투숙하는 경우라면 조리된 반찬을 구입할 수 있어서 찾게 되는 곳이다. 팔라마 슈퍼 대각선 건너편에 있어 찾기 수월하다.

주소 801 Kaheka St., Honolulu, HI 96814 시간 24시간 전화 808-973-4800 홈페이지 donquijotehawaii.com 지도 p.77 G

MAPECODE **22117**

롱스 드러그 Long's Drugs

의약품과 화장품이 강세인 곳

메이블린, 로레알, 커버걸, 녹지마, 세타필, 아비노 등 다양한 브랜드의 화장품과 보디 제품이 있어 이것저것 구경만 해도 시간이 금방 간다. 특히 한국에 정식 입고되지 않아 구매 대행으로 구입해야 했던 화장품 브랜드들이 아주 합리적인 가격에 판매되고 있다. 닥터브로너스, 버츠비가 특히 인기 있다.

주소 1450 Ala Moana Blvd., Honolulu, HI 96814 위치 알라 모아나 센터 2층 시간 매일 06:00~23:00 전화 808-949-4010 홈페이지 www.longs.com / www.cvs.com 지도 p.76 J

MAPECODE **22118**

세이프웨이 Safeway

미국 전역에 가장 많이 퍼져 있는 마트

월마트보다 규모는 작지만 신선한 과일과 식품들이 고루 갖춰져 있어서 콘도미니엄에 투숙하는 관광객들이 장을 보기에 좋다. 미국에 살지 않더라도 즉석에서 무료 세이프웨이 회원카드를 만들어 주며 추가로 할인도 해 주니 단 한 번을 이용하더라도 만드는 것이 좋다.

주소 888 Kapahulu, Honolulu, HI 96816 시간 24시간 전화 808-733-2600 홈페이지 www.safeway.com 지도 p.73 L

MAPECODE 22119

스왑 미트 Swap Meet

알로하 스타디움에서 열리는 벼룩 시장

알로하 스타디움 주변으로 수백 개의 천막 상점이 새벽 6시부터 열리는데 파는 물건의 종류는 없는 것 빼고 다 있다. 하와이 기념품, 알로하 셔츠와 무무, 수영복, 마카다미아 너츠, 수공예품까지 실로 다양한 종류의 판매자가 길게 늘어서 있다. 주로 현찰만 사용 가능하기 때문에 곳곳에 간이 ATM기도 있다. 천천히 둘러보면서 구경을 해도 재미있고 마음에 드는 물건을 발견하면 흥정도 할 수 있다. 1인당 입장료는 $1이다. 12시 이후에는 땡볕이라 몇 걸음 못 걸어 지치게 되고 2시만 되어도

파장 분위기다. 되도록 이른 오전에 방문하도록 하자.

주소 99-500 Salt Lake Blvd., Aiea, HI 96701 교통 더 버스 20, 42번 버스, 배차 간격은 40~50분이며 1시간 20분 정도 소요된다. 렌터카 H-1 West를 타고 가다가 출구 Arizona Memorial/Stadium(15A)로 빠지면 표지판이 보인다. 표지판을 따라가면 주차장이 보인다. 시간 Market place 수 · 토 · 일 08:00~15:00 Swap Meet 수 · 토 08:00~15:00, 일 06:30~15:00 전화 808-486-6704 입장료 1인당 $1 홈페이지 www.alohastadiumswapmeet.net 지도 p.49 K

MAPECODE 22120 22121

파머스 마켓 Farmer's Market

이른 아침부터 열리는 먹거리가 가득한 장터

한국처럼 상설로 열리는 재래시장이 없는 대신 하와이에서는 이곳저곳에서 파머스 마켓이 열린다. 보통 이른 아침부터 시작하는 파머스 마켓에 가면 자신들이 직접 키운 채소와 과일, 생선부터 시장에 빠질 수 없는 먹을거리까지 신선함과 정겨움으로 가득한 장터가 펼쳐진다. 우리 같은 관광객에게 특히 반가운 것은 홈메이드의 각종 음식들인데 다양한 종류의 무수비, 버터모찌와 갓 구운 빵, 새벽에 만들어 온 주스 등이 저렴한 가격으로 판매된다. 규모가 가장 크고 유명한 파머스 마켓은 카피올라니 커뮤니티 컬리지 주차장에서 열리는 KCC 파머스

마켓이다. 오전 9시만 넘어도 주차장이 꽉 차고 과일과 따끈한 음식들이 동이 난다. 최대한 이른 아침에 찾아가 보도록 하자.

 KCC 파머스 마켓 KCC Farmer's Market

카피올라니 커뮤니티 컬리지 주차장 주변으로 열린다.

주소 4303 Diamond Head Rd., Honolu, HI 96816 시간 화 16:00~19:00 토 07:30~23:00

 파머스 마켓 앳 킹스 빌리지
Famer's Market at king's village

와이키키 내에 열리는 유일한 파머스 마켓으로 관광객을 위해서 최근에 새롭게 열렸다. 킹스빌리지 내에 열리므로 재미삼아 방문하기 좋다.

주소 131 Kaiulani Ave., Honolulu, HI 96815 시간 월 · 수 · 금 · 토 16:00~21:00 홈페이지 www.kings-village.com

Hotel & Resort
오아후 섬의 호텔 & 리조트

각양각색의 호텔과 리조트가 가득한 곳

오아후 섬의 대부분 호텔과 리조트는 80% 이상 와이키키 지역에 있으며 어느 곳에 숙소를 정하더라도 와이키키 해변까지 도보로 이동이 가능하다. 완벽함을 추구하는 럭셔리 호텔부터 합리적인 활동파를 위한 라이트 호텔까지 오아후의 다양한 모습만큼이나 각양각색의 호텔과 리조트가 모여 있다. 다양한 호텔과 리조트가 많은 만큼 숙소를 정하는 것이 오아후 여행의 성공을 좌우한다. 하지만 와이키키 지역의 호텔은 다소 오래되고 룸 컨디션이 가격 대비 좋지 않기 때문에 동남아의 풀빌라나 마우이의 화려한 숙소들을 생각한다면 실망할 수도 있다. 오아후에서는 관광이 주이고 호텔 내에서 머무르는 시간이 많지 않기 때문에 합리적인 가격과 위치를 고려하려 숙소를 정하는 것도 즐거운 여행이 될 수 있다. 여행사의 추천보다는 직접 숙박 시설을 이용했던 투숙객들의 리뷰를 잘 참고하는 것이 좋다. 또한 위치와 편의 시설, 추가 요금 등을 꼼꼼히 확인하여 즐거운 여행을 망치지 않도록 하자.

프린스 와이키키 Prince waikiki

객실에서 바라 보는 아름다운 석양

와이키키의 입구이자 알라 모아나 쪽에 위치한 프린스 와이키키는 일본계 리조트로, 룸 상태와 서비스에 비해 합리적인 가격으로 좋은 평을 얻고 있는 곳이다. 와이키키의 일본계 리조트가 그러하듯 깔끔한 서비스와 군더더기 없는 세련된 룸으로 와이키키에서 가장 인기 있는 호텔 중 하나다. 알라 모아나 타워와 다이아몬드 타워, 두 동으로 이루어져 있으며 특히 와이키키에 있는 다른 호텔에 비해 룸이 굉장히 넓고 모든 룸이 오션 프런트 룸으로 구성되어 있어 채광이 매우 좋다. 와이키키의 아름다운 석양을 룸에서 바라볼 수 있고, 금요일에 열리는 불꽃놀이 쇼도 룸에서 볼 수 있다. 호텔에서 와이키키 비치까지 가는 무료 셔틀이 매일 30분 간격으로 운행되고 있어 편리하며 알라 모아나 센터는 도보로 5분만에 갈 수 있어 쇼퍼홀릭에게는 최적의 위치에 있는 호텔이다. 호텔 내의 식당 구성도 훌륭하여 굳이 밖에 나가지 않아도 호텔 내에서 충분히 해결할 수 있으며 호텔 수영장은 와이키키 소음으로부터 벗어나 있어 조용한 휴식을 원하는 신혼부부나 가족 여행객들에게 최적의 장소다.

또 골프를 좋아하는 여행객이라면 프린스 와이키키가 보유하고 있는 골프 클럽을 합리적인 가격에 이용할 수도 있다. 한국어 홈페이지가 있어 예약하기도 편리하다.

주소 100 Holomoana St., Honolulu, HI 96815 기타 리조트 피는 선택으로 주차, 음료 서비스, 인터넷 등이 포함되고 하루 $31.41(세금 포함) 전화 808-956-1111 홈페이지 kr.hawaiiprincehotel.com 지도 p.77 K

와이키키 지역 호텔의 특징

POINT 1 와이키키 지역의 호텔은 대부분 높디높은 고층 건물로 이루어져 있다. 하와이 전 지역에서 땅값이 가장 비싼 동네인 만큼 호텔도 예외일 수가 없다. 그래서 많은 호텔들이 리노베이션을 하고 있지만 일부 호텔은 가격 대비 시설이나 룸 크기에 조금 실망할 수도 있다. 넓은 룸을 원한다면 미리 홈페이지에서 룸 크기를 확인하고 예약하자.

POINT 2 하와이 호텔의 가장 큰 특징은 바로 '라나이'라고 할 수 있는데, 라나이는 우리 식으로 베란다를 뜻하는 하와이어다. 라나이에 앉아 여유 있게 휴식을 즐기거나 와이키키 비치를 내려다볼 수 있도록 대부분의 호텔 룸이 라나이를 가지고 있으며 라나이의 유무에 따라 룸의 가격이 달라지기도 한다.

POINT 3 대부분의 하와이 호텔은 주차료를 따로 받는다. 하루에 $20~30까지 호텔마다 다르며 고급 호텔일수록 발레파킹만 가능하다. 대형 호텔과 리조트의 경우 리조트 피(Resort fee)라고 하여 주차, 인터넷, 전화, 생수, 음료 제공 등을 패키지로 묶어 비용을 따로 지불해야 하는 곳도 있다. 보통 $10~ 30이며 의무인 곳도, 선택 가능한 곳도 있으니 예약 전에 요금에 리조트 피가 들어가 있는지 따로 확인하자.

POINT 4 하와이는 미국 전 지역에서 금연법이 가장 엄격한 주 중 하나이기 때문에 모든 호텔이 금연 구역이다. 룸뿐 아니라 호텔 전체에서 흡연은 절대 금지되며 호텔 체크인 시 대부분의 호텔이 'non-smoking room'이라는 것에 동의하는 사인을 받고 이를 어길 시 벌금, 청소비, 피해 보상비를 요구하기도 한다.

POINT 5 하와이에는 힐튼, 하얏트, 매리어트 같은 전 세계적으로 유명한 체인 호텔도 있지만 하와이 현지 체인인 부티크 호텔도 다양하게 있다. 규모는 작고 아담하지만 깨끗하고 주요 편의 시설을 제대로 갖춘 합리적인 여행객을 위한 현지 호텔을 통칭하여 부티크 호텔이라고 하는데 아쿠아, 애스톤 계열의 호텔이 유명하다.

오아후의 호텔 선택하기

오아후는 관광 지역인 만큼 호텔의 수도 많거니와 서비스와 시설도 천차만별이어서 호텔을 고르기가 쉽지 않다. 여행의 질을 결정하는 숙박, 어떻게 결정해야 할까?

STEP 1　지역을 고른다.

오아후에서는 80% 이상의 호텔이 와이키키 해변 주변으로 모여 있다. 와이키키 비치를 따라서 뒤로 3~5블록까지 빽빽하게 고층 호텔과 리조트들이 밀집되어 있기 때문에 관광객의 대부분은 좋으나 싫으나 와이키키 주변에 묵게 된다. 반면, 혼잡한 와이키키를 벗어나 고요한 휴식을 취하고 싶은 이들은 서쪽의 코 올리나 리조트, 카할라 지역의 카할라 리조트, 그리고 북쪽의 터틀 베이 리조트 등도 선호한다.

STEP 2　여행의 스타일을 결정한다.

여행의 스타일에 따라 숙박 시설의 유형도 달라지는 것은 당연지사이다. 허니무너라 하더라도 리조트 안에 머물면서 둘만의 오붓한 시간을 갖는 것을 선호하는 커플이라면 분위기 있고 편의 시설이 풍부한 대형 호텔 & 리조트를 선호할 테지만, 활동파 커플이라 호텔은 그저 씻고 잠만 자는 곳이라고 생각하는 이들에게는 가격이 합리적이고 위치가 좋은 호텔이 더 제격일 것이다. 또 아이를 동반한 가족들이라면 룸이 넓고 주방 시설이 있는 콘도미니엄이나 스튜디오 형태의 숙박 시설이 여러 면에서 편리하다.

STEP 3　구체적인 호텔의 위치를 결정한다.

전망을 중요시하는 여행객에게는 와이키키 해변에 늘어선 호텔을 추천한다. 와이키키 비치 바로 앞에 있는 호텔들은 대부분 오션 뷰가 가능하기 때문이다. 호텔 위치에 따라 비치보다 한 블록 정도 뒤에 있더라도 오션 뷰나 파셜(partial) 오션 뷰가 가능하다. 비치와 두 블록 이상 떨어진 호텔은 대부분 시티 뷰로, 고층의 룸이라면 더 멋진 와이키키의 야경을 볼 수 있다. 차를 렌트하지 않고 도보와 대중교통을 주로 이용할 예정이라면 로열 하와이안 쇼핑센터나 T 갤러리아, 인터내셔널 마켓 플레이스 주변에 있는 호텔들을 추천한다.

STEP 4　열심히 마우스품을 판다.

같은 호텔, 같은 룸이라고 하더라도 여행사나 예약 대행 사이트마다 가격이 천차만별이기 때문에 여러 곳에 전화해 보고 이곳저곳 클릭해 가며 견적을 뽑아 보는 것이 중요하다. 특히 하와이의 호텔들은 호텔 홈페이지에서 다양한 프로모션을 진행하니 묵고 싶은 호텔을 결정했다면 홈페이지를 반드시　방문해 보자.

퀸 카피올라니 호텔 Queen Kapiolani Hotel

전면적인 리노베이션으로 가격 대비 최고의 호텔

퀸 카피올라니 호텔은 하와이 섬에서 마지막으로 주둔한 왕의 사랑을 한 몸에 받았던 왕비의 이름을 본떠서 지어진 이름이다. 해변에서는 한 블록 떨어진 곳에, 호놀룰루 동물원 및 카피올라니 공원, 와이키키 수족관과도 가까운 곳에 위치하고 있다. 다이아몬드 헤드가 시야에 들어오고, 몇몇 방에서는 바다가 내려다보이기도 한다. 대부분의 업그레이드된 객실들은 로비와 수영장 데크에서 제공되는 무선 인터넷, 일간 지역 신문, 미니 냉장고와 커피메이커 등의 무료 시설 및 비품을 갖추고 있다. 추가적으로 회의 및 연회 등이 가능한 시설 및 일광욕용 시설이 구비된 수영장 시설, 다이아몬드 헤드와 태평양의 경관이 펼쳐지는 레스토랑 등을 이용할 수 있다.

로비 1층에는 한국인이 운영하는, 선택 관광만을 전문으로 한 ' 알로하 선택 관광 센터' 가 있어 언어 문제 없이 합리적인 가격에 오아후 섬 일주, 크리에이션 쇼, 각종 해양 스포츠 등을 예약할 수 있다. 또한 최근 하와이 여행 트랜드인 스냅사진 촬영과 빈티지한 소품을 둘러볼 수 있는 2 BY Labella 숍이 있어 촬영 예약과 선물을 구매할 수 있다.

주소 150 Kapahulu Ave., Waikiki Beach, HI 96815 주차 셀프 유료 주차 가능. 기타 호텔 로비 및 수영장에서 무료 무선 인터넷 가능, 일간 신문 무료 제공. 리조트 피 $15.65(수영장, 비치 라운지, 비치 타월, 비즈니스 센터 PC, 인터넷, 룸 금고, 룸 커피) 전화 808-922-1941 홈페이지 www.queenkapiolani.com 예약 Hotels & Resorts GSA 한국 사무소 02-317-8710 · 8730, (fax) 02-755-9758 지도 p.79 K

아웃리거 리프 온 더 비치 Outrigger Reef on the Beach

하와이 왕조 시대를 재현하는 앤티크한 인테리어

오랜 기간에 걸친 리노베이션을 드디어 완공하여 아웃리거 계열 최고의 호텔로 거듭났다. 와이키키 비치 바로 앞에 위치하며 3개의 동으로 이루어져 있는 이 호텔은 앤티크한 원목 가구와 세련된 베이지톤을 사용하여 하와이 왕조 시대를 재현하는 격식 있는 인테리어로 꾸며졌다. 특히 월풀 욕조와 Made in Hawaii의 욕실 용품은 여성 고객들에게 최고의 인기이다. 고급스럽게 꾸며진 로비는 앉아서 체크인을 할 수 있도록 세심하게 배려하였고 호텔 입구에는 하와이안의 용맹한 모습을 짐작할 수 있는 앤티크 카누가 장식되어 있어 모던함과 전통을 동시에 느끼게 해 준다. 모든 객실에서는 무료 무선 인터넷을 이용할 수 있으며 레스토랑과 상점, 액티비티 데스크 등 호텔 안에서 모든 것을 원스톱으로 해결할 수 있도록 완벽하게 갖추어져 있다. 비치 워크 쪽에 위치하며 와이키키 비치 바로 앞에 있다.

주소 2169 Kalia Rd., Honolulu, HI 96815 주차 발레파킹만 가능($35/day). 기타 와이키키 커넥션 피(리조트 피) $30(무제한 아웃리거 와이키키 커넥션 트롤리, 와이파이 인터넷, 로컬 및 국제 전화 매일 60분, 성인 조식권 구매 시 5세 이하 무료) 전화 808-923-3111 홈페이지 www.outriggerreef-onthebeach.com 지도 p.78 I

일리카이 호텔 & 스위트 Ilikai Hotel & Suites

허니무너에게 최고의 호텔

오아후의 숨은 보석 같은 호텔이다. 알라 와이 요트 하버와 평화로운 알라 모아나 비치가 바로 앞에 내려다보이며 해가 진 후에는 반짝이는 호놀룰루의 야경을 즐길 수 있는, 와이키키 서쪽 끝 부분에 위치한 호텔이다.

번잡한 와이키키보다는 차분하게 로맨틱한 뷰를 즐길 수 있으며 쇼핑까지 근거리에서 해결할 수 있어 조용하고 은밀한 휴식을 원하는 허니무너에게 최고의 선택이 될 것이다. 냉장고를 비롯한 조리 도구를 갖춘 풀 키친이 있는 룸도 있어서 가족과 함께 묵기에도 좋다.

룸의 인테리어는 군더더기 없이 깔끔하고 고급스럽다. 또 라나이가 널찍해 한가롭게 의자에 앉아 시원하게 펼쳐진 알라 모아나 비치를 즐기는 것도 일리카이에서만 할 수 있는 특별한 경험이다. 모든 객실에서 인터넷을 무료로 사용할 수 있다. 신혼부부에게는 오션 뷰 룸이나 허니문 스위트를, 어린이와 함께하는 가족들에게는 주방이 딸린 오션 뷰 룸을 추천한다.

주소 1777 Ala Moana Blvd., Honolulu, HI 96815 주차 발레파킹만 가능($28/day) 기타 리조트 피 $18(인터넷, 하우스 키핑, 금고, DVD 대여 등) 전화 808-949-3811 홈페이지 www.ilikaihotel.com 예약 Aqua Hotels & Resorts GSA 한국 사무소 02-317-8710 · 8730, (fax) 02-755-9758 지도 p.77 L

엠버시 스위트 와이키키 비치 워크 Embassy Suites Waikiki Beach Walk

전 객실이 스위트 룸

와이키키 해변 앞에 위치하고 있는 엠버시 스위트는 와이키키에서는 단 하나뿐인, 전 객실이 스위트 룸인 호텔이다. 쇼핑과 엔터테인먼트가 모두 모인 와이키키 비치 워크에 위치하고 있어 밤낮으로 펼쳐지는 하와이의 활기를 제대로 즐길 수 있는 입지 조건을 갖추고 있다.

최상급 호텔답게 넓은 스위트 룸 객실이 있으며 아름다운 와이키키의 전망을 감상할 수 있는 오션뷰부터 시티뷰, 부분 오션뷰까지 전망에 따라 다양하게 객실 선택이 가능하다. 무료 뷔페 아침 식사가 제공되며, 매일 저녁 수영장 풀 사이드 리셉션에서는 무료 음료와 스낵 등의 서비스가 제공된다. 온수 수영장과 월풀 스파, 어린이 수영장을 갖춘 '그랜드 라나이'가 있어 호텔 내에서도 수영이 가능하다. 24시간 이용 가능한 피트니스센터, 비즈니스센터까지 이용할 수 있어 가족, 신혼부부, 비즈니스 관광객 모두에게 인기가 좋다. 또한 매주 투숙객을 대상으로 한 무료 요가 레슨도 있다.

주소 201 Beachwalk St., Honolulu, HI 96815 주차 발레파킹만 가능($38/day). 전화 808-921-2345 홈페이지 kr.embassysuiteswaikiki.com 지도 p.781

아쿠아 뱀부 & 스파 Aqua Bamboo & Spa

편안하고 실속 있는 호텔

최근 리노베이션으로 한층 더 업그레이드된 아쿠아 뱀부 & 스파는 휴식과 재충전이라는 테마를 위해 아시아 풍수 사상을 결합한 호텔로, 한국인이라면 친숙한 분위기를 느낄 수 있는 곳이다. 아로마테라피 양초와 감미로운 음악, 현대적인 감각의 객실은 한층 더 편안함을 제공한다. 와이키키 해변과 쇼핑센터, 다양한 레스토랑이 근접하여 하와이 최고의 호텔 중 하나로 손꼽힌다. 《뉴욕 타임스》에서 선정한 하와이 호텔 3곳에 선정되기도 했으며, 《Travel & Leisure magazine》에서 선정한

호놀룰루의 멋지고 실속 있는 요금의 호텔로 지정되기도 하였다. 호텔에서는 다양한 무료 서비스 또한 제공하고 있는데, 객실과 호텔 내에서 사용 가능한 초고속 인터넷, 일간

지역 신문, 무료 시내 전화 이용 및 수영장, 바비큐 그릴과 피트니스 센터 등의 이용이 가능하다. 로맨틱한 허니문을 원하는 커플에게 One Bedroom Suite with Kitchenette을 추천한다.

주소 2425 Kuhio Ave., Honolulu, HI 96815 주차 $25/day 기타 어메니티 피 $25/day, 객실과 로비에서 사용 가능한 인터넷 서비스, 아쿠아 스파, 폭포 시설을 보유한 해수 수영장, 제트 스파, 사우나 시설 이용 가능. 전화 808-922-7777 홈페이지 www.aquabamboo.com 예약 Aqua Hotels & Resorts GSA 한국 사무소 02-317-8710 · 8730 (fax) 02-755-9758 지도 p.78 F

애스톤 와이키키 비치 호텔 Aston Waikiki Beach Hotel

브랙퍼스트 온 더 비치를 즐길 수 있는 호텔

와이키키 비치 바로 앞에 위치한 발랄한 인테리어로 가득한 호텔이다. 화려하고 독특한 룸은 대부분 오션 뷰로, 와이키키 비치가 시원하게 내려다 보인다. 애스톤 와이키키 비치 호텔은 '브랙퍼스트 온 더 비치'라는 아침 식사 프로그램으로 유명한데 콘티넨털 스타일 조식을 깜찍한 가방에 담아 비치에서 아침을 즐길 수 있다. 이른 오전 풀사이드에서는 감미로운 하와이안 음악과 훌라 공연이 펼쳐진다. 룸이 작은 편이기 때문에 아이들과 함께한다면 디럭스 룸 이상을 예약하는 것이 좋다.

주소 2570 Kalakaua Ave., Honolulu, HI 96815 주차 발레파킹만 가능($30/day) 기타 어메니티 피 $25/day, 로비에서 무료 무선 인터넷 가능. 전화 800-877-7666 홈페이지 www.astonhotels.com 지도 p.79 K

알라 모아나 호텔 Ala Moana Hotel

알라 모아나 센터 바로 옆에 위치

세계 최대 규모의 야외 쇼핑몰인 알라 모아나 센터에서 쇼핑을 하다 보면 지치기 마련! 이럴 때 가장 가까운 호텔에서 머물 수 있다면 얼마나 편리할까? 아웃리거 계열의 호텔인 알라 모아나 호텔은 알라 모아나 센터와 바로 연결되어 있으며 한국 관광객들이 자주 찾는 월마트, 코리안 타운과도 인접해 있다. 대표 관광지인 와이키키와는 약 1.6km 이내의 거리여서 더 버스(The Bus)를 이용하거나 산책 삼아 걸어갈 수 있다. 알라 모아나 호텔은 이밖에도 와이키키보다는 여유로운 분위기로 여가를 즐길 수 있는 알라 모아나 비치 파크나 하와이 컨벤션 센터와도 가까워서 비즈니스를 위한 방문객에게도 안성맞춤인 곳이다.

알라 모아나 호텔에서는 각종 레스토랑, 나이트클럽, 수영장, 피트니스 센터, 회의 시설 등의 더욱 다양해진 부대시설을 경험해 볼 수 있다.

주소 410 Atkinson Dr., Honolulu, HI 96814 주차 셀프 파킹 $20/day, 발레파킹 $25/day. 기타 리조트 피 $25, 호텔 로비에서 무료 무선 인터넷 가능, 일간 신문 무료 제공. 전화 808-955-4811 홈페이지 kr.alamoanahotel.com 지도 p.77 K

MAPECODE 22130

아쿠아 스카이라인 앳 아일랜드 콜로니 Aqua Skuline at Island Colony

아름다운 시티 뷰를 조망하는 객실

와이키키에서 가장 높게 솟은 빌딩으로 편리한 시설과 합리적인 가격으로 무장한 스튜디오 스타일의 호텔이다. 아일랜드 콜로니는 냉장고와 전자레인지, 오븐 등을 완벽하게 갖춘 키치네트와 더불어 거실과 침실이 따로 분리되어 있어 여러 가족이 함께 오거나 장기 투숙을 하는 이들에게 최상의 선택이다. 특히 와이키키뿐 아니라 알라 와이 운하와 다이아몬드 헤드까지 한눈에 들어오는 시티 뷰는 밤이 되면 더욱 아름답게 빛이 난다. 넓은 수영장과 선데크, 사우나, 세탁기 등 다양한 편의 시설도 아일랜드 콜로니만의 강점이다. 편리한 위치와 최상의 시설, 합리적인 가격이라는 트리플 조합이 많은 관광객들에게 매력적으로 다가온다. 와이키키 비치까지 도보로 10분 걸린다.

주소 445 Seaside Ave., Honolulu, HI 96815 주차 셀프 주차 가능($18/day). 기타 어메니티 피 $20/day, 로비에서 무료 인터넷 가능, 룸에서는 유료 무선 인터넷 가능. 일간 신문 무료 제공. 전화 808-954-7411 홈페이지 www.skylineislandcolony.com 예약 Aqua Hotels & Resorts GSA 한국 사무소 02-317-8710 · 8730, (fax) 02-755-9758 지도 p.78 F

MAPECODE 22131

아쿠아 와이키키 펄 Aqua Waikiki Pearl

애완견과 함께 투숙할 수 있는 호텔

식당과 상점이 즐비한 와이키키 중심부에 자리 잡고 있는 이곳은 최근에 리노베이션을 하여 전 시설이 깔끔하게 잘 정리되어 있다. 와이키키 비치까지 걸어서 5분 정도면 갈 수 있으며 맞은편에 인터내셔널 마켓 플레이스가 위치하고 있다.

룸은 전체적으로 깨끗하고 넓으며 키친을 구비한 스위트룸은 침실이 두 개로 나뉘어져 있어 아이를 동반한 여행객이나 대가족에게 적당하다. 룸에서 무료 무선 인터넷 사용이 가능하며 냉장고, 전자레인지, 커피메이커 등을 갖추고 있다. 대부분의 하와이 호텔이 애완견을 데리고 오지 못하게 하는데 비해 와이키키 펄 호텔은 애완견과 함께 투숙할 수 있는 서비스를 제공하고 있다. 호텔 1층에는 대형 LCD TV를 갖춘 유명 스포츠펍인 '레전드'가 위치한다.

주소 415 Nahua St., Honolulu, HI 96815 주차 셀프 주차만 가능($35/day). 기타 호텔 로비에서 무료 무선 인터넷 가능, 객실에서는 유선 인터넷 무료 가능, 일간 신문 무료 제공, 코인 세탁, 로비 내 imac 컴퓨터 비치. 전화 808-922-1616 홈페이지 www.aquaresorts.com 예약 Aqua Hotels & Resorts GSA 한국 사무소 02-317-8710 · 8730, (fax) 02-755-9758 지도 p.78 F

파크 쇼어 와이키키 Park Shore Waikiki

라나이에서 선셋 온 더 비치 감상

한국인에게는 잘 알려져 있지 않지만 하와이를 자주 찾는 이들에게 입소문이 난 유명한 호텔이다. 카피올라니 공원과 와이키키 비치 앞에 위치하기 때문에 다양한 액티비티와 놀이를 즐기기에 좋다. 특히 다이아몬드 헤드와 와이키키 비치를 동시에 볼 수 있는 환상적인 뷰는 파크 쇼어에 또 다시 묵고 싶게끔 한다. 작지만 럭셔리한 수영장과 선데크를 이용할 수 있으며 인터넷은 요청하면 유무선 인터넷 접속기를 대여해 주기 때문에 룸에서도 마음껏 사용할 수 있는 등 편의 서비스가 잘 되어 있다. 한편 선셋 온 더 비치가 열릴 때는 굳이 비치까지 가지 않더라도 라나이에 앉아 맥주 한잔을 하며 영화를 즐기는 것은 파크 쇼어에서만의 특권이다. 호텔 스태프는 전체적으로 친절하고 액티비티 센터가 있어 다양한 즐길거리를 예약하기 수월하다.

룸은 다소 작기 때문에 연인이나 3명 이하의 가족이 묵기에 적당하다.

주소 2586 Kalakaua Ave., Honolulu, HI 96815 주차 발레파킹만 가능($28/day). 기타 어메니티 피 $25/day, 호텔 로비에서 무료 무선 인터넷 가능, 일간 신문 무료 제공. 전화 808-954-7426 홈페이지 www.parkshorewaikiki.com 예약 Hotels & Resorts GSA 한국사무소 02-317-8710 · 8730, (fax) 02-755-9758 지도 p.79 K

홀리데이 인 와이키키 비치콤버 Holiday Inn Waikiki Beachcomber

리노베이션으로 깔끔한 호텔

많은 레스토랑과 다양한 상점이 있는 와이키키 중심부에 위치하고 있어 도보로 어디든지 갈 수 있다. 최근 리노베이션을 하여 전체적인 룸은 군더더기 없이 깔끔하다. 바로 옆에 T 갤러리아와 로열 하와이안 쇼핑센터가 있어 밤늦게까지 쇼핑을 즐기기에도 좋다.

주소 2300 Kalakaua Ave., Honolulu, HI 96815 주차 발레파킹만 가능($35/day). 기타 리조트 피 $20 전화 808-922-4646 홈페이지 www.waikikibeachcomberresort.com 지도 p.78 J

홀리데이 인 익스프레스 와이키키 Holiday Inn Express Waikiki

실속 있는 가격의 중저가 호텔

대규모 리노베이션을 걸쳐 기존 마일 스카이 코트에서 홀리데이 인 익스프레스 와이키키로 재탄생했다. 와이키키 비치에서 3블록 정도 떨어져 있지만 44층의 고층 빌딩으로 와이키키의 스카이라인과 바다가 모두 보인다. 아침 식사를 무료로 제공하며 피트니스 센터뿐 아니라 오락용 Wii와 TV가 갖춰진 키즈 게임 룸이 있어 합리적인 가격으로 다양한 편의 시설을 이용할 수 있다. 객실은 다소 좁은 편이지만 깔끔하게 단장했기 때문에 쾌적한 룸 컨디션을 자랑한다. 로비에 있는 액티비티 센터에서는 투숙객 모두에게 $50짜리 액티비티 쿠폰을 제공하며 선셋 크루즈, 폴리네시아 문화 센터, 하와이안 루아루 등 다양한 프로그램을 할인받은 가격으로 이용할 수 있다.

주소 2058 Kuhio Ave., Honolulu, HI 96815 주차 $29 전화 808-947-2828 홈페이지 www.ihg.com/holidayinnexpress/hotels/us/en/honolulu/hnlka/hoteldetailm 지도 p.78 E

애스톤 와이키키 서클 호텔 Aston Waikiki Circle Hotel

맥도날드 바로 옆, 가격 대비 최고의 위치

와이키키 비치 한 가운데에 독특한 원형 건물로 지어져 랜드마크 역할을 하는 호텔로 대부분 룸이 파셜 오션 뷰이거나 오션 뷰이기 때문에 가격 대비 좋은 위치를 선호하는 여행객에게 추천한다. 룸은 전체적으로 깨끗하고 시원한 느낌이며 와이파이와 DVD를 무료로 이용할 수 있다. 또 모래 놀이를 위한 모래 버킷이나 삽 등을 무료로 빌려 주고 각종 비치용품도 대여가 가능하니 프런트 데스크에 문의하도록 하자.

주소 2464 Kalakaua Ave, Honolulu, HI 96815 주차 $22 기타 어메니티 피 $25/day 전화 855-291-7779 홈페이지 www.astonwaikikicircle.com 지도 p.78 J

아울라니 디즈니 리조트 & 스파 Aulani Disney Resort & Spa

하와이에서 펼쳐지는 디즈니의 마법

오아후에 오픈한 디즈니 리조트는 세계 최초로 워터파크와 리조트를 조합한 새로운 개념의 놀이 공간이다. 아울라니(Aulani)의 뜻이 '추장의 전령'인 만큼 디즈니사는 하와이의 고유의 문화를 이곳에 담기 위해 노력했다. 아울라니 디즈니 리조트는 디즈니사의 다른 테마파크와 달리 폴리네시안 분위기와 아름다운 해변이 절묘하게 조합된 하와이다운 느낌을 강하게 풍긴다.

객실은 아웃리거 카누를 형상화한 조각이나 하와이안 퀼트 등으로 꾸며져 고풍스럽고 웅장한 동시에 편안하고 아늑한 분위기를 자랑한다. 객실을 둘러싼 인공 수영장은 다양한 시설을 갖추고 있는데 와이콜로헤 풀은 터널 바디 슬라이드, 디즈니 캐릭터 파티 수영장, 청소년 전용 풀 등 남녀노소 모두가 즐거워하는 시설을 한데 모았다. 오아후에서 유일하게 개별적인 스노클링을 할 수 있는 레인보우 리프에서는 다양한 바다 생물을 만날 수 있으며 유리창을 통해 관찰할 수도 있다. 이 밖에도 월풀스파와 해양 생물을 관찰할 수 있는 공간이 마련되어 있다. 아울라니 리조트 앞에 펼쳐진 코 올리나 해변은 조용하고 평화로운 휴식을 즐기기에 제격이다. 전 세계의 관광객들의 관심을 받고 있는 곳이므로 예약을 서두르는 것이 좋다.

주소 92-1185 Ali'inui Dr., Kapolei, HI 96707 교통 호놀룰루 국제공항에서 H1 W 도로를 탄 후 HI-93 W(Farrington Hwy)를 따라 코 올리나 램프로 나와 알리누이 드라이브(Aliinui Dr.)를 우회전한다. 주차 $37 전화 866-443-4763 홈페이지 www.disneyaulani.com 지도 p.48 N

Travel Tip

아울라니 디즈니 리조트 VS 와이키키, 어디로 가야 할까?

아울라니 디즈니 리조트는 숙박 시설과 워터파크, 부대시설을 완벽하게 갖추었지만 와이키키와 멀리 떨어져 있다는 단점이 있다. 하지만 어린이를 동반한 가족 단위 관광객이라면 오히려 복잡하고 화려한 와이키키보다 아울라니 디즈니 리조트에서 더 큰 만족감을 얻을 수 있다. 아울라니 디즈니 리조트는 어린이들을 위한 다양한 프로그램이 운영되고 있어 어른들은 따로 휴식을 취하면서 아이들을 맘껏 놀게 할 수 있는 장점을 가지고 있으며 부대 식당 역시 최고 수준으로, 굳이 와이키키에 나가지 않더라도 하와이의 매력을 충분히 느낄 수 있다. 또한 밤에는 디즈니 영화 감상 등 야간 프로그램을 운영하기 때문에 해가 지면 어린이들이 갈 곳을 잃는 와이키키와 달리 알찬 휴가를 즐길 수 있다. 그러나 쇼핑이나 주변 관광을 목적으로 하는 관광객이라면 쇼핑 시설이 밀집되어 있고 교통이 편리한 와이키키 지역이 훨씬 유리하다.

🏨 그 밖의 호텔 간단 리뷰

●**쉐라톤 와이키키 호텔** 인피니티 풀로 유명하며 풀에는 늘 사람이 북적거린다. 아이를 동반한 투숙객에게는 단연 인기 있는 호텔. 와이키키 최대 규모인 만큼 조용한 휴식과는 거리가 멀다는 것이 단점.

●**쉐라톤 프린세스 카울라니 호텔** 가격 대비 위치는 최상급. 해변까지 도보로 3분이며 와이키키 메인에 위치해 있다. 하지만 룸이 낡고 어둡다는 평이 많다.

●**모아나 서프라이더** 와이키키의 상징적인 호텔로 역사적 유물이기도 하다. 와이키키 정면의 최상의 자리에 위치한 가장 클래식한 호텔. 그러나 관광객들로 늘 북적이는 로비와 오래되고 작은 룸이 단점.

●**아웃리거 와이키키 온 더 비치** 해변과 칼라카우아 애비뉴를 끼고 있어 인기가 많다. 서비스 및 프로그램도 다양하여 아이 동반 투숙객들도 많다. 단점이라면 다른 대형 체인 계열에 비해 푹신푹신한 침대가 아니다.

●**더 로열 하와이안 핑크 호텔** 우리나라 연예인들이 많이 묵어 유명세를 타기도 했다. 외관처럼 내부도 핑크 일색. 본관 객실은 층이 낮고 라나이가 없어 조금 답답한 느낌이 든다.

●**하얏트 리젠시 와이키키 비치 리조트** 와이키키 한 가운데 높게 솟은 두 동의 타워로 누구나 지나가면서 만나게 된다. 룸 컨디션에 비해 약간 높은 가격은 아마도 위치 때문일 듯.

●**하얏트 플레이스 와이키키** 하얏트가 인수하여 재오픈한 호텔로, 중저가 호텔 중 좋은 위치, 좋은 가격, 괜찮은 서비스를 제공한다. 뷰를 크게 중요하게 생각하지 않는다면 합리적인 호텔.

●**할레쿨라니** 오아후 최고의 호텔로 꼽힌다. 특히 일대일 서비스는 굉장히 유명한데 그에 비해 룸은 럭셔리하다는 느낌은 들지 않는다.

●**와이키키 리조트 호텔** 대한항공 계열의 호텔로, 대한항공 승무원들이 많다. 리노베이션을 했지만 룸 컨디션은 보통. 위치 면에서는 추천할 만하다.

●**와이키키 파크** 할레쿨라니의 자매 호텔로 할레쿨라니 뒤편에 위치한다. 럭셔리하다는 느낌보다는 모던한 호텔.

●**와이키키 비치 매리어트 리조트** 위치나 가격, 부대시설 모두 괜찮지만 매리어트라는 이름에 비해 룸이 매우 낡았다.

●**카이마나 비치 호텔** 호텔보다 브런치 레스토랑인 '하우 트리 라나이'가 더 유명하다. 마니아를 보유하고 있는 호텔로 룸이 많지 않아 미리 예약을 해야 한다.

●**트럼프 인터내셔널 호텔 – 와이키키 비치 워크** 와이키키에서 가장 모던하고 넓은 룸에서 지내길 원한다면 추천한다. 최근에 지은 만큼 깨끗하고 세련되었고 전 객실에 주방 시설이 있어 아이를 동반한 가족 여행객에게는 최상. 단점이라면 와이키키 메인이 아닌 비치 워크에 위치한 점.

●**힐튼 와이키키 프린세스 쿠히오** 호텔보다는 무한도전에도 나왔던 어마어마한 팬케이을 파는 맥 24-7로 유명한 곳. 룸, 서비스, 위치 모두 10점 만점 중 8점 이상.

●**힐튼 하와이안 빌리지** 와이키키에서 약간 떨어진 곳에 위치한 대형 리조트. 아이를 동반한 가족 여행객들에게 최고 인기. 특히 힐튼 그랜드 버케이션은 콘도미니엄형으로 프로모션과 함께 하면 합리적인 가격으로 투숙할 수 있다. 역시 큰 만큼 안락함과는 거리가 멀다는 것이 단점.

●**더 모던 호놀룰루** 전체적으로 화이트 계열의 깔끔한 호텔. 최근에 오픈한 만큼 룸 사이즈도 넉넉하고 깨끗하다. 와이키키와 다소 멀며 비치까지 접근성이 떨어진다.

●**할레코아** 현역 군인들과 은퇴 군인들을 위한 시설로 일반인들은 들어갈 수 없다.

●**더 카할라 리조트** 이영애가 결혼식을 올린 곳으로 유명한 곳. 와이키키에서 떨어진 고급 단지에 위치해 있어 와이키키의 소란스러움에서 벗어나고픈 커플들에게 추천. 라군에서 지내는 돌고래를 만나는 프로그램도 단연 인기. 최대 단점은 가격이 비싸다는 것.

●**터틀 베이 리조트** 노스 쇼어 끝 쪽에 위치한 대형 리조트 단지. 주로 골프를 즐기려는 본토 사람들이 많이 방문한다. 오아후를 여러 번 방문했다면 터틀 베이 리조트에서 지내 보는 것도 색다른 재미.

하와이 호텔 비딩하기 Hawaii Hotel Bidding

■ 호텔 비딩이란?

호텔을 역경매 방식으로 구매하는 것을 말한다. 일반
적으로 물건을 내놓으면 가격을 불러 경매하는 것과
반대로 물건을 사고자 하는 사람이 가격을 제시하면
업체가 승인을 해주는 방식이다.

호텔의 입장에서는 객실 투숙률을 높이기 위해 예
약이 되지 않은 객실을 합리적인 가격에 살 수 있
다. 이 때문에 1박에 $450인 호텔도 역경매 방식을
통해 $100~150에 낙찰받을 수 있는 행운을 누릴

수 있다. 하지만 역경매 방식이다 보니 몇 가지 제한사항들이 있으므로 반드시 확인해야 한다.

POINT1 지역과 등급을 선택한다.

비딩은 특정 호텔을 선택할 수 없기 때문에 지역과 등급을 잘 선택해야 한다. 오아후에서는 일반적으로
와이키키 비치 지역과 리조트 등급을 선택하며 실패할 경우 다시 와이키키 비치 지역, 리조트 등급과 5
성급을 선택한다.

POINT2 특정 뷰를 선택할 수 없다.

신혼여행 시 선호하는 오션뷰나 파셜 오션뷰 등 특정 뷰를 선택할 수 없다. 일반적으로 비딩으로 낙찰
되는 룸은 시티뷰 하버뷰 등으로 가장 낮은 등급의 뷰가 책정되는 것이 보통이다. 종종 현지에서 뷰를
업그레이드하는 경우도 있으나 보장되지 않으므로 특별한 뷰를 원한다면 일반적인 예약 경로가 낫다.

POINT3 전체적인 가격을 잘 비교한다.

조식이 포함되어 있지 않으므로 호텔 조식 쿠폰을 따로 구매해야 한다. 또한 세금과 리조트 피(Resort
fee), 서비스 요금, 주차 요금 등이 포함되어 있지 않으므로 전체적인 가격을 잘 비교해야 한다.

POINT4 환불은 할 수 없다.

비딩은 한 번 낙찰되면 환불은 99% 불가능하다. 드물게 투숙을 할 수 없는 결정적 장애나 상황이 발생
했을 때 확인서 등을 제출하면 환불이 가능하지만 매우 어려우므로 미리 많은 검색과 공부를 통해 신중
하게 비딩하도록 한다.

■ 호텔 비딩 시도해 보기

STEP1 일반적인 비딩 사이트인 프라이스 라인(www.priceline.com)을 접속하여 회원 가입을 한다. 우리나라처럼 주민번호 등을 요구하지 않으므로 이메일 주소와 이름만 넣으면 된다. 이와 동시에 신용카드 정보도 등록해야 하는데 비딩과 동시에 결제가 이루어지므로 해외 사용이 가능한 카드를 준비한다.

STEP2 투숙할 날짜와 필요한 룸의 수를 기입하고 도시는 오아후의 경우 Honolulu, HI USA를 선택한다.

STEP3 원하는 호텔 지역을 선택한다. 호텔 등급은 원하는 등급을 선택하되 낮은 등급의 호텔은 위치나 시설이 열악할 수 있으므로 리조트를 선택하는 것이 좋다.

STEP4 원하는 비딩 금액과 이름을 입력하고 비딩을 시도한다. 오아후 와이키키 지역의 경우 하얏트, 매리어트, 쉐라톤 와이키키 등이 자주 낙찰되며 낙찰 가격은 $85~150 선이다. 미리 해당 호텔의 일반적인 가격을 알아보고 비딩을 시도하도록 하자. 처음부터 높은 가격을 쓸 필요는 없으며 적정한 가격 선에서 $3씩 높이는 것이 일반적이다.

STEP5 비딩 버튼을 누르고 결과를 기다린다. 비딩이 되면 비딩이 성사되었다고 나오고 실패할 경우 다시 시도하면 된다. 재시도를 할 때에는 호텔의 지역이나 등급을 바꾸게 되는데 일반적으로 와이키키 지역으로 할 경우 5성급을 다음으로 선택하게 된다. 등급을 낮추면 비딩이 쉽게 될 수는 있으나 호텔의 상태를 장담할 수 없으므로 특별한 경우가 아니라면 선택하지 않는 것이 좋다.

STEP6 실패할 경우 24시간 후 도전하거나 새로운 이메일 주소와 신용카드로 아이디를 만들어 다시 시도한다. 하루에 한 번 시도할 수 있다.

STEP7 비딩은 단시간에 성공하려고 하다 보면 실패할 확률이 높으므로 시간적 여유를 두고 며칠에 걸쳐 조금씩 가격을 올리거나 현 가격을 유지하는 것이 가장 좋은 방법이다.

STEP8 마우이 지역의 경우 고급 호텔과 리조트가 밀집되어 있는 카아나팔리와 와일레아 지역을 선택한다.
Ka'anapali – Lahaina+ Resorts / Wailea – Makena + Resorts

Maui
마우이

핑크빛 연인들의 섬

미국뿐 아니라 세계적인 여행 잡지에서 '최고의 섬'으로 청송받는 마우이는 호리병 모양으로 신비하게 생긴 섬의 모양만큼이나 무한 감동의 순간으로 우리를 안내한다. 마우이에는 그림처럼 이어지는 하얀 모래사장과 눈부신 바다, 세계 최대의 휴화산 할레아칼라 등 때 묻지 않은 자연과 아기자기한 거리, 그리고 소박한 미소가 가득하다.

마우이를 크게 나누면 관광객을 위한 편의 시설이 가득한 서남쪽 지역과 아직 사람의 손이 거의 닿지 않은 북동쪽 지역으로 나눌 수 있는데, 짧은 일정이라도 어느 지역 하나 놓칠 수 없을 정도로 상반된 매력을 지니고 있다.

첫날은 주로 바닷가와 리조트, 라하이나 지역을, 둘째·셋째 날은 할레아칼라와 하나 가는 길을 둘러보는 것이 합리적이다. 일상의 각박함과 바쁜 생활은 잠시 뒤로하고 달콤하고 로맨틱한 마우이로 떠나 보자.

마우이 섬에서 꼭 체험해 봐야 할 것 **BEST 3**

ALOHA

❶ 몰로키니에서의 스노클링
❷ 할레아칼라 정상에서 맞이하는 해돋이
❸ 라하이나 프런트 스트리트에서 맞는 낭만적인 해넘이

파이톨로 해협
Pailolo Channel

호노코하우
Honokohau

렌터카 주행 불가 지역

DT 플레밍 비치 파크
DT Fleming Beach Park

메리맨 마우이 ℝ
Merriman's Maui

카팔루아 빌라스 인 마우이 ℍ
Kapalua Villas in Maui

카하쿨로아
Kahakuloa

나필리 베이
Napili Bay

카팔루아
Kapalua

카하나
Kahana

카팔루아 웨스트 마우이 공항 ✈
Kapalua West Maui Airport

340

카아나팔리

호노코와이
Honokowai

웨스트 마우이
West Maui

와이헤에 강
Waihee River

와이헤
Waihee

카훌루이 베이
Kabului Bay

마마스 피쉬 하우스 ℝ
Mama's Fish House

36

카아나팔리
Kaanapali

푸우 쿠쿠이 산
Puu Kukui

와이에후
Waiehu

마우이 관광청 ℹ

카훌루이
Kahului

카훌루이 공항 ✈
Kahului Airport

라하이나

와일루쿠
Wailuku

타일랜드 퀴진 ℝ
Thailand Cuisine

라하이나
Lahaina

이아오 밸리 주립 공원
Iao Valley State Park

와이카푸
Waikapu

30

마우이 트로피컬 플랜테이션 ⬡
Maui Tropical Plantation

370

380

30

올로왈루
Olowalu

마알라에아
Maalaea

310

311

모쿨레레 하이웨이
Mokulele Hwy.

호노아피이라니 하이웨이
Honoapiilany Hwy.

아우아우 해협
Auau Channel

마일라에아 베이
Maalaea Bay

키헤이

키헤이
Kihei

이스트 마
East Ma

고래 보는 포인트
Papawai Point

카마올레
Kamaole

와일레아
마케나

몰로키니 섬
Molokini

와일레아
Wailea

울루팔라쿠아
Ulupalakua

마케나
Makena

빅 & 리틀 비치 ☂
Big & Little Beach

테데스키 와이너
Tedeschi Winer

사우스 마케나 로드
South Makena Rd.

렌터카 주행 불가 지역

알랄케이키 해협
Alalkeiki Channel

케오네오이오
Keoneoio

M

N

카호올라웨 섬
Kahoolawe

카나모우 베이
Kanapou Bay

카모히오 베이
Kamohio Bay

와이피오 베이
Waipio Bay

울루말루
Ulumalu

카우파쿨루아
Kaupakulua

카일루아
Kailua

하나 가는 길
Rd. to Hana

코코모
Kokomo

마가와오
Makawao

카일루아 강
Kailua River

카우마히나 주립 공원
Kaumahina State Park

와일루아
Wailua

나히쿠
Nahiku

하나 공항
Hana Airport

쿨라 롯지 앤 레스토랑
Kula Lodge & Restaurant

국립 공원 사무소
Park Hdqtrs.

호스머 그루브
Hosmer Grove

렐레이위 전망대
Leleiwi Overlook

칼라하쿠 전망대
Kalahaku Overlook

할레아칼라 하이웨이
Haleakala Hwy.

식물원
nical Garden

푸우 울라울라 전망대
Puu Ulaula Overlook

할레아칼라 방문객 센터
Haleakala Visitor Center

할레아칼라 국립 공원
Haleakala National Park

와이아나파나파 주립 공원
Waianapanapa State Park

하나 비치 파크
Hana Beach Park

하나
Hana

카아후마누 탄생지
Birth Place of Kaahumanu

하나 박물관
Hana Museum

하세가와 제너럴 스토어
Hasegawa General Store

하모아
Hamoa

와일루아 폭포
Wailua Falls

무올레아
Muolea

성모 마리아 상
Virgin Mary

코알리
Koali

오헤오 협곡
Oheo Gulch

렌트카 주행 불가 지역
키파훌루
Kipahulu

피일라니 하이웨이
Piilani Hwy.

카우포
Kaupo

모칼라우
Mokalau

누 베이
Nuu Bay

알레누이하하 해협
Alenuihaha Channel

0   5km

185

🔴 마우이로 이동하기

한국에서 마우이로 바로 연결되는 직항 노선이 없기 때문에 좋으나 싫으나 오아후 호놀룰루 국제공항에서 환승해야 한다. 그래서 대부분의 관광객이 오아후와 마우이를 함께 방문하는 여행 일정을 선호한다.

주내선 이용하기

마우이에는 메인 공항인 카훌루이 공항과 주로 통근자들을 위한 커뮤터 공항인 카팔루아 웨스트 마우이 공항, 하나 공항이 있는데 호놀룰루와 카훌루이 공항 간의 항공편이 가장 많으므로 카훌루이 공항을 이용하는 것이 좋다. 카팔루아 공항은 리조트 지역과 비교적 가까이 있지만 취항하는 횟수가 적다.

호놀룰루 국제공항에 도착하면 인터아일랜드 터미널로 이동하여 항공사 카운터에 항공권과 여권을 제시한 후 체크인을 하면 되는데 하와이안 항공의 경우 부치는 수화물의 개수에 따라 비용을 지불해야 하지만 국제선을 이용했을 경우에는 1인당 23kg짜리 2개까지 무료로 맡길 수 있다. 일반적으로 출발 15분 전부터 탑승을 시작하며 비행기가 작아서 탑승 과정이 굉장히 빠르게 진행된다. 시간에 맞춰 대기하도록 하자.

호놀룰루 국제공항에서 마우이 카훌루이 공항까지는 30분 정도밖에 걸리지 않기 때문에 타자마자 벨트를 메고 승무원이 나눠 주는 하와이산 프레시 주스를 한 잔 마시면 몰로카이와 라나이를 지나 호리병 모양의 마우이 섬이 한눈에 들어온다. 비행기가 높은 고도까지 올라가지 않아 비행 내내 하와이 섬의 절경을 즐길 수 있으니 창가 자리에 앉도록 하자.

🔴 공항에서 리조트 지역으로 이동하기

카훌루이 공항에서 대중교통을 이용해 리조트 지역에 들어가기란 매우 어렵기 때문에 대부분의 관광객은 렌터카를 이용하지 않는다면 셔틀버스나 택시로 이동하게 된다. 셔틀 버스는 스피디 셔틀이 가장 대표적이며 차량 1대당 가격으로 움직이므로 인원 수가 많을수록 저렴하다. 일반적으로 와일레아는 1인 $20~, 카아나팔리는 $30~, 카팔루아는 $30~40선이다. 온라인으로도 예약이 가능하다.

택시의 경우 와일레아 지역은 $60 이상이며 카아나팔리나 카팔루아는 $100 정도는 예상해야 한다.

홈페이지 www.speedishuttle.com

🚌 마우이의 교통수단

➲ 렌터카

마우이에서 운영하는 공공버스가 있긴 하지만 배차 간격이 1시간 이상 되고 노선이나 스케줄이 자주 변경되기 때문에 일반 관광객들이 이용하기에는 매우 불편하다. 또한 오아후의 와이키키처럼 한곳에 모든 것이 밀집되어 있어서 대중교통으로 마우이를 관광한다는 것은 거의 불가능하다. 리조트 내에서만 일정을 보낼 것이 아니라면 렌터카는 선택이 아닌 필수다. 짐을 찾아 공항 밖으로 나오면 주요 렌터카 업체들의 카운터가 보이는데 이곳에서 체크인(check-in) 등 모든 서류 작업을 마치고 렌터카 셔틀을 타고 이동하여 차량을 픽업(pick-up)하면 된다. 렌터카 회사에 따라 바로 렌터카 셔틀을 타고 이동하여 그곳에서 체크인과 픽업이 이루어지기도 한다.

(렌터카 관련 자세한 내용은 '오아후 편' 참고)

마우이에서 운전하기

POINT 1 마우이 섬의 도로번호.

마우이 섬의 도로는 300번대 도로와 30번대 도로로 이루어져 있는데 도로 번호는 31번에서 311번, 또는 36번에서 360번식으로 가다가 바뀌기도 한다. 놀랍도록 단순하기 때문에 심각한 길치가 아니라면 기본적인 지도만으로도 충분히 운전할 수 있다.

POINT 2 렌터카 계약서 조건을 잘 확인하자.

렌터카 회사마다 렌터카 주행 금지 구역을 지정해 놓았는데 도로 포장이 제대로 되어 있지 않아 차량에 손상이 갈 수 있기 때문이다. 렌터카 주행 금지 구역을 운전하다가 차량에 문제가 생길 경우 렌터카 회사에서 운전자에게 책임을 돌리고 손해 배상을 요구하기도 하므로 계약서 조건을 반드시 확인하도록 하자. 업체마다 다르지만 일반적으로 31번 도로의 남부인 누 베이(Nuu Bay)~키파훌루(Kipahulu) 구간, 340번 도로의 호노코하우(Honokohau)~와이헤(Waihee) 지역을 렌터카 주행 금지 구역으로 계약서에 명시해 놓았다.

POINT 3 일차선 다리에서는 다리쪽으로 진입한 차량이 우선이다.

마우이에서도 특히 '하나 가는 길'에는 일차선 다리(one lane Brdg)가 많이 있는데 일차선 다리에서의 원칙은 먼저 다리 쪽으로 진입한 차량이 우선이다. 때문에 반대편에서 차량이 먼저 진입할 경우 한쪽으로 비켜서서 차량이 지나갈 수 있도록 기다려야 하며 반대의 경우에는 머뭇거리지 말고 지나가자.

POINT 4 운전 중에는 한눈팔지 말자.

30번 도로와 340번 도로는 해안을 따라 이어져 있어 드라이브하기에 너무나도 아름다운 도로지만 마우이에서 가장 사고가 많이 나는 지역이기도 하다. 특히 겨울철에는 고래 구경을 한다고 한눈파는 운전자가 많은데 커브가 심하고 차량들이 빠른 속도로 달리므로 절대 운전에 집중해야 한다. 바다 구경은 반드시 차를 정차시킨 후 하도록 하자.

4

카팔루아~카아나팔리
Kapalua~Kaanapali

일 년 내내 관광객으로
가득한, 마우이에서도
가장 붐비는 곳

3

카훌루이~와일루쿠
Kahululi~Wailuku

마우이에 오는
사람이라면 누구나
지나게 되는 마을

2

하나 가는 길
Rd. to Hana

때 묻지 않은 자연과
소박한 사람들이
아름답게 조화를 이루며
살아가는 곳

마우이 드라이브 이동 시간

시간

카팔루아
Kapalua

카팔루아 웨스트 마우이 공항
Kapalua West Maui Airport

15분   55분

40분

40분

이나
ina

카훌루이
Kahului

카훌루이 공항
Kahului Airport

와일루쿠
Wailuku

25분

마알라에아
Maalaea

30분

키헤이
Kihei

30분

와일레아
Wailea

30분

마케나
Makena

카일루아
Kailua

와일루아
Wailua

하나 공항
Hana Airport

2시간 30분

2시간 30분

할레아칼라 국립 공원
Haleakala National Park

하나
Hana

5

라하이나
Lahaina

9세기 하와이 번성기
모습이 그대로 남아
있는 고즈넉한
항공 도시

6

키헤이
Kihei

중저가의 호텔과
리조트가 이어져 있어
합리적인 관광객들이
많이 찾는 지역

7

와일레아~마케나
Wailea~Makena

세계의 부호들이
즐겨 찾는 마우이 최고의
럭셔리 리조트 지역

1

할레아칼라 국립 공원
Haleakala National Park

세계에서
가장 큰 휴화산

할레아칼라

Haleakala National Park

● 마우이 여행의 하이라이트. 할레아칼라 주변 전체가 국립공원으로 이루어져 있어 이곳에서만 반나절 이상을 투자해야 할레아칼라를 제대로 즐길 수 있다. 특히 높이 3,000m가 넘는 거대한 휴화산에서 맞이하는 일출은 평생 잊지 못할 순간이 될 것이다.

MAPECODE 22201

할레아칼라 국립 공원 Haleakala National Park

세계에서 가장 큰 휴화산

'태양의 집'이라는 뜻을 가진 할레아칼라는 세계에서 가장 큰 휴화산으로, 뉴욕의 맨해튼이 통째로 들어갈 정도이며 지름이 34km에 이른다. 250여 년 전 대분화를 마지막으로 기나긴 잠에 빠진 할레아칼라에는 마치 달과 같은 작은 분화구 구멍들이 있는데, 이 때문에 NASA의 우주 조종사들이 적응 훈련을 위해 이곳을 찾는다고 한다.

할레아칼라를 즐기는 가장 대표적인 방법은 바로 일출을 보러 가는 것이다. '태양의 집'이라는 이름답게 할레아칼라에서 마주하는 일출은 마치 태양을 처음 만난 것처럼 장엄하고 가슴 떨리는 광경이다. 손에 잡힐 것 같은 구름 사이로 옅은 붉은빛이 퍼지기 시작하다가 갑자기 정면으로 바라볼 수 없을 정도의 붉은 원형의 빛이 빠른 속도로 올라오는데, 태양의 에너지와 존재를 온몸으로 느낄 수 있어 평생 잊지 못할 순간이 될 것이다. 태양을 만날 수 있는 3,055m의 정상까지 차로 갈 수 있기 때문에 많이 걷거나 산을 오르는 일은 없다. 다만 몇 가지 주의 사항들을 사전에 숙지하고 준비해야 한다.

주소 Haleakala National Park, Kula, HI 96790 교통 37번 도로를 타고 가다가 377번으로 빠져서 직진, Creater Rd. 방면으로 좌회전해서 산길을 올라가면 된다. 시간 날씨가 좋지 않을 때를 제외하고 연중무휴 요금 승용차 1대당 $25, 1인 $12 / 2019년 무료 입장일 1월 21일, 4월 20일, 8월 25일, 9월 28일, 11월 11일 전화 808-572-4400 홈페이지 www.nps.gov/hale 지도 p. 185 K

할레아칼라 해돋이

POINT 1 할레아칼라 일출 예약하기.

세계적으로 유명한 국립 공원인 할레아칼라의 일출을 보기 위해서는 반드시 예약이 필요하다. 단, 오전 3시부터 오전 7시까지 출입에 한하며 다른 시간대, 즉 오전 7시 이후나 일몰을 보는 것은 예약이 필요하지 않다. 예약 요금은 차량 한 대당 $1.5이며 차 한 대당 입장료 $25는 입구에서 별도로 지불해야 한다. 홈페이지 www.recreation.gov에서 방문하기 60일 이전부터 예약이 가능한데, 하루에 150장의 티켓만 판매하기 때문에 최대한 빨리 예약을 하는 것이 좋다. 홈페이지에서 회원가입을 진행한 후 "HALEAKALA NATIONAL PARK SUMMIT SUNRISE RESERVATIONS"을 검색하여 원하는 날짜를 입력하고 Ticket Availability를 확인 후 예약을 진행한다. $1.5를 결제할 신용카드 정보를 입력한 뒤 결제가 완료되면 확인서를 이메일로 받아볼 수 있다. 할레아칼라 방문 시 이 확인서와 함께 본인임을 확인할 수 있는 여권 등의 ID를 반드시 지참하도록 한다.

POINT 2 해 뜨는 시간을 확인하자.

일반적으로 카훌루이에서 할레아칼라 정상까지는 2시간 30분, 와일레아에서는 3시간, 라하이나에서는 3시간 30분 정도 소요된다. 또한 주차하는 데 최소 30분 정도 소요되므로 호텔에서 적어도 새벽 2~3시에는 출발해야 정상에서 일출을 감상할 수 있다. 해 뜨는 시간을 잘못 계산하거나 조금 게으름을 피우면 산을 올라가는 중에 해가 떠 버린다. 홈페이지(www.nps.gov/hale/planyourvisit/sunrise-and-sunset.htm)나 전날 뉴스에서 해 뜨는 시간을 확인하고 최소한 해 뜨기 30분 전에 정상에 도착해야 한다.

POINT 3 겨울옷과 선글라스를 챙기자.

할레아칼라 정상은 지상보다 20℃ 이상 기온이 낮고 바람도 많이 불어 체감 기온은 영하 5~10℃ 가량 되기 때문에 두꺼운 점퍼와 긴 바지, 양말, 장갑, 모자 등을 반드시 챙겨야 한다. 한여름에 방문하더라도 겨울옷을 챙기는 것을 잊지 말자. 여름옷을 겹쳐 입어서 해결될 기온이 아니다. 반대로 일출을 보고 내려올 때는 강한 태양을 정면으로 마주 보며 내려와야 하기 때문에 선글라스가 없으면 운전을 하기 힘들 정도이다. 선글라스도 반드시 챙기자.

POINT 4 차의 기름과 간식거리를 챙기자.

할레아칼라 국립 공원 입구를 지나면 주유소도 식료품점도 없다. 차의 기름은 80% 이상으로 반드시 채우고 마실 물과 간단한 간식거리도 챙기도록 한다. 할레아칼라로 가기 전 마지막 마을인 푸칼리니에 24시간 주유소가 있다.

POINT 5 산소가 희박한 정상에 오를 때를 준비한다.

할레아칼라 정상은 고도 3천 미터 이상으로 산소가 희박하기 때문에 평소에 심장 질환을 앓고 있는 사람이나 임신부, 천식 환자, 호흡기 관련 문제가 있는 사람은 견디기 힘들 정도의 호흡 곤란을 겪을 수 있으므로 사전에 의사와 상의해야 한다. 정상적으로 건강한 사람이라도 숨이 가빠지고 가슴이 답답한 증상, 어지러움 등을 호소하기도 하는데 천천히 고도에 적응을 하면서 올라가는 것이 좋다.

POINT 6 주의 깊게 운전한다.

할레아칼라 국립 공원 입구에 들어서서 할레아칼라 크레이터 드라이브를 타게 되면 가로등과 같은 일체의 불빛이 없고 길이 굉장히 꼬불꼬불하기 때문에 주의 깊게 운전해야 하고 제한 속도를 지키도록 하자. 또 일출을 감상한 후 내려올 때는 하와이의 희귀새이자 기념물인 네네(Nene)가 다니므로 천천히 움직여야 한다. 또 할레아칼라는 약 2천여 종의 희귀 동식물들이 서식하는 곳이므로 곳곳에서 볼 수 있는 은검초(silversword) 등을 비롯한 하와이 토종 식물들을 만지거나 밟지 않도록 주의하자.

POINT 7 일정상 일출 보기가 어렵다면?

일정상 일출을 보는 것이 불가능하다면 여유 있게 낮에 드라이브를 가거나 낭만적인 일몰을 보러 올라가는 것도 방법이다. 할레아칼라를 둘러싼 구름 사이로 하루의 소명을 다 한 태양이 서서히 내려가는 모습도 일출과 같은 장관이다. 더불어 드라이브 길에 쏟아질 듯한 별들도 만날 수 있다.

POINT 8 투어 프로그램에 참여해도 된다.

렌터카를 가지고 올라갈 자신이 없다면 투어 업체의 프로그램을 이용해도 좋다. 보통 새벽 2~3시경에 호텔에서 픽업하여 할레아칼라 정상까지의 교통을 제공해 주며 두꺼운 방한복과 따뜻한 음료수를 제공하기도 한다. 내려올 때는 자전거를 타고 할레아칼라를 즐기는 다운힐 바이킹('마우이의 즐길거리' 참고)을 연계한 프로그램도 있다.

호스머 그루브
Hosmer Grove

캠핑과 피크닉을 위한 장소

공원 입구에 들어서자마자 보이는 곳이 호스머 그루브인데 캠핑과 피크닉을 위한 장소이자 1km가 채 안 되는 짧은 트레일이 있는 곳이다. 수풀이 우거진 길 사이로 이국적인 하와이 식물과 새를 감상하며 가볍게 돌아보기에 좋다. 하와이에서만 만날 수 있는 하와이 거위 네네(Nene)를 가장 많이 볼 수 있다. 또 5~9월 매주 금요일과 토요일 저녁 7시에는 '별 보기(Star Gazing)' 프로그램을 진행하는데 별을 보면서 별자리에 대한 친절한 설명도 덧붙여 준다. 자세한 일정은 할레아칼라 방문객 센터나 본부에 문의하면 된다.

지도 p. 185 K

렐레이위 전망대
Leleiwi Overlook

우아하게 펼쳐진 할레아칼라와 먼 바다를 한눈에

구름 가득한 할레아칼라의 모습을 제대로 볼 수 있는 곳으로, 할레아칼라 국립 공원 본부를 지나 길을 따라 올라가면 표지판이 보인다. 이곳 주차장에 차를 세우고 길을 따라 5분 정도만 걸어 들어가면 우아하게 펼쳐진 할레아칼라의 모습과 먼 바다까지 한눈에 들어오는 절경을 마주하게 된다.

지도 p. 185 K

마우이

지역여행

할레아칼라 방문객 센터
Haleakala Visitor Center

할레아칼라에 대한 궁금증을 해결하는 곳

해 뜰 무렵이면 할레아칼라 방문객 센터 주차장은 각종 차량과 두꺼운 점퍼를 껴입은 관광객들로 가득 찬다. 한편 안내소 내부에는 할레아칼라 분화구가 만들어진 과정을 나타낸 모형과 자세한 소개가 나와 있는 책자들이 있어 살펴볼 수 있으며 기념품 등도 판매하고 있다. 할레아칼라에 관한 모든 궁금한 사항은 이곳에서 해결할 수 있는데, 때로는 공원 관리인이 할레아칼라의 역사와 식물들에 대해 설명해 주는 것도 들을 수 있다. 또한 이곳에서는 세계에서 가장 단거리로 고지를 등정했다는 증명서도 받을 수 있는데 백두산의 높이가 2,774m임을 생각할 때 3,055m의 고지에 오른 것은 우리 모두에게 대단한 일이라고 할 수 있다. $1 정도 도네이션을 하고 증명서를 꼭 챙겨 오자.

시간 일출 ~15:00 지도 p. 185 K

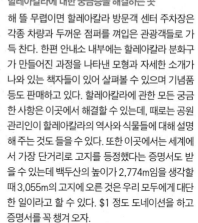

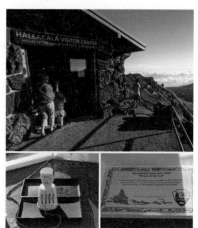

푸우 울라울라 전망대 📷
Puu Ulaula Overlook

할레아칼라의 해돋이를 보는 곳
푸우 울라울라 전망대는 레드 힐이라고도 불리며 할레아칼라의 해돋이를 보게 되는 바로 그곳이다. 바람을 막아 주는 전망대 안에는 꼭 껴안은 사람들이 창가에 붙어 서서 해가 뜨기를 기다리고 있고 바깥에는 추위에 굴하지 않고 더 멋진 풍경을 담으려는 용감한 이들이 카메라를 세팅한 채 기다리고 있다. 전망대 안은 넓지 않아 금세 자리가 없어진다. 춥지만 일찍 창가에 자리를 맡고 기다리자.

지도 p. 185 K

칼라하쿠 전망대 📷
Kalahaku Overlook

할레아칼라 분화구의 모습을 한눈에 바라보다
렐레이위 전망대에서 1km 정도 올라가면 표지판이 나오는데 할레아칼라 분화구의 전체적인 모습을 한눈에 바라볼 수 있는 곳이다. 이곳에서 바라보는 할레아칼라의 모습은 마치 지구 밖의 모습을 연상시킨다. 이곳에 있는 짧은 트레일을 따라 내려가면 할레아칼라에서만 볼 수 있는 식물인 은검초(Silversword)를 비롯한 이국적인 식물들을 많이 만날 수 있다.

지도 p. 185 K

테데스키 와이너리(마우이즈 와이너리) Tedeschi Winery (Moui's Winery) 🌴

할레아칼라 산기슭에서 재배되는 포도로 만드는 와인

마우이의 유일한 와이너리인 테데스키 와이너리는 할레아칼라 산기슭에서 재배되는 포도와 파인애플로 독특한 와인을 만들고 있다. 직접 테이스팅도 가능하고 구매도 할 수 있어 와인을 좋아하는 사람이라면 반드시 들러 보자.
하와이의 위대한 왕 칼라카우아 왕과 카피올라니 여왕도 이곳에 들러 아름다운 자연 속에서 샴페인을 즐겼다고 할 정도로 전설적인 곳이다. 라즈베리, 패션프루츠 등 다양한 과일로 만든 독특한 와인이 이곳의 명물이다. 특히 마우이 파인애플로 만든 파인애플 와인의 달콤하면서도 톡 쏘는 향은 모든 요리와 잘 어울린다. 오전 10시부터 오후 5시까지 와인 테이스팅을 할 수 있으며 하루 세 차례, 오전 10시 30분, 오후 1시 30분, 3시에는 테데스키 와이너리의 역사와 와인에 대해 알려주는 와이너리 투어가 무료로 진행된다. 와인을 테이스팅하고 구입하려면 신분증이 필요하다. 할레아칼라 산 아래인 이곳은 따로 방문하려면 시간이 오래 걸리므로 할레아칼라 일출을 감상하고 업컨트리(Upcountry) 지역에서 간단히 아침 식사를 한 후 오전에 방문하는 것이 가장 효율적인 코스이다.

주소 Ulupalakua Ranch, Kula, HI 96790 교통 37번 도로를 타고 직진, Keokea에서 5마일 정도 더 직진하면 왼쪽에 주차장이 보인다. 시간 10:00~17:30 전화 808-878-6058 홈페이지 www.mauiwine.com 지도 p. 184 J

오헤오 협곡 Oheo Gulch

자연의 숨결을 느낄 수 있는 협곡

오헤오 협곡 또는 세븐 풀스(Seven Scared Pools)라고 불리는 이곳은 산과 계곡, 그리고 폭포에서 흘러내린 물이 바다로 합류하는 모습을 볼 수 있는 마우이의 신성한 장소이다. 할레아칼라 국립 공원에 속하는 지역이지만 사실상 할레아칼라 정상에서 오헤오 협곡까지 이어진 길이 없기 때문에 다른 날 방문하게 될 확률이 높다. 보통은 하나 가는 길에서 하나 마을을 지나 이곳을 방문한다. 하나에서 16km 내려와 마일마커 42에 위치한다. 할레아칼라 국립 공원 입장권은 3일 동안 유효하기 때문에 이곳에서 다시 쓸 수 있으며 반대의 경우도 가능하니 영수증을 보관해 두는 것이 좋다. 날씨에 따라 종종 공원이 문을 닫기도 하니 출발

전 홈페이지를 반드시 확인하자.

시간 09:00~17:00 입장료 $15(3일간 유효), 차 1대당 주차요금 $10 전화 808-572-4400 홈페이지 www.nps.gov 지도 p. 185 L

키파훌루 방문객 센터
Kipahulu Visitor Center

비가 많이 온 다음날은 계곡 입구를 차단하기도 하기 때문에 트레일을 하기 전에 이곳에 들러 계곡의 상황을 체크하도록 하자. 캠핑과 관련한 사항들도 문의할 수 있다.

로어 폴즈 풀즈(쿨로아 포인트 트레일)
Lower Falls Pools (Kuloa Point Trail)

쿨로아 포인트 트레일(Kuloa Point Trail)이라 이름 붙여진 길을 따라 20분 정도만 걸어 들어가면 만날 수 있는 물웅덩이로, 보기만 해도 시원한 풍경이 당장이라도 뛰어들어 가고 싶다. 실제로 이곳에 가면 여기저기에서 과감하게 수영을 즐기는 사람들을 볼 수 있다. 수영복을 입고 왔다면 망설이지 말고 점프하자.

폭포 트레일(피피와이 트레일)
Waterfalls Trail (Pipiwai Trail)

오헤오의 숨은 매력을 좀더 느끼고 싶다면 폭포 트레일을 추천한다. 피피와이 트레일을 따라 울창한 수풀과 가슴속까지 깨끗해지는 공기를 마시며 모험을 하듯 계곡의 깊은 곳으로 들어가면 크고 작은 폭포들을 만날 수 있는데 그 끝에 만나게 되는 폭포가 바로 와이모쿠 폭포(Waimoku Falls)이다. 날씨에 따라 길이 굉장히 미끄럽기도 하고 위험하기도 해 진입로를 차단할 때도 있으므로 출발 전에 방문객 센터에서 확인하자.

하나 가는 길 Road to Hana

● 마우이 남동쪽에 위치한 마을 '하나'의 뜻은 '천국'. 웅장한 자연 경관도 역사적인 유적지도 없지만 이곳까지 가는 360번 도로인 하나 가는 길(Road to Hana)에 마우이의 숨결과 영혼을 느낄 수 있는 자연의 길이 이어지기 때문이다. 하나 가는 길은 하나 마을에 닿는 것이 목적이 아닌 길 자체가 여행인 그야말로 마우이 최고의 드라이브 코스로 꼽힌다. 시계 방향인 360번 도로로 시계 반대 방향으로 남쪽에서 올라오는 코스가 있지만 반대 방향 코스는 길이 좁고 험한 편인 데다가 렌터카 운전 금지 구역도 포함되어 있어 아기자기한 볼거리가 더 많은 시계 방향 코스를 소개한다.

MAPECODE **22212**

파이아 마을 Paia Town

하나 가는 길의 시작

시계 방향의 하나 가는 길을 시작하는 곳이자 마지막 마을인 이곳에서는 하나 가는 길을 위한 본격적인 준비를 하도록 하자. 하나 가는 길에는 주유소도 찾기 힘들고 식당이나 작은 상점도 많지 않다. 물론 주스나 과일 바나나 브레드를 파는 노점상이 간혹 있기는 하지만 즐거운 드라이브를 위해서는 차도 사람도 배가 불러야 한다. 출발하기 전 파이아 마을에서 기름을 가득 넣고 마우이 커피를 즐기거나 물과 먹을거리도 넉넉하게 챙기도록 하자.

Travel Tip

나는 호? 불호? 하나 가는 길

유명한 관광지는 대부분 그렇듯 여행자의 취향이나 날씨에 따라 선호도가 나뉘곤 하는데 하나 가는 길은 유독 극단적인 평가가 많다. 진정한 천국의 길을 마우이에서 만났다는 이들이 있는가 하면 지루하고 힘들었다는 후기도 많다. 유명세만 듣고 사전 정보 없이 출발하거나 이국적이고 화려한 경관이나 특별한 볼거리를 기대했다면 후자가 될 가능성이 높다. 하지만 순박하고 때 묻지 않은 자연을 좋아하고 평화로운 드라이브를 선호하는 여행자에겐 하나 가는 길이 최고의 여행지가 될 수도 있다. 만약에 짧은 일정으로 마우이를 방문해 바쁘게 움직여야 하거나 어린 아이들과 함께 하는

여행이라면 하나 가는 길은 다소 힘이 들 수 있으니 사전에 충분히 정보를 파악하고 출발하도록 하자.

쌍둥이 폭포 Twin Falls

MM2

MM2를 지나자마자 바로 나오며 코코넛과 주스를 파는 스탠드가 서 있고 차들이 주차되어 있어 쉽게 찾을 수 있다. 원래 와일레레 농장(Wailele Farm) 사유지였으나 관광객들이 많이 찾아 주인이 개방하게 되었다. 작은 문을 통과해 길을 따라 조금만 들어가면 물이 콸콸 쏟아지는 쌍둥이 폭포를 만나게 된다. 시원하게 떨어지는 물소리를 들으며 잠시 쉬어 가기에 좋다. 비가 많이 온 다음 날에는 폭포가 위험해 출입을 통제하기도 한다. 와일레레 농장지인 만큼 정해진 길을 따라서만 하이킹하고 사유지에는 들어가지 않도록 주의한다.

호오키파 비치 공원 Ho'okipa Beach Park

MM9

겨울이 되면 높은 파도를 넘나드는 서퍼들을 만날 수 있는 곳으로 주차장 옆으로는 전망대가 있어 해변을 한눈에 내려다볼 수 있다. 마우이에서 가장 거칠고 큰 파도를 볼 수 있는 곳으로 서핑 메카로 유명하다. 또 오후가 되면 호누(honu)라 불리는 초록바다거북(Green Sea Turtles)이 해변으로 올라오고 때에 맞춰 환경 운동가들과 자원봉사자들의 설명을 들을 수 있다.

와이카모이 리지 트레일 Waikamoi Ridge Trail

MM9.5

트레일 표지판을 따라 들어가면 상쾌한 공기가 가득한 울창한 숲을 거닐 수 있는 산책 코스가 있다. 10분짜리와 30분짜리 두 가지 트레일이 있으며 조금 더 걸어 들어가면 피크닉 장소가 있어 간단하게 식사를 하기에도 좋다. 나무 뿌리가 이어져 만들어진 길 위를 걷다 보면 새소리가 대나무 사이로 울려 퍼져 마우이 자연을 그대로 느낄 수 있다. 비가 온 후에는 다소 미끄럽기 때문에 트레일을 위해서 미끄럼 방지용 신발을 신는 것이 좋다.

가든 오브 에덴 식물원 Garden of Eden Arboretum

MM10

아담하지만 아름답게 정돈된 꽃밭 사이에 피크닉 테이블이 있는 그림 같은 식물원이다. 둘러보면서 산책을 즐기기에 좋다. 100년이 넘은 망고 나무와 대나무 숲 그리고 작은 호수들로 꾸며져 있으며 로컬 작가들의 미술 작품도 전시한다. 또 현재는 진입할 수 없는 푸오후카모아 폭포(Puohokamoa Falls)를 볼 수 있는 유일한 곳이기도 하다. 인공 정원보다 자연 정원을 좋아한다면 패스해도 좋다. 입장료는 성인 $15, 어린이 $5이다.

카우마히나 주립 공원 Kaumahina State Wayside Park

MM12

언덕 위에는 피크닉을 즐길 수 있는 테이블이 놓여 있고 깨끗하고 큰 화장실도 이곳에서 이용할 수 있다. 간식을 먹으러 들르지 않더라도 주차장 뒤쪽으로 가서 넓게 펼쳐진 바다를 배경으로 사진을 남기기 좋은 곳이다.

지도 p. 185 G

호노마누 베이 Honomanu Bay

MM14

MM13을 지나기 시작하면 시원하게 펼쳐진 호노마누 베이를 즐기면서 드라이브를 할 수 있다. 1km 정도만 내려가면 검은 조약돌이 펼쳐진 바다를 볼 수 있으며 호노마누 폭포에서 내려오는 물줄기를 따라서 트레일을 할 수도 있다. 갓길에 차를 세우고 사진을 찍는 사람들이 많으니 서행하도록 하자.

케아내 Ke'anae

마우이

MM16

화산으로 인해 만들어진 검은 바위에 부딪치며 부서지는 하얀 파도와 달력에서 나올 것 같은 작고 조용한 마을을 도로 위에서 만날 수 있다. 오래전부터 이곳에서는 타로와 바나나 그리고 고구마들을 재배하였고 지금도 그 모습이 남아 있다. 또 마을의 자랑거리인 촉촉한 바나나 브레드와 스무디를 맛볼 수 있다. 다양한 나무와 식물들로 우거진 케아내 식물원도 있으며 주중에는 무료로 입장이 가능하다.

하프웨이 투 하나 Halfway to Hana

MM18

하나 가는 길의 절반을 온 걸까? 정답은 절반보다는 더 많이 왔다. 'Halfway to Hana'라는 표지판과 함께 바나나 브레드와 과일을 파는 노점상이 있으며 핫도그와 아이스크림 쉐이브 아이스를 팔기도 한다. 한숨 돌리고 다시 부지런히 달려 보자.

푸아아카 주립 공원 Pua'a Kaa State Wayside Park

MM22

화장실과 피크닉 공간이 있어 잠시 쉬면서 간식을 먹기에 좋다. 조금 걸어 들어가면 작은 폭포와 풀이 있어 간단하게 수영을 하거나 시원한 공기를 쐬며 스트레칭을 즐길 수 있다. 한가로이 늘어져 있는 고양이들도 이곳의 볼거리다.

MAPECODE 22222

나히쿠 마켓 플레이스 Nahiku Market Place

MM29

하나 가는 길이 유명해진 후 관광객들을 위해 만들어진 곳이다. 카페와 아일랜드 스타일의 타코, 새우 플레이트나 타이 음식까지 다양한 메뉴가 있어 간단히 요기를 할 수 있다. 화장실을 이용하거나 카페인이 필요할 때 잠시 들르기 좋다.

MAPECODE 22223

하나 용암 동굴 Hana Lava Tube

MM31

MM31쯤에서 왼쪽으로 돌아 들어가면 울아이노 로드(Ula'ino Road)가 나오는데 이 길 왼쪽에 하나 용암 동굴이 위치해 있다. 약 960년 전 용암이 바다로 흘러내리면서 만들어진 이 동굴은 세계에서 18번째로 큰 동굴로 알려져 있고 마우이에서는 가장 큰 용암 동굴이다. 오전 10시 30분부터 오후 4시까지 오픈하며 입장료는 $11.95로 손전등을 포함한 가격이다. 손전등을 들고 자유롭게 용암 동굴을 관찰할 수 있고 40분 정도 소요

된다. 핸드 레일이 있긴 하지만 바닥이 미끄럽기 때문에 운동화를 착용하는 것이 좋다. 동굴 뒤편으로는 피크닉 공간과 붉은 꽃으로 만들어진 초대형 미로가 있어 아이들이 특히 좋아하는 곳이다.

와이아나파나파 주립 공원 Waianapanapa State Park

하나 가는 길의 하이라이트

하나 가는 길의 하이라이트라고 할 수 있는 와이아나파나파 주립 공원은 용암에서 만들어진 아름다운 블랙 비치와 비밀스럽게 숨겨진 동굴, 그리고 뒤로 푸른빛 트레일이 이어지는 곳이다. 와이아나파나파는 '반짝이는 물결' 또는 '무지개 빛깔의 반짝이는 물결'이라는 뜻을 가지고 있는데, 검은빛 조약돌이 파도에 스쳐 반짝이는 모습을 보게 되면 어떤 표현이라도 어울린다는 생각을 갖게 될 것이다. 해변을 따라서 바람과 파도가 만들어 낸 용암 아치가 예술 작품처럼 서 있고 뒤로는 2개의 작은 동굴을 발견할 수 있는데 깨끗한 바닷물이 밀려 들어와 특별한 분위기를 만들어 낸다. 피크닉장과 캠핑장을 고루 갖추고 있어 로컬에게도 인기가 많다.

지도 p. 185 L

하나 마을 Hana Town

드디어 하나 마을 도착!

겉보기에는 작고 조용한 마을이지만 오래된 역사를 가진 진짜 하와이의 모습을 발견할 수 있는 곳이다. 푸른 바다 위에 만들어진 하나 마을은 신들을 모시는 신성한 마을로 여겨졌으며 지금도 주민들은 하와이인으로서의 자존심을 가지고 있다. 마을에 대해 더 궁금하다면 하나 마을 문화 센터 & 뮤지엄을 방문하자. 여유롭게 하룻밤을 지내고 싶어 하는 여행객을 위해 식사와 숙박 시설도 갖추고 있다. 왔던 길을 되돌아가야 한다면 기름을 넉넉하게 다시 채우고 물과 간식거리를 구입하자. 하나 가는 길에는 인공 조명이 따로 없어 해가 지기 전에 파이아 마을에 도착하는 것이 좋다. 하나 마을에서 파이아 마을까지 쉬지 않고 운전하면 약 2시간 안에 도착하게 된다.

하나 가는 길, 제대로 준비하기!

POINT 1 마일마커를 기준으로 길 찾기

매해 전 세계 50만 명의 관광객이 찾는 길이지만 따로 표지판 같은 것이 거의 없다. 이 때문에 대부분의 가이드북이나 안내 책자에는 마일마커(Mile marker)를 기준으로 소개되어 있는데 예를 들어 '마일마커 5~6번에 무엇이 있다.' 식으로 표시한다. 마일마커를 따라 쉽게 운전하기 위해서는 36번 도로가 끝나고 360번 도로가 시작될 때 자동차 계기판의 마일 표시도 0으로 맞춰 놓으면 어렵지 않게 찾을 수 있다.

POINT 2 일찍 출발한다.

명소들을 둘러보며 하나까지 가는 데는 편도 3시간은 잡아야 한다. 보통 하나에서 리조트 지역으로 돌아올 때는 왔던 길을 돌아와야 하는데(남부 도로는 렌터카 운행 금지 구역임) 해가 진 후 운전하는 것은 위험하므로 파이아 마을까지 오전 9시 이전에 도착하거나 하나 가는 길이 시작되는 360번 도로에서 10시 전에 출발하도록 하자.

POINT 3 파이아 마을에서 먹을거리를 미리 사자.

하나 가는 길에는 주유소도 없고 식당이나 작은 상점도 없다. 물론 주스나 과일, 바나나 브레드를 파는 노점상이 간혹 있기는 하지만 즐거운 드라이브를 위해서는 차도 사람도 배가 불러야 한다. 출발하기 전 파이아 마을에서 기름을 가득 넣고 물과 먹을거리도 넉넉하게 챙기도록 하자.

케아나에
Keʻanae

MM16

MM14

MM12

호노마누 베이
Honomanu Bay

카우마히나 주립 공원
Kaumahina State Park

MM9

MM2

360

호오키파 비치 공원
Hoʻokipa Beach Park

36

쌍둥이 폭포
Twin Falls

MM9.5

와이카모이 리지 트레일
Waikamoi Ridge Trail

파이아 마을
Paia Town

360

MM18

하프웨이 투 하나
Halfway to Hana

MM10

가든 오브 에덴 식물원
Garden of Eden Arboretum

POINT 4   여유롭게 운전하자.

하나 가는 길의 360번 도로는 차가 겨우 지나가는 폭 좁은 2차선 도로에 600개가 넘는 커브와 50개가 넘는 일차선 다리가 등장한다. 게다가 간혹 비포장도로가 등장하기도 하는 등 운전에 익숙하지 않은 사람이라면 애먹기 딱 좋은 곳이다. 드라이브 자체를 즐기는 마음으로 여유롭게 움직이고 되도록 두 사람 이상 번갈아 가며 운전하는 것이 좋다.

POINT 5   먼저 온 차량에게 길을 양보하자.

하나 가는 길에는 앞서 언급한 50여 개가 넘는 일차선의 다리(One lane Bridge)를 만날 수 있는데 말 그대로 차 한 대만 지나갈 수 있기 때문에 먼저 온(On Coming) 차량이 지나갈 수 있도록 한쪽에 비켜서서 기다려야 한다. 또 현지 주민 차량으로 보이는 트럭에게는 반드시 길을 양보하도록 하자.

POINT 6   날씨를 살핀다.

비가 오는 날이나 비가 많이 온 다음날에는 도로가 미끄럽거나 돌들이 떨어져 있어 도로 상태가 굉장히 좋지 않다. 이럴 때는 과감하게 하나 가는 길을 다른 날로 바꾸거나 일정을 포기하는 것이 좋다.

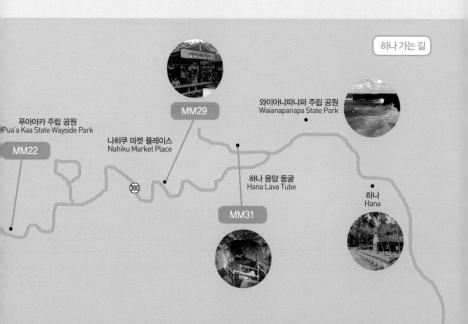

카훌루이 · 와일루쿠

Kahululi   Wailuku

● 관광 지역은 아니지만 카훌루이 공항에서 마우이로 들어오기 위한 게이트웨이 지역으로 마우이에
도착하면 누구나 지나게 되는 마을이다. 하이웨이 주변으로는 사탕수수 밭이 길게 펼쳐져 있으며 월
마트나 코스트코 같은 대형 마트와 쇼핑센터, 현지인들이 주로 이용하는 식당 등 편의 시설이 대거
밀집해 있다.

MAPECODE **22226**

이아오 밸리 주립 공원 Iao Valley State Park

마우이의 정신적 요지이자 마우이 관광의 랜드마크
오아후에 다이아몬드 헤드가 있다면 마우이의 랜드
마크는 단연 이아오 밸리 주립 공원이라고 할 수 있
다. 카메하메하 대왕이 마우이를 정복할 때 원주민
들이 마지막까지 저항하며 싸운 곳으로, 마우이의
정신적 요지와 같은 곳이다. 연중 300일 이상 비가
오기 때문에 무성한 열대 우림과 뾰족하게 솟은 산
의 모습이 독특하면서도 이국적이다. 시원한 계곡
에서 상쾌한 바람을 가르며 가볍게 하이킹을 즐기
기에도 좋다. 40분 정도 소요되는 가벼운 길이지만
운동화나 스포츠 샌들을 신는 것이 좋다. 오후가 되
면 종종 비가 내리니 가능하면 오전에 방문하는 것
이 더 멋진 경치를 즐길 수 있는 방법이다. 폭우와
홍수로 인해 보수 공사를 수시로 진행하기 때문에
방문 전에 홈페이지를 확인하도록 하자. 카훌루이

공항에서 20분 거리로, 공항에서 이동할 때 일정을
넣으면 좋다.

주소 Iao Valley State Park, Wailuku, HI 96793 교통 30
번과 32번의 교차로에서 Iao Valley 방향으로 320번 도로
로 진입 후 직진, 갈래길에서 오른쪽 아래로 뻗어 있는 길로
진입, 직진하면 공원 주차장이 나온다. 주차 1대당 $5 시
간 07:00~18:00 홈페이지 dlnr.hawaii.gov/dsp/parks/
maui/iao-valley-state-monument 지도 p. 184 E-F

마우이 트로피컬 플랜테이션 Maui Tropical Plantation

열대 식물을 직접 볼 수 있는 농원

이름도 알고 있고 먹어도 보았지만 실제로 어떤 모습으로 재배되는지 몰랐던 다양한 열대 식물들을 직접 만날 수 있는 관광 농원이다. 구아바, 마카다미아 너츠, 파파야, 아보카도 등 열대 식물들을 트램을 타고 돌아보며 설명을 듣고 직접 코코넛을 가르거나 커피 열매 등을 맛볼 수도 있다. 어린이들뿐 아니라 어른들에게도 특별한 체험이 된다. 오전 10시부터 오후 4시까지 1시간 간격으로 트램 투어가 있으며 요금은 어른은 $20, 어린이(3~12세)는 $10이다.

주소 1670 Honoapiilani Hwy., Wailuku, HI 96793 교

통 30번 도로의 마일마커 2와 3사이, / 30번과 305번의 교차점과 마일마커 3 사이. 시간 08:00~21:00 전화 808-244-7643 홈페이지 www.mauitropicalplantation.com 지도 p. 184 F

카팔루아 · 카아나팔리
Kapalua　Kaanapali

● 마우이에서 최초로 리조트 단지가 형성된 지역으로 전 세계 유명 체인 리조트들이 밀집되어 있어 일 년 내내 휴가를 즐기러 오는 관광객들로 가득하다. 연중 따뜻한 햇살과 적당한 바람이 불며 길게 이어진 고운 백사장과 바다가 다양한 액티비티를 즐기기에 더 없이 매력적이다.

MAPECODE **22228**

호놀루아 베이 Honulua Bay

길게 이어진 모래사장이 아름다운 해변

카팔루아 가장 북쪽에 위치한 곳으로 겨울에는 높은 파도를 타는 서퍼들이 모이고 잔잔한 여름 시즌에는 스노클링으로 유명한 지역이다. 절벽에 둘러진 이곳은 다양한 수중 생물들이 서식하고 있으며 수중 보호 구역의 일부로 지정되었다. 다른 해변과는 다르게 모래사장이 아닌 작은 조약돌로 이루어진 바다라 일광욕을 하기엔 적당하지 않지만 푸른 절벽을 배경으로 여유롭게 스노클링을 즐기기 좋다. 무료 주차장에 주차를 하고 5분 정도 숲길을 걸어 들어가면 호놀루아 베이가 나타난다. 주말에는 동네 주민들이 많아 일찍 가야 쉽게 주차를 할 수 있다. 한편 겨울에는 파도가 세고 수온이 낮아 스노클링 하기에 적당하지 않다. 라하이나에서 호놀루

아 베이 스노클링과 왕복 교통을 포함한 보트 투어도 예약 가능하다.

주소 6501 Honoapiilani Hwy, Lahaina, HI 96761 교통 카팔루아에서 30번 도로를 타고 북쪽으로 7분 정도 올라가면 주차장 입구가 보인다.

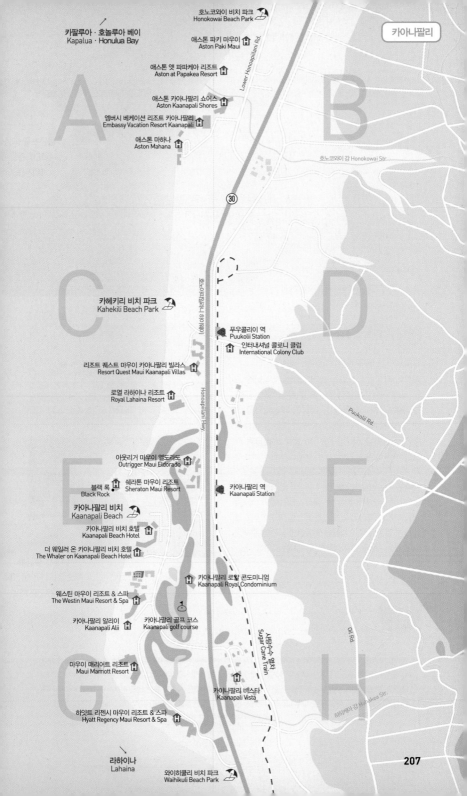

카팔루아 · 호놀루아 베이
Kapalua · Honolua Bay

호노코와이 비치 파크
Honokowai Beach Park

애스톤 파키 마우이
Aston Paki Maui

애스톤 앳 파파케아 리조트
Aston at Papakea Resort

애스톤 카아나팔리 쇼어스
Aston Kaanapali Shores

엠버시 베케이션 리조트 카아나팔리
Embassy Vacation Resort Kaanapali

애스톤 마하나
Aston Mahana

호노코와이 강 Honokowai Str.

30

카헤키리 비치 파크
Kahekili Beach Park

푸우콜리이 역
Puukolii Station

인터내셔널 콜로니 클럽
International Colony Club

리조트 퀘스트 마우이 카아나팔리 빌라스
Resort Quest Maui Kaanapali Villas

로열 라하이나 리조트
Royal Lahaina Resort

아웃리거 마우이 엘도라도
Outrigger Maui Eldorado

블랙 록
Black Rock

셰라톤 마우이 리조트
Sheraton Maui Resort

카아나팔리 역
Kaanapali Station

카아나팔리 비치
Kaanapali Beach

카아나팔리 비치 호텔
Kaanapali Beach Hotel

더 웨일러 온 카아나팔리 비치 호텔
The Whaler on Kaanapali Beach Hotel

카아나팔리 로얄 콘도미니엄
Kaanapali Royal Condominium

웨스틴 마우이 리조트 & 스파
The Westin Maui Resort & Spa

카아나팔리 알리이
Kaanapali Alii

카아나팔리 골프 코스
Kaanapali golf course

마우이 매리어트 리조트
Maui Marriott Resort

사탕수수 열차
Sugar Cane Train

카아나팔리 비스타
Kaanapali Vista

하얏트 리젠시 마우이 리조트 & 스파
Hyatt Regency Maui Resort & Spa

오일 Rd.
Oil Rd.

푸우콜리이 Rd.
Puukolii Rd.

호나피이라니 Hwy.
Honoapiilani Hwy.

호나피이라니 Rd.
Lower Honoapiilani Rd.

라하이나
Lahaina

와이히쿨리 비치 파크
Waihikuli Beach Park

하이케아 강 Hanakea Str.

MAPECODE 22229

카아나팔리 비치 Kaanapali Beach

길게 이어진 모래사장이 아름다운 해변

마우이 서쪽을 대표하는 해변으로 길게 이어진 고운 모래사장이 아름다운 곳으로 유명하다. 서핑, 보디 보딩, 패러세일링 등 다양한 액티비티를 즐길 수 있기 때문에 이른 아침부터 많은 사람들로 활기가 넘친다. 또한 마우이의 햇살을 받으며 해변을 따라 산책할 수 있는 비치워크가 매리어트부터 쉐라톤 리조트까지 길게 조성되어 있다.

쉐라톤 마우이 앞쪽에는 블랙 록이라 불리는 곳이 있는데 바위 사이사이에 작은 물고기들이 많아 스노클링을 하기에 제격이다. 주차는 웨스틴 마우이 리조트 근처에 있는 무료 주차장을 이용하면 되는데 주차장이 크지 않기 때문에 아침 일찍 도착하는 것이 좋다.

주소 Kaanapali Beachwalk, Kaanapali, HI 96761
교통 Honoapiilani Hwy.(30번 도로)를 타고 라하이나(Lahaina)를 지나 북쪽으로 올라가면 카아나팔리(Kaanapali) 이정표가 보이고 Halelo St.에서 좌회전해서 Kaanapali 단지에 진입한다. 단지 내의 무료 주차장에 차를 주차하고 비치로 나가면 된다. 지도 p. 207 E

Travel Tip

마우이 고래 페스티벌(Maui Whale Festival)

새끼를 낳기 위해 마우이로 돌아오는 고래를 기념하기 위해 태평양 고래재단이 만든 축제이다. 매년 2월 셋째 주 토요일을 '고래의 날'로 지정하여 다양한 주제와 함께 축제를 진행한다. 키헤이, 와일레아, 마케나 등의 지역에서 공연과 퍼레이드뿐 아니라 각종 고래 관련 전시회도 열린다. 볼거리와 즐길거리로 내실 있게 진행되기 때문에 일정이 맞는다면 참가해 보는 것도 이색적인 체험이 될 것이다. 자세한 정보는 www.pacificwhale.org에서 확인하자.

DT 플레밍 비치 파크 DT Fleming Beach Park

전미 최고의 추천 비치로 뽑힌 해변 중의 해변

완벽하게 갖춰진 편의 시설과 평화롭게 이어지는 고운 백사장, 계절에 따라 모습을 바꾸는 파도까지로 2006년에 전미 최고의 비치로 뽑혔다. 그야말로 비치 중 비치라고 할 수 있지만 명성에 비해 붐비지 않아 언제 찾아도 평화로움과 고요함을 마음껏 즐길 수 있다. 여름철에는 파도가 잔잔해 스노클링을 즐기기에 좋고 겨울에는 높은 파도 덕에 능숙한 서퍼들의 발길이 끊이지 않는다. 주말에는 피크닉을 위해 먹을거리를 잔뜩 들고 온 가족들이 많이 눈에 띄지만 평상시에는 책 하나 들고 비치에 누워 하루 종일 마우이의 여유를 즐길 수 있을 만큼 한산하다.

주소 DT Fleming Beach Park, Lahaina, HI 96761 교통 Honoapiilani Hwy.(30번 도로)를 타고 Lahaina를 지나 북쪽으로 직진, 마일마커 31을 지나자마자 좌회전한다. 지도 p. 184 A

카헤키리 비치 파크 Kahekili Beach Park

푸른바다거북을 만날 수 있는 한가로운 해변

카아나팔리 비치에서 위로 올라가면 나온다. 다양한 물고기들을 만날 수 있어 스노클링 스폿으로 유명하다. 또한 한가로이 바다에서 놀고 있는 푸른바다거북을 만날 수 있는데 사람을 두려워하지 않아 거북이와 함께 따뜻한 햇살을 받으며 수영도 할 수 있다.

주소 65 Kai Ala Dr., Lahaina, HI 96761 교통 Honoapiilani Hwy.(30번 도로)를 타고 Lahaina를 지나 북쪽으로 직진, Kaanapali 단지의 진입로인 Halelo St.를 지나 Kai Ala Dr.이정표가 보이면 좌회전해서 Kai Ala Dr.에 진입, 조금 직진하면 웨스틴 리조트가 보이고 왼쪽이 무료 주차장이다. 지도 p. 207 C

라하이나 Lahaina

● 18세기 말 하와이 제도를 평정한 카메하메하 대왕은 마우이의 라하이나를 하와이 왕국의 수도로 정했다. 1845년 호놀룰루로 수도를 옮기기 전까지 하와이의 산업과 행정의 중심지였으며 한때는 고래잡이 기지로 번영을 누렸다. 포경업이 쇠락하면서 낡은 항구 마을에 불과하던 라하이나는 20세기 후반부터 역사적 건물을 복원하면서 그 영광을 다시 찾게 되었다. 프런트 스트리트를 중심으로 유명한 레스토랑과 숍, 각종 액티비티 센터, 라하이나의 예술적 감성을 느낄 수 있는 갤러리들이 줄지어 있어 마우이를 찾는 관광객들의 발길이 끊이지 않는다. 역사적 의미를 담고 있는 옛 건물들을 잘 보존하고 있기 때문에 2시간 정도 걸으면서 둘러보기에 적당하다.

홈페이지 www.lahainarestoration.org

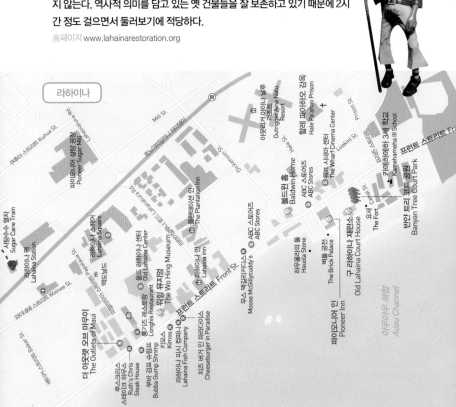

반얀 트리 코트 공원 Banyan Tree Court Park

하와이 기독교 선교를 기념하며 심은 나무

프런트 스트리트와 카날 스트리트 사이에 조성된 라하이나를 상징하는 공원으로 하와이에서 가장 큰 반얀 나무가 위엄을 자랑한다. 1873년 미국의 선교 50주년을 기념하기 위해서 인도산 반얀 나무을 심었는데 세월과 함께 땅으로, 위로 뻗으며 라하이나 의 명물이 되었다. 이곳은 각종 투어가 시작되는 지점이기도 하고 주말에는 벼룩시장이나 다양한 거리 공연이 열리는 곳이기도 하다.

주소 671 Front St., Lahaina, HI 96761 시간 24시간 전화 808-661-4685 지도 p. 210

파이오니어 인 Pioneer Inn

하와이에서 가장 오래된 역사적인 호텔

마우이 라하이나의 역사 건물 중 하나에 해당하며, 하와이에서 가장 오래된 호텔로 알려져 있다. 1901년에 지어진 이 건물은 현재 베스트 웨스턴에서 리모델링하여 운영하고 있다. 겉은 100년 전 그 모습 그대로 2층짜리 목조 건물이지만 내부는 세련되게 꾸며져 있어 묵는 데 불편함이 없다. 위치도 라하이나 항구와 함께 있어 멋진 뷰를 선사한다.

주소 658 Wharf St., Lahaina, HI 96761 전화 1-800-457-5457 홈페이지 www.pioneerinnmaui.com 지도 p. 210

프런트 스트리트 Front St.

라하이나에서 가장 붐비는 메인 스트리트

19세기 하와이 왕국의 수도이자 고래잡이 항구로 많은 사람들과 부가 오갔던 거리이다. 이 거리는 뉴잉글랜드풍의 건물들과 아기자기한 숍과 레스토랑이 이어져 있다. 태양이 뜨거운 낮보다는 해가 질 무렵이 되면 더욱 붐비는 곳으로 이곳에서 바라보는 석양은 마우이에서도 아름답기로 유명하다.

지도 p. 210

위힝 뮤지엄 The Wo Hing Museum

중국 이민자들이 만든 사원

1912년에 만들어진 사원으로 중국 이민자들이 자신들의 고유 문화와 정체성을 지키기 위해 사용하던 건물이다. 현재는 박물관으로 변모하여 당시의 사진과 중국의 공예품들을 전시하고 있다. 또한 에디슨이 1898년부터 1906년까지 하와이에서 촬영한 희귀 영상도 볼 수 있다.

주소 858 Front St., Lahaina, HI 96761 시간 10:00~16:00 요금 $7 (12세 이하 어린이 무료, 위힝 뮤지엄과 볼드윈 홈 이용 가능) 전화 808-661-5553 지도 p. 210

볼드윈 홈 Baldwin Home

라하이나에서 가장 오래된 서양 건축물

의사이자 선교사인 다윈 볼드윈에 의해 1834년에 지어진, 라하이나에서 가장 오래된 서양 건축물이다. 볼드윈은 이곳을 자신의 집이자 선교 활동의 거점인 동시에 병원으로 사용했는데 현재는 박물관으로 복원되어 당시의 생활 모습과 앤티크 가구, 도자기, 하와이안 퀼트 등 수공예품을 전시하고 있다. 내부로 들어가지 않더라도 잔디밭 그늘에 앉아서 거리를 지나는 사람들을 구경하며 잠시 쉬기에 좋은 장소이다.

주소 120 Dickenson St., Lahaina, HI 96761 시간 토~목 10:00~16:00, 금 10:00~20:30 전화 808-661-3262 지도 p. 210

구 라하이나 재판소 Old Lahaina Court House

19세기에 선원들의 범죄를 재판하던 곳

19세기 포경업이 한창일 당시 선원들의 경범죄를 재판하던 곳으로, 현재는 갤러리(라하이나 아트 소사이어트)와 박물관(라하이나 헤리티지 뮤지엄)으로 이용되고 있다. 입장료는 모두 무료이므로 한번쯤 들러 19세기 라하이나의 모습을 담은 사진을 구경해보자.

주소 648 Wharf St., Lahaina, HI 96761 시간 09:00 ~17:00 전화 808-661-0970 지도 p. 210

아트 나이트 Art Night

매주 금요일 밤에 열리는 무료 이벤트
라하이나에 즐비한 갤러리에서 각기 다른 행사들을
준비하는데 어떤 갤러리에서는 간단한 음료와 치즈
를 준비하기도 하고 어떤 곳에서는 라이브 공연이
열리기도 한다. 젊은 아티스트와 예술 작품들을 직
접 만날 수 있는 좋은 기회이니 금요일 밤을 놓치지
말자. 보통 저녁 7시부터 10시까지 열리며 입장료
는 무료이다.

더 아웃렛 오브 마우이 The Outlets of Maui

마우이 라하이나에 새로 론칭한 대규모 쇼핑센터
마우이 최초의 아웃렛인 더 아웃렛 오브 마우이
(The Outlets of Maui)가 라하이나에 오픈했다. 라하
이나는 하와이 왕조 시대의 수도이자 유서 깊은 인
기 관광지로, 관광객이 찾기 쉬운 최고의 장소에 위
치해 있다.
더 아웃렛 오브 마우이는 라하이나 센터를 개조해,
역사적인 라하이나의 옛 시절을 느끼게 하는 거리
와 원래 있던 10개의 건물을 그대로 유지하면서 인
기 브랜드 매장의 쇼핑을 즐길 수 있는 쇼핑센터로

탈바꿈했다. 더 아웃렛 오브 마우이에는 인기 브랜
드 매장인 코치, 마이클 코어스, 토미 힐피거, 갭 등
브랜드 매장 쇼핑 외에도 하와이 맛집인 루스 크리
스 스테이크 하우스와 파이 아티산 피자리아 등이
입점해 있다. 일반 자동차는 물론이고 관광 버스 등
대형 버스도 주차할 수 있는 넓은 주차장이 있어 자
유 여행객들이 매우 편리하게 이용할 수 있다.

주소 900 Front Street, Lahaina, Hawaii 96761 시간
09:30~22:00 전화 808-661-8277 홈페이지 www.
outletsofmaui.com 지도 p. 210

마우이

지역여행

키헤이 Kihei

● 해안을 따라 중저가의 호텔과 리조트가 이어져 있으며 다양한 액티비티를 체험할 수 있는 숍과 현지인들이 주로 가는 쇼핑센터가 몰려 있어 합리적인 관광객들이 많이 찾는 지역이다. 31번 도로와 311번 도로가 만나는 지점에서부터 남쪽으로 비치가 이어진다.

MAPECODE 22240 22241 22242

카마올레 비치 파크 Kamaole Beach Park

키헤이 남쪽으로 길게 이어진 해변

키헤이의 남쪽으로 길게 이어진 카마올레 비치 파크는 위에서부터 아래로 Ⅰ, Ⅱ, Ⅲ으로 나뉘어져 있는데 날씨에 따라 다르긴 하지만 일 년 내내 수영을 즐길 수 있으며 특히 Ⅲ 지역은 바위 사이사이에 물고기들이 많아 스노클링을 하기에 좋다.

주소 Kamaole Beach Park, Kihei, HI 96753 교통 ① 31번 Piilani Hwy.를 타고 가다가 Alanui Kealii Dr.로 진입, 길이 끝나는 해변까지 직진하면 정면에 보이는 해변이 카마올레 비치이다. ② 311번 도로를 타고 와일레아 방향으로 가다가 31번과 310번이 갈라지는 곳에서 라하이나 방면 310번으로 우회전. 첫번째 신호등에서 Kihei 방향으로 좌회전해서 S. Kihei Rd.를 따라 직진하다가 Alanui Kealii Dr.와 만나는 곳이 카마올레 비치이다. 여기서 직진하면 Ⅱ, Ⅲ이 나온다. 입구에 주차장이 있다. 또는 비치 근처 길가에 주차선이 그려진 곳에 주차하면 된다. 지도 p. 215 D

MAPECODE 22243

고래 보는 포인트 Papawai Point

마우이 해안 도로에서 고래를 만날 수 있는 곳

매해 11~3월에는 저 멀리 알래스카에서 혹등고래(Humpback Whales)가 새끼를 낳기 위해 먹이가 풍부하고 날씨가 따뜻한 마우이 지역으로 이동해 온다. 그래서 마우이의 겨울에는 고래를 보기 위해 많은 관광객들이 몰려드는데 배를 타고 먼바다에 나가 고래를 구경하기도 하지만 운이 좋다면 마우이 해안 도로에서도 고래를 만날 수 있다. 가장 유명한 곳은 30번 도로의 마일마커 8과 9 사이에 위치하는데 단순히 'Scenic Point'라고 적혀 있기 때문에 지나치기 쉽다. 이곳의 크고 작은 바위가 파도를 막아주어 새끼를 낳고 기르기에 적당하기 때문에 혹등고래가 매해 찾는다고 한다. 겨울철에는 태평양 고래 재단(Pacific Whale foundation) 자원봉사자들이 나와 고래에 대해 설명해 주기도 하고 망원경을 빌려 주기도 한다.

교통 Honoapiilani Hwy.(30번 도로)를 타고 라하이나(Lahaina) 방면으로 직진하다 마일마커 8을 지난 뒤 첫 첫 번째 시닉 포인트에 있다. 지도 p. 184 J

키헤이

키헤이 비치 파크
Kihei Beach Park

라하이나
Lahaina

Kenolii Rd.
Ohukai Rd.

마이 포이나 오에라우 비치 파크
Mai Poina Oelau Beach Park

마우이 이사나 리조트
Maui Isana Resort

선시커 리조트
Sunseeker Resort

칼레폴레포 비치 파크
Kalepolepo Beach Park

Kaonoulu St.

마네후네 쇼어즈
Manehune Shores

Kulanihakoi Rd.

루아나 카이 리조트
Luana Kai Resort

South Kihei Rd.

E.Waipulani Rd.

Kauhaa Rd.

아제카 플레이스 II
Azeka Place II

아제카 플레이스
Azeka Place

Lipoa St.

키헤이 학교
Kihei School

카윌릴리포아 비치
Kawillilipoa Beach

Hale Kuai St.

Welakahaoi Rd.

South Kihei Rd.

Kupua St.

쿠쿠이 몰
Kukui Mall

칼라마 비치 파크
Kalama Beach Park

아일랜드 서프
Island Surf

Auhana Rd.

마크 마우이 비스타 리조트
Marc Maui Vista Resort

마우이 코스트 호텔
Maui Coast Hotel

카마올레 비치 파크
Kamaole Beach Park

돌핀 플라자
Dolphin Plaza

와일레아
Wailea

카페 오레이 키헤이
Cafe O'Lei Kihei

카마올레 쇼핑센터
Kamaole Shopping Center

레인보우 몰
Rainbow Mall

무스 맥길리커디스
Moose McGillycuddy's

Pilani Hwy.

와일레아 · 마케나
Wailea　Makena

● 마우이 최고의 럭셔리 리조트 지역으로 포시즌스나 그랜드 와일레아 같은 초특급 리조트와 푸른 골프 코스가 이어져 있는 그야말로 최상의 시설과 서비스, 그리고 최고의 비치를 즐길 수 있는 곳이다. 카아 나팔리나 카팔루아 지역에 비해 한적하고 여유로움을 즐길 수 있어 세계의 부호들이 즐겨 찾는다.

MAPECODE 22244

와일레아 비치 Wailea Beach ☀🌴

여유로움을 만끽할 수 있는 와일레아의 중심 해변
와일레아의 가장 중심이 되는 비치로 와일레아의 상징인 그랜드 리조트와 이어져 있다. 그랜드 리조트에 투숙하지 않더라도 일부 물놀이 시설은 이용할 수 있어 어린아이와 함께 시간을 보내기에 좋다. 비치를 따라 이어지는 산책로를 천천히 걸으며 와일레아의 여유로움을 만끽하는 것도 이곳에서만 즐길 수 있는 소박한 사치다.

주소 Waile Beach Park, Kihei, HI 96753 교통 그랜드 리조트와 포시즌스 리조트 사이로 들어가면 된다. 31번 도로를 타고 끝까지 가면 Wailea Ike Dr.와 합류하게 된다. 이 길의 끝에서 좌회전해서 직진하면 그랜드 와일레아 리조트다. 리조트 입구를 지나 언덕을 올라가다 보면 길 가운데에 포시즌스 리조트의 안내 표지판이 보이고 이 표지판을 지나면, 오른쪽에 작게 와일레아 비치라고 적힌 초록색 표지판이 보인다. 표지판을 지나자마자 바로 우회전해서 작은 길로 들어가면 주차장이 있고, 직진하면 와일레아 비치이다. 비치 입구에 있는 주차장에 주차한다. 지도 p. 217 B

리조트 퀘스트 마우이 힐
Resort Quest Maui Hill

키헤이
Kihei

베스트 웨스턴 마우이 오션 프런트
Best Western Maui Ocean Front

케아와카푸 비치
Keawakapu Beach

아웃리거 팜즈 앳 와일레아
Outrigger Palms at Wailea

와일레아
Wailea

모카푸 비치
Mokapu Beach

와일레아 블루 골프 코스
Wailea Blue Golf Course

울루아 비치
Ulua Beach

더 숍스 앳 와일레아
The Shops at Wailea

롱기즈 레스토랑
Longhi's Restaurant

와일레아 비치 매리어트 리조트 & 스파
Wailea Beach Marriott Resort & Spa

와일레아 에콜루 빌리지
Wailea Ekolu Village

와일레아 비치
Wailea Beach

그랜드 와일레아 리조트 호텔 & 스파
Grand Wailea Resort Hotel & Spa

포시즌스 리조트 마우이 앳 와일레아
Four Seasons Resort Maui at Wailea

와일레아 에메랄드 골프 코스
Wailea Emerald Golf Course

페어몬트 케아 라니 마우이
The Fairmont Kea Lani Maui

폴로 비치
Polo Beach

호텔 와일레아 마우이
Hotel Wailea Maui

폴로 비치 클럽
Polo Beach Club

와일레아 골드 골프 코스
Wailea Gold Golf Course

마케나 서프
Makena Surf

파이푸 비치 파크
Paipu Beach Park

마케나 베이
Makena Bay

마케나
Makena

빅 & 리틀
Big & Little Beach

마케나 비치 파크
Makena Beach Park

마케나 골프 코스
Makena Golf Course

217

말루아카 비치
Maluaka Beach

마우이 프린스 호텔
Maui Prince Hotel

울루아 비치 & 모카푸 비치 Ulua Beach & Mokapu Beach

스노클링을 즐기기에 좋은 곳

와일레아에서 스노클링을 즐기기에 가장 좋은 곳이다. 깊지 않은 곳에 가더라도 알록달록한 열대어들을 만날 수 있는데 오후가 되면 파도가 높아지기 때문에 이른 아침에 가는 것이 좋다. 와일레아 비치 매리어트 리조트 쪽으로 들어가면 쉽게 해변에 닿을 수 있다.

주소 Mokapu Beach Park, Kihei, HI 96753 교통 31번 도로를 타고 끝까지 가면 Wailea Ike Dr.와 합류하게 된다. 이 길의 끝에서 우회전해서 4번째 좌회전하는 곳에서 좌회전하면 비치 입구가 나온다. 지도 p. 217 B

빅 & 리틀 비치 Big & Little Beach

황금빛 긴 모래사장과 누드 비치가 공존하는 곳

이곳은 하와이어로 오네로아(Oneloa)라고 부르는
데 '긴 모래사장'이라는 뜻으로 주로 현지인들이 찾
는 마케나 주립 공원 내의 비치이다. 1km 이상 길게
이어진 황금빛 모래사장과 푸른 잔디밭의 조화가
인상적이다. 이른 아침에 찾아가면 보디 보드를 든
어린 소년들이 파도를 타는 모습을 볼 수 있다. 빅
비치는 오후가 되면 파도가 다소 강해지기 때문에
서퍼들이 자주 찾으며 리틀 비치는 소위 말하는 '누
드 비치'로 유명한데 수영복을 입고도 출입이 가능
하다. 주변의 시선을 의식하지 않고 자연 그대로의
모습으로 태양을 즐기는 사람들의 모습이 민망하거
나 부끄럽지 않고 자연스럽게 받아들여진다. 카메
라로 사진을 찍는 행위는 당연히 금지.

주소 Makena State Park, Puunene, HI 96784 교통 31
번 도로를 타고 끝까지 가면 Wailea Ike Dr.와 합류하게
된다. 이 길의 끝에서 좌회전하고 직진, 리조트 단지를 지
나고 Makena Golf Course 입구에서 약 2마일 직진하다
Makena State Park(Big Beach)라는 작은 표지판이 보일
때 바로 우회전하면 주차장이 나온다. 지도 p.184 N

폴로 비치 Polo Beach

페어몬트 호텔 앞에 있는 해변

페어몬트 호텔 앞에 위치한 해변으로, 화장실과 샤
워 시설 등이 잘 되어 있다. 또 주차장도 꽤 크기 때
문에 투숙객이 아니더라도 스노클링과 휴식을 위해

찾기 적당하다. 겨울에는 파도가 높은 편이라 스노
클링이 힘들 때도 있다.

위치 페어몬트 케아 라니 호텔 쪽으로 들어가면 주차장이
보인다. 지도 p. 217 C

Activity & Entertainment
마우이 섬의 즐길거리

다른 섬에서는 즐길 수 없는 액티비티가 다양

마우이 섬에는 할레아칼라와 몰로키니 섬이 있어 다른 지역에서 경험할 수 없는 독특한 액티비티를 즐길 수 있다. 서핑이나 골프 등 일반적인 액티비티도 즐길 수 있지만 할레아칼라 산을 타고 내려 오는 다운힐 바이킹이나 몰로키니 스노클링은 다른 섬에서는 즐길 수 없기 때문에 마우이에서 반나절 이상 액티비티에 투자할 것을 추천한다.

스포츠

스노클링 & 스쿠버 다이빙 Snorkeling & Scuba Diving

스노클링을 위해 찾는 몰로키니 섬

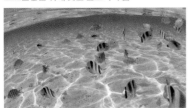

마우이 서쪽 해안은 파도가 잔잔하고 열대어들이 좋아하는 산호초가 많아 스노클링을 즐기기에 제격이다. 가볍게 스노클링을 즐기기에 좋은 해변으로는 나필리 베이(Napili Bay)와 울루아 비치(Ulua Beach)가 유명하다. 단 파도가 높은 겨울철에는 해당되지 않는다. 마우이를 방문하는 사람들이 스노클링을 위해 가장 많이 찾는 곳은 바로 몰로키니 섬이다. 몰로키니는 화산이 폭발하여 분화구 한쪽만 바다 위로 올라와 예쁜 초승달 모양을 이룬 섬으로, 분화구 안쪽이 물고기들이 생활하기 좋은 형태를 이루고 있다. 이곳에서 알록달록 온갖 종류의 열대어와 해양 생물을 만날 수 있다. 몰로키

니는 일반적으로 스노클링만으로도 수중 30m까지 시야가 확보되지만 좀 더 깊은 바다의 속살을 직접 느껴 보고 싶다면 스쿠버 다이빙을 추천한다.

Quicksilver / Frogman
전화 808-662-0075
홈페이지 www.frogman-maui.com

Four Winds II / Maui Magic
전화 808-879-8188
홈페이지 www.mauiclassiccharters.com

Pride of Maui
전화 808-242-0955
홈페이지 www.prideofmaui.com

몰로키니 섬에서의 스노클링

POINT 1 예약하기

한국에서 예약을 하고 가도 좋지만 극성수기가 아니라
면 마우이에 도착해서 예약을 해도 늦지 않다. 라하이
나에는 몰로키니 투어 예약을 대행하는 여행사들이 많
으니 직접 어떤 배를 이용하는지, 추가 비용은 없는지
등을 확인하고 예약하는 것이 좋다. 라하이나가 아니더
라도 호텔에서 예약 가능하다.

POINT 2 오전 몰로키니 투어

오전 몰로키니 투어의 경우 기본적으로 항구에서 몰로키니까지의 배편 이동과 간단한 아침과 점심, 음
료수 등을 제공하며 일체의 스노클링 장비를 무료로 대여해 주는 것을 기본으로 하여 $80~100의 가격
을 형성하고 있다(업체에 따라 터틀타운 등 스노클링을 위해 다른 곳을 더 들르기도 한
다.). 지나치게 가격이 싼 프로그램은 이것저것 추가 요금을 요구할 수 있으므
로 예약 전에 반드시 확인하도록 하자.

POINT 3 오후 몰로키니 투어

몰로키니는 오전에 파도가 적고 물고기들이 왕성하게 활동하
기 때문에 다양한 종류의 수중 생물을 구경할 수 있다. 오후에
출발하는 몰로키니 투어 프로그램은 오전 프로그램에 비해
$30 이상 싸지만 그만큼 몰로키니를 제대로 즐길 수 없다는 단
점이 있다.

POINT 4 추위를 많이 탄다면?

추위를 많이 타는 사람이라면 잠수복(wet suit)을 준비하는 것도 방법이다. 해녀복처럼 생긴 전신 수영
복은 입으면 물 속에서도 훨씬 따뜻하고 물에 잘 뜨기 때문에 추위를 많이 타는 어린이들이 착용하면
즐겁게 몰로키니 스노클링을 즐길 수 있다. 일반적으로 배 안에서 $10 정도에 대여도 가능하다.

POINT 5 마알라에아 항구에서 출발하는 투어 프로그램

몰로키니 투어는 기본적으로 라하이나와 마알라에아(Maalaea) 항구에서 출발하는
데 마알라에아가 몰로키니와 더 가깝기 때문에 배멀미가 심하거나 오랫동안 배를
타는 것을 즐기지 않는 사람이라면 마알라에아 항구에서 출발하는 투어 프로그램
을 선택하는 것이 좋다.

다운힐 바이킹 Downhill Biking

자전거를 타고 언덕을 내려오는 액티비티

할레아칼라 산에서 가장 많이 이루어지는 다운힐 바이킹은 체력이 엄청나게 소모되고 바이킹 실력이 필요하기 때문에 개인적으로 움직이는 것보다는 투어 프로그램에 참가할 것을 추천한다. 투어 프로그램은 일반적으로 할레아칼라 일출과 함께 묶어서 이루어지는데 새벽 2~3시경 출발하여 차로 할레아칼라 정상까지 이동해, 해돋이를 감상한 후 본격적인 바이킹이 시작된다. 3,000m가 넘는 곳에서부터 시작하는데 바이킹 리더가 일행을 이끌며 중간 중간에 멋진 포인트에 들러 휴식을 취하기도 한다.

자전거를 타고 씽씽 내달리는 사람들을 보면 멋있기도 하고 부럽기도 하지만 체력과 자전거 실력에 어느 정도 자신이 있는 사람이 아니라면 꽤 힘든 코스이다. 산소가 희박하기 때문에 호흡 조절도 필요하며 커브 길이 많아 바이킹 실력도 매우 중요하다. 그러나 할레아칼라 산의 정기를 받으며 구름 사이로 시원하게 내달리는 기분은 해 보지 않으면 절대 모를 상쾌함과 짜릿함을 전해 준다.

할레아칼라 바이크 컴퍼니(Haleakala Bike Company)
전화 808-575-9575 홈페이지 www.bikemaui.com

윈드서핑 Windsurfing

바람을 온몸으로 느끼다

마우이 북쪽 지역은 연중 바람이 강해 바람을 타는 윈드 서퍼들에게는 천혜의 장소이다. 그러나 윈드 서핑을 한 번도 경험해 보지 않은 사람이라도 초보자를 위한 보드와 카이트를 대여해 주며 잔잔한 바다에서 차근차근 가르쳐 주기 때문에 1회 강습이면 어느 정도 바람을 따라 파도를 탈수 있게 된다. 마우이의 거칠고 용감무쌍한 바다를 직접 느껴 보고 싶다면 도전해 보자. 프로급 서퍼들에게는 후키파 비치를 단연 추천한다.

고래 구경 Whale Watching

마우이 관광의 성공과 실패를 결정하는 포인트

매해 11월부터 4월까지 마우이 섬은 온통 고래 이
야기로 넘친다. 투어 회사에서도 고래 구경 가자
며 홍보에 열을 쏟고, 고래를 보았고 안 보았고가
마우이 관광의 성공과 실패를 좌우할 정도이다.
알래스카에서 지내던 고래들이 새끼를 낳고 양육
을 하기 위해 매해 겨울이면 따뜻한 하와이 섬을
찾는데, 주로 마우이 섬 근처에서 자주 발견되곤
한다. 이런 고래들의 환상적인 모습을 목도하기
위해 배를 타고 먼바다까지 나가는데 주로 라나이
섬과 카호올라웨 섬 주변이 수심이 낮아서 고래들
을 많이 발견할 수 있다.

망망대해를 하염없이 바라보며 과연 고래를 볼 수
있을까 의심을 품다가도 고래가 내뿜는 하얀 물줄
기를 보거나 고래가 거꾸로 점프라도 할 때면 저
절로 탄성이 나오고 그동안 기다린 수고가 하나도
아깝지 않다. 이 기간 동안 많은 투어 업체들이 '우
리는 고래를 볼 때까지 바다에서 돌아오지 않습니
다.' 하는 개런티 프로그램들을 진행하기 때문에

겨울철에 마우이를 찾았다면 고래와의 환상적인
만남을 기대해 볼 만하다.

퍼시픽 웨일 파운데이션(Pacific Whale Foundation)
전화 808-249-8811 홈페이지 www.pacificwhale.
org

스릴러 마우이(Thriller Maui)
전화 808-214-5800

Food & Restaurant
마우이 섬의 먹을거리

지역마다 다양한 레스토랑이 인기

마우이의 먹을거리는 지역에 따라 차이를 보이는데 라하이나의 경우는 섬 전체에 걸쳐 있는 체인 레스토랑이나 해산물 레스토랑이 우위를 차지하고 있고 와일레아 지역은 최고급 레스토랑이 즐비하며 키헤이는 마우이 로컬 레스토랑이 주를 이루고 있다. 각 지역 간의 이동 시간이 길기 때문에 맛집을 찾아 몇 시간씩 드라이브 하기보다는 머무는 지역에서 다양한 레스토랑을 경험해 보는 것이 좋다.

MAPECODE 22248

메리맨 마우이 Merriman's Maui

마우이의 로맨틱한 저녁을 즐기기 좋은 곳

라하이나 오션 프론트에 위치한 레스토랑으로, 직접 농장에서 재배하여 요리하는 것으로 유명하다. 탁 트인 바다 전망은 낮에는 시원한 오션뷰를, 저녁에는 로맨틱한 선셋을 선사한다. 인기가 많아 결혼식 등 행사가 많으니 미리 예약하는 것이 좋다.

주소 1 Bay Club Pl, Lahaina, HI 96761 시간 매일 15:00~21:00 일 09:30~23:30(브런치 운영) 전화 808-669-6400 홈페이지 www.merrimanshawaii.com 지도 p. 184 A

MAPECODE 22249

치즈 버거 인 파라다이스 Cheeseburger in Paradise

하와이의 토종 버거 즐기기

바닷가 옆에 위치한 멋스러운 2층 건물에서 유명한 하와이 토종 버거를 즐겨 보자. 가장 유명한 메뉴는 단연 치즈 버거이다. 치즈의 종류도 다양하기 때문에 입맛대로 고를 수 있다. 라하이나의 석양이 지는 바다를 바라보며 즐기는 햄버거가 이토록 특별할 수 있다니. 식사 시간이 아닌 때에 가도 늘 줄을 서야 할 만큼 인기 있는 라하이나의 명물 레스토랑이다. 오아후의 와이키키에도 매장이 있다.

주소 811 Front St., Lahaina, HI 96761 시간 08:00~23:00 전화 808-661-4855 홈페이지 cheese.burgernation.com 지도 p. 210

루스크리스 스테이크 하우스 Ruth's Chris Steak House

미국식 스테이크를 제대로 즐길 수 있는곳

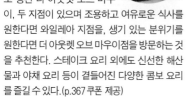

두툼하고 육즙이 살아 있는 하 와이산 소고기를 그릴에 구 워 전형적인 미국식 스테 이크 요리를 맛볼 수 있다. 와일레아와 라하이나에 새 로 생긴 더 아웃렛 오브 마우 이, 두 지점이 있으며 조용하고 여유로운 식사를 원한다면 와일레아 지점을, 생기 있는 분위기를 원한다면 더 아웃렛 오브 마우이점을 방문하는 것 을 추천한다. 스테이크 요리 외에도 신선한 해산 물과 야채 요리 등이 곁들어진 다양한 콤보 요리 를 즐길 수 있다.(p.367 쿠폰 제공)

시간 17:00~22:00 홈페이지 www.ruthschrishawaii. com

더 아웃렛 오브 마우이점
주소 900 Front St., Lahaina, HI 96761 전화 808-661-8815 지도 p. 210

더 숍스 앳 와일레아점
주소 3750 Wailea Alanui #A-34, Wailea, HI 96753 전화 808-874-8880

무스 맥길리커디스 Moose McGillycuddy's

20년이 넘은 하와이의 캐주얼 레스토랑

스포티하고 발랄한 매장 분위기 때문에 가족 단위 의 여행객이 즐겨 찾으며 매장 안에는 대형 LCD TV가 있어 스포츠 경기가 있는 날이면 발을 디딜 틈이 없을 정도로 인기가 많다. 햄버거와 신선한 드래프트 맥주가 이 집의 자랑거리이며, 라하이나 에도 있다.

키헤이점
주소 2511 S Kihei Rd., Kihei, HI 96753 시간 11:00~24:30 전화 808-891-8600 홈페이지 www. moosemcgillycuddys.com 지도 p. 210

리오다스 키친 & 파이 숍
Leoda's Kitchen and Pie Shop

작지만 알찬 유명한 파이 전문 카페

간단한 식사와 베이커리, 커피를 파는 카페로 직접 만드는 바나나 크림 파이와 코코넛 크림 파이는 동네의 명물로 꼽히고 있다. 오믈렛이나 잉글리시 머핀 에그 등 아침 식사 메뉴는 평범한 편이지만 치킨 파이나 치킨 와플은 주변에서 최고로 꼽힐 만하다. 추천 메뉴는 아히 샌드위치와 갈릭 소스와 함께 서빙되는 프라이가 있다. 예약을 받지 않기 때문에 주말 오전에는 약간 기다려야 하는 편.

주소 820 Olowalu Village Rd., Lahaina, HI 96761 시간 월~일 07:00~20:00 전화 808-662-3600 홈페이지 www.leodas.com

타일랜드 퀴진 Thailand Cuisine

2008년 〈마우이 뉴스〉 '최고의 타이 요리' 선정

칼로리가 적고 우리 입맛과 맞아 건강식으로 제격이다. 특히 튀기지 않고 다양한 채소를 라이스 페이퍼에 얇게 말아 놓은 서머롤과 똠얌꿍, 새우와 함께 달콤하게 볶은 팟타이는 동서양을 막론하고 가장 많이 찾는 메뉴이다. 늦은 저녁 출출할 때 롤만 테이크아웃해도 좋다.

주소 Kahului 70 E. Ka'ahumanu Avenue, Maui Mall, Kahului, HI 96732 시간 점심 11:00~14:30 저녁 17:00~22:00(일요일 휴무) 전화 808-873-0225 홈페이지 www.thailandcuisinemaui.net 지도 p. 184 F

카페 오레이 키헤이 Cafe O'Lei Kihei

캐주얼하게 즐기는 하와이 전통 퓨전 레스토랑

하와이안 스타일의 요리와 일본, 태국 요리들을 접목하여 다양한 맛을 선사하는 곳으로 로컬들에게 매우 인기가 많은 곳이다. '건강한 음식을 간단하고 쉽게'라는 모토처럼 신선한 해산물 요리를 합리적인 가격에 만날 수 있다. 마우이에만 5개의 지점이 있으며 스시 바가 운영되는 키헤이점이 인기가 많다. 주말 예약은 필수.

주소 2439 S Kihei Rd #201A, Kihei, HI 96753 위치 레인보우 몰 내에 위치한다. 시간 점심 10:30~15:30 저녁 16:30~21:30 전화 808-891-1368 홈페이지 www.cafeoleirestaurants.com 지도 p. 215 D

롱기즈 레스토랑 Longhis Restaurant

라하이나에서 30년 가까이 사랑받고 있는 롱기즈
한층 더 밝고 고급스러운 분위기로 아침, 점심, 저
녁을 편안한 시간대에 즐길 수 있다. 롱기즈 와일
레아점의 가장 큰 장점은 낮에는 바닷가 쪽 테라스
에 앉아 마우이의 따뜻한 햇살을 받으며 식사를 할
수 있고 저녁에는 분위기 있는 조명 아래에서 최고
의 음식을 맛볼 수 있다는 것이다. 〈자갓 서베이〉

에서 하와이 최고의 브런치 레스토랑으로 뽑히기
도 했다. 마우이의 라하이나와 오하우의 알라 모
아나 센터에도 있다.

주소 3750 Wailea Alanui Dr., Kihei, HI 96753 시간
08:00~21:30 (해피 아워 15:00~18:00) 전화 808-
891-8883 홈페이지 www.longhis.com 지도 p. 217 B

MAPECODE 22257

마마스 피쉬 하우스
Mama's Fish House

마우이의 최고의 씨푸드 레스토랑

예약하지 않으면 꽤 오래 기다려야 할 정도로 사시
사철 인기다. 마우이에서 잡은 신선한 시푸드만을
다루며 주인의 자부심도 대단하다.
메뉴명과 생선 이름이 우리에게 익숙하지 않아 주
문하기가 어렵다면 담당 서버에게 메뉴를 추천해
달라고 하자. 가격이 다소 높지만 신선한 바다 내
음이 느껴지는 생선과 각종 소스들이 입맛을 자극
한다. 해산물 애호가라면 먼 길을 달려 꼭 들러 볼
만하다.

주소 799 Poho Pl., Paia, HI 96779 시간 점심
11:00~15:00 저녁 16:15~21:00 전화번호 808-
579-8488 홈페이지 www.mamasfishhouse.com 지
도 p.184 F

MAPECODE 22258

쿨라 롯지 앤 레스토랑
Kula Lodge & Restaurant

마우이가 내려다보이는 멋진 뷰

할레아칼라 일출을 보고 내려오면 딱 출출하여 아
침 식사를 해야 하는 타임이다. 377번 도로를 따
라 내려오면 만나게 되는 쿨라 롯지는 일출을 보느
라 잔뜩 움츠러진 어깨를 풀어 준다. 메뉴나 음식
은 그닥 특별하진 않지만 마우이가 한눈에 내려다
보이는 뷰 때문에라도 꼭 들러 볼 만하다.

주소 15200 Haleakala Hwy., Kula, HI 96790 시간
07:00~21:00 홈페이지 www.kulalodge.com 지도 p.
185 K

Hotel & Resort
마우이 섬의 호텔 & 리조트

여행 스타일에 따라 호텔 선택하기

마우이는 지역에 따라 리조트의 색깔이 뚜렷한 편이다. 카팔루아나 카아나팔리 지역은 세계적인 체인의 호텔들이 즐비해 있어 좀 더 관광지다운 분위기가 나고 편의시설도 몰려 있는 편이다. 반면 와일레아는 최고급 리조트와 프라이빗한 리조트가 몰려 있어 허니무너들에게 많은 인기를 얻고 있다. 관광이나 액티비티 중심이라면 라하이나에 있는 소박한 리조트를 추천하며 장기간 머물 경우 저렴한 숙소가 몰려 있는 키헤이 지역을 추천한다.

MAPECODE **22259**

아웃리거 아이나 날루 Outrigger Aina Nalu

고즈넉한 항구 마을 라하이나에 위치한 리조트

복잡한 프런트 스트리트에서 한 블록만 벗어나면 열대나무에 둘러싸인 건물들이 있는데 라하이나라는 생각이 전혀 들지 않을 정도로 조용하고 아늑하다. 최근에 리노베이션을 한 아이나날루의 룸은 어두운 대리석을 기본으로 하여 차분하고 편안한 분위기이며 전 객실은 주방 시설이 완비되어 있고 룸과 거실이 분리되어 있어 편리하다. 한편 너른 풀과 선데크, 옥외 스파는 아이나 날루의 자랑거리이다. 또한 욕실에는 세탁 시설까지 겸비하고 있어 신혼 여행객뿐 아니라 가족 단위의 여행객들이 묵기에도 최고의 장소이다. 인터넷은 로비와 풀장에서 가능하며 풀장 주변의 객실은 룸 안에서도 무선 인터넷이 가능하다.

주소 660 Wainee St., Lahaina, HI 96761 전화 080-667-9766 홈페이지 www.outriggerainanalucondo.com 지도 p. 210

MAPECODE **22260**

호텔 와일레아 마우이 Hotel Wailea Maui

로맨틱한 파라다이스

마우이에서 가장 고급스럽고 편안한 지역인 와일레아의 언덕에 위치한 호텔이다. 최근 전면 리노베이션을 하여 모든 룸은 럭셔리한 인테리어와 LCD TV 등을 갖추었다. 사생활을 완벽하게 보호할 수 있도록 거실과 침실이 분리되어 있으며 주방 시설도 갖췄기 때문에 휴가 내내 와일레아를 떠나지 않아도 된다. 특히 와일레아 비치가 시원하게 내려다보이는 2층 룸은 날씨가 맑은 아침이면 초승달 모양의 몰로키니 섬이 한눈에 펼쳐져 로맨스를 꿈꾸는 모든 이들을 충족시켜 줄 최고의 장소이다. 콘티넨털 조식을 제공하며 모든 룸에서는 무선 인터넷과 유선 인터넷을 사용할 수 있고 리조트 내에는 오픈 에어 목욕탕이 있는데 일반적인 스파 시설이 아닌 한국식 목욕탕이어서 여독을 풀기에 제격이다.

해가 지는 와일레아의 바다를 바라보며 따뜻한 욕조에 몸을 담그고 있자면 바로 이곳이 파라다이스가 된다. 투숙객에게는 그랜드 와일레아 리조트의 시설 일부를 이용할 수 있는 멤버십 카드를 제공한다.

주소 555 Kaukahi St., Wailea, HI 96753 전화 808-874-0500 홈페이지 www.hotelwailea.com 예약 Aqua Hotels & Resorts GSA 한국 사무소 02-317-8710 · 8730, (fax) 02-755-9758 지도 p. 217 C

와일레아 비치 매리어트 리조트 & 스파 Wailea Beach Marriott Resort & Spa

고급스럽고 멋진 뷰를 자랑하는 리조트

와일레아 비치 오션 프런트에 자리한 와일레아 비치 매리어트 리조트는 최근 60만 달러를 투자한 리노베이션으로 새로운 로비와 완벽히 탈바꿈된 게스트 룸을 갖추게 되었다. 전 객실은 매리어트의 새로운 '리바이브' 베드 & 린넨 컬렉션으로 한층 업그레이드되어 고급스러우며, 라나이에서는 눈부신 퍼시픽 오션과 이웃 섬까지 볼 수 있다. 또한 최첨단 장비의 피트니스 센터와 더불어 넓은 몰로키니 가든에 말루히아 세레니티 풀과 전용 카바나를 갖추고 있어 어린이를 동반한 가족들에게도 단연 인기가 있다.

주소 3700 Wailea Alanui Dr., Kihei, HI 96753 전화 808-879-1922 홈페이지 www.marriotthawaii.com 지도 p. 217 B

카팔루아 빌라스 인 마우이 Kapalua Villas in Maui

아름다운 자연 경관에 둘러싸인 리조트

카팔루아 빌라스는 라이프 스타일 리조트로 아름다운 마우이의 자연 경관에 둘러싸여 있으며 라하이나의 북쪽에서 20분 정도 떨어진 거리에 위치해 있다. 어마어마한 규모의 카팔루아 빌라스 리조트는 산에서부터 바다까지, 푸른 열대 우림, 폭포, 유기농 농장, 달콤한 마우이 골드 파인애플 그리고 구불구불한 하이킹 트레일까지 아우르며 쭉 뻗어 있다.

또한 카팔루아 빌라스에는 스파 시설과 11개의 레스토랑, 골프 아카데미, 2개의 세계 최상급 골프 코스, 카팔루아 테니스 가든 등을 갖추고 있어 최고의 리조트로 손색이 없다. 달콤한 허니무너에게는 럭셔리 프라이빗 홈즈를 추천한다.

주소 2000 Village Rd., Lahaina, HI 96761 전화 080-665-9170 홈페이지 www.kapaluavillas.com 지도 p. 184 A

🏨 그 밖의 호텔 간단 리뷰

●웨스틴 마우이 리조트 & 스파

웨일러스 빌리지 바로 옆에 위치한 큰 규모의 리조트로 테마파크를 연상케 한다. 슬라이드가 있는 수영장과 연못들이 곳곳에 위치해 있어 물고기나 홍학을 만날 수도 있다.

●쉐라톤 마우이 리조트 & 스파

블랙 록 바로 앞에 위치한 대형 규모의 리조트로, 웨스틴 마우이 리조트 & 스파와 더불어 일 년 내내 관광객으로 붐빈다. 바로 앞 해변에서 스노클링을 즐길 수 있는 등 위치적으로 최상의 조건을 지닌 만큼 조용하고 한적함과는 거리가 먼 것이 단점.

●더 웨스틴 카아나팔리 오션 리조트 빌라

콘도미니엄 형식의 빌라로 주방 시설이 완비되어 있어 가족 여행객들에게 인기가 있다. 위치적으로는 메인이 아니지만 리조트 측에서 다양한 액티비티를 제공한다.

●하얏트 리젠시 마우이 리조트

부대시설이 잘 갖춰진 대형 리조트로, 리조트 안에 서식하는 다양한 동물군을 만날 수 있다. 어린이 수영장과 액티비티 시설이 잘 갖춰져 있어 가족 여행객들에게 단연 인기.

●더 리츠칼튼 카팔루아 마우이 리조트

리츠칼튼의 명성이 그대로 느껴지는 곳. 특히나 바다와 맞닿아 있는 수영장과 골프 코스는 이 호텔이 지향하는 바를 명확하게 알게 해 준다. 관광보다 휴식을 원하는 허니무너에게 추천.

●그랜드 와일레아

워터파크 부럽지 않은 수영장이 매력적인 리조트로 신혼부부나 가족 여행객 모두에게 적합하다. 다양한 상점과 레스토랑을 갖추고 있어 그야말로 리조트 안에서 모든 것을 해결할 수 있다. 인기 리조트인 만큼 조용함과는 거리가 멀다.

●더 페어몬트 케아 라니

외관에서 느껴지는 시원함과 위치가 단연 최고.

●포시즌 마우이 앳 와일레아

보통 마우이 Top 3 리조트를 언급할 때 빠지지 않는 곳. 최고의 레스토랑과 최고의 서비스를 지향한다.

Big Island

빅아일랜드

용암이 꿈틀거리는 열정의 땅

빅아일랜드는 하와이의 나머지 7개 섬을 다 합친 것보다 큰 덩치를 가지고 있지만 사실 알고 보면 하와이 제도의 섬 중 가장 늦게 생긴, 고작 80만 년밖에 되지 않은 막내 섬으로, 본래의 이름은 하와이 섬이지만 빅아일랜드라는 애칭으로 더 많이 불리고 있다.

빅아일랜드에서는 지구상에서 관찰할 수 있는 대부분의 기후를 만날 수 있는데 힐로 지역에는 마치 열대 우림처럼 소나기와 뜨거운 태양이 번갈아 가며 등장하고, 코나는 연중 따뜻한 기후로 관광객들의 사랑을 독차지하고 있다.

게다가 아직도 화산 활동을 하고 있는 킬라우에아 덕에 지금도 조금씩 땅이 자라고 용암이 꿈틀거리는 신비의 땅이다. 자연이 주는 감동과 위대함을 느끼고 싶다면 지금 당장 빅아일랜드로 향하자. 광활한 대지와 뜨거운 용암이 우리의 삶까지도 열정적으로 만들어 줄 것이다.

빅아일랜드에서 꼭 체험해 봐야 할 것 BEST 3

ALOHA

❶ 하와이 화산 국립 공원 둘러보기
❷ 케알라케쿠아 베이에서 스노클링하기
❸ 마우나 케아 정상에서 별빛, 달빛 보기

빅아일랜드

A

코할라 코스트
Kohala Coast

E

F

코나 코스트
Kona Coast

I

J

M

우폴루 공항
Upolu Airport

카파아우
Kapaau

오리지널 카메하메하 대왕 동상
King Kamehameha Original Statue

하위
Hawi

마카팔라
Makapala

폴롤루 계곡 전망대
Pololu Valley Lookout

마후코나
Mahukona

250
노스 코할라
North Kohala

와이피오 계곡 전망대
Waipio Valley Looko

코할라 산맥
Kohala Mountains

와이피
Waip

코할라 마운틴 로드
Kohala Mountain Rd.

와이피오 계곡
Waipio Valley

270

카와이하에
Kawaihae

사우스 코할라
South Kohala

19

푸아코
Puako

190

와이콜로아
Waikoloa

코할라 코스트

카우풀레후
Kaupulehu

키홀로
Kiholo

사들 로드
Saddle Rd.

19

퀸 카아후마누 하이웨이 Queen Kaahumanu Hwy.

미마라호아 하이웨이 Mamalahoa Hwy.

푸우아나훌루
Puuanahulu

코나 공항
Kona Airport

코나 코스트

노스 코나
North Kona

칼라오아
Kalaoa

190

호노코하우
Honokohau

180

카일루아 코나
Kailua Kona

케아우호우
Keauhou

카이날리우
Kainaliu

캡틴 쿡
Captain Cook

로얄 코나 커피 밀 & 박물관
Royal Kona Coffee Mill & Museum

케알라케쿠아 베이
Kealakekua Bay

호나우나우
Honaunau

케오케아
Keokea

마우나 로아
Mauna Loa

푸우호누아 오 호나우나우 국립 역사 공원
Puuhonua o Honaunau National Historical Park

호오케나
Hookena

11

밀롤리이
Milolii

미마라호아 하이웨이 Mamalahoa Hwy.

푸날루우
Punaluu

푸날루우 블랙 샌드 비치
Punaluu Black Sand Beac

와이오히누
Waiohihu

나일레후
Naalehu

카알루알루
Kaalualu

렌타카 주행 불가 지역

사우스 포인트 공원
South Point Park

그린 샌드 비치
Green Sand Beac

파아우일로
Paauilo

쿠카이아우
Kukaiau

라우파호에호에
Laupahoehoe

마쿠아
makua

니놀레
Ninole

하칼라우
Hakalau

호노무
Honomu

아카카 폭포 주립 공원
Akaka Falls State Park

하와이 트로피컬 식물원
Hawaii Tropical Botanical Garden

케아
ea

케아 방문객 센터
Kea Visitor Center

와일루쿠 리버 보일링 포츠
주립 공원
Wailuku River Boiling Pots
State Park

파파이코우
Papaikou

힐로
Hilo

오네카하카하 비치 파크
Onekahakaha Beach Park

칼 스미스 비치 파크
Carlsmith Beach Park

리차드슨 오션 파크
Richardson Ocean Park

힐로 공항
Hilo Airport

와일루쿠 리버 레인보우
폭포 주립 공원
Wailuku River Rainbow
Falls State Park

새들 로드 Saddle Rd.

마우나 로아 마카다미아 너트
Mauna Loa Macadamia Nut

케아아우
Keaau

커티스타운
Kurtistown

쿠무카히 등대
Kumukahi

마운틴 뷰
Mountain View

카포호 타이드 풀
Kapoho Tide Pools

볼케이노 와이너리
Volcano Winery

글렌우드
Glenwood

파호아
Pahoa

포호이키
Pohoiki

아할라누이 컨트리 비치 파크
Ahalanui Country Beach Park

킬라우에아 방문객 센터
Kilauea Visitor Center

서스톤 라바 튜브
Thurston Lava Tube

오피히카오
Opihikao

하우스
o House

스 재거 박물관
Jagger Museum

체인 오브 크레이터스 로드
Chain of Craters Rd.

크레이터 림 드라이브
Crater Rim Drive

칼라파나
Kalapana

하와이 화산 국립 공원
awaii Volcanoes National Park

용암으로 사라진 길

0   10m

❯ 빅아일랜드로 이동하기

한국에서 빅아일랜드로 바로 연결되는 직항 노선이 없기 때문에 오아후의 호놀룰루 국제공항에서 환승을 해야 한다. 따라서 대부분의 관광객이 오아후와 빅아일랜드를 함께 방문하는 여행 일정을 선호하곤 한다.

❯ 주내선 이용하기

빅아일랜드에서 관광객이 주로 이용하는 공항은 코나 공항과 힐로 공항인데 리조트는 대부분 코나 지역에 몰려 있어 코나 공항 이용 비율이 더 높다. 코나로 들어가서 관광을 하고 마지막에 화산 국립 공원과 힐로 지역을 관광하고 힐로 공항을 통해 이웃 섬으로 이동하는 코스도 인기다. 호놀룰루 국제공항과 두 공항을 잇는 항공사는 하와이안 항공이 대표적이며 저가 항공사가 있기는 하지만 대부분 통근자들을 위한 노선을 위주로 배치되어 있다.

노선은 하루에 30~40편 정도 운행되지만 비행기가 크지 않고 성수기에는 자리가 없을 수 있으니 국제선 스케줄이 확정되었다면 한국에서 미리 예약을 하고 가는 것이 좋다.

호놀룰루 국제공항에 도착하면 인터아일랜드 터미널로 이동하여 항공사 카운터에 항공권과 여권을 제시한 후 체크인을 하면 되는데 하와이안 항공의 경우 부치는 수화물의 개수에 따라 비용을 지불해야 하지만 국제선을 이용했을 경우 일인당 23kg짜리 2개까지 무료로 수하물을 맡길 수 있다. 일반적으로 탑승은 출발 15분 전부터 시작하며 비행기가 작기 때문에 탑승 과정이 빠르게 진행된다. 시간에 맞춰 대기하도록 하자.

호놀룰루 국제공항에서 빅아일랜드의 두 공항까지는 40~45분 정도밖에 걸리지 않기 때문에 타자마자 벨트를 메고 승무원이 나눠 주는 하와이산 프레시 주스를 한 잔 마시면 살아 숨 쉬는 땅 빅아일랜드가 한눈에 들어온다. 비행기가 높은 고도까지 올라가지 않아 비행 내내 하와이 섬의 절경을 즐길 수 있다.

Travel Tip

렌터카 없이 빅아일랜드 완전 정복

이름처럼 넓기도 넓고 볼 것도 많은 빅아일랜드. 렌터카 없이도 하루만에 섬 전체를 돌아볼 수 있는 프로그램을 이용하면, 운전하는 부담 없이 짧은 시간 동안 빅아일랜드 관광을 마치고 다시 이웃 섬으로 이동하거나 호텔에서 여유롭게 휴식을 취할 수 있다. 얼마 전까지만 해도 빅아일랜드 투어는 주로 외국인 중심이라 언어적으로 불편한 점이 많았지만 지금은 한국인 가이드가 직접 운영하는 프로그램이 생겨 빅아일랜드의 핵심 관광지를 모두 돌아볼 수 있다. 일반적으로 공항 픽업부터 점심식사가 포함되며 주요 관광지인 코나-카일루아, 카홀루우 비치, 하이라이트 중 하나인 국립 화산 공원, 블랙샌드 비치와 코나 커피 농장 로드 그리고 아카카 폭포까지 총 10여 시간에 걸쳐 빅아일랜드 섬 전체를 한바퀴 돌게 된다.

- 운영 매일

- 출발 빅아일랜드 코나 공항

- 요금 1인당 $99 (점심식사 및 입장료, 한국인 가이드 포함), 가이드 팁 $10

- 소요 시간 약 10시간

- 상담 문의 카카오톡 ID konatours

❷ 헬레 온 버스 Hele-On-Bus

면적이 넓고 인간의 손길이 닿을 수 없는 곳이 대부분인 빅아일랜드에는 섬에서 운영하는 헬레 온 버스가 있긴 하지만 노선과 운행 편수가 규칙적이지 않기 때문에 관광객이 이용하기에는 어려움이 있다. 오랫동안 머물 예정이라면 스케줄을 미리 확인하고 이용하는 것도 나쁘지 않다.

홈페이지 heleonbus.org

❷ 택시

공항이나 리조트 밀집 지역에서는 택시를 이용할 수 있지만 길거리에서 택시를 만나기는 매우 어렵다. 택시를 이용할 예정이라면 호텔 데스크에 부탁을 하거나 택시 회사에 직접 예약을 해야 한다.

❷ 렌터카

넓디넓은 빅아일랜드를 제대로 즐기기 위해서 렌터카는 필수이다. 빅아일랜드를 일주할 수 있는 도로

가 잘 정비되어 있기 때문에 운전은 어렵지 않다. 코나와 힐로 공항을 나오면 렌터카 회사의 카운터가 있으니 여기서 체크인(Check-in)과 픽업(Pick-up)을 하면 된다. 마우나 케아 정상에 올라가려면 사륜구동(4WD) 차량이 필요한데 차량 수가 한정적이므로 한국에서 예약하는 것이 좋다.(렌터카 관련 자세한 내용은 '오아후 편' 참고)

Travel Tip

빅아일랜드에서 운전하기

■ 리조트 부근에서만 머물 예정이 아니라면 코나나 힐로 어느 지역에 머물더라도 관광지까지 1~3시간까지 운전을 해야 하므로 무리하지 않는 것이 중요하다. 게다가 도로는 단순하고 주변에 상점이나 건물도 없어 졸음 운전을 하기 쉬우므로 두 명이 번갈아 가며 운전하거나 충분한 휴식 후 운전하도록 하자. 야간에는 되도록 운전을 피하는 것이 좋은데 도로에 가로등이 거의 없어 자동차 불빛만으로 운전을 해야 하고 심야에는 난폭 운전을 하는 현지 주민들이 많아서 해가 지면 숙소로 돌아올 수 있는 스케줄을 짜는 것이 좋다.

■ 새들 로드나 마우나 케아 가는 길, 하와이 화산 국립 공원 올라가는 길에는 주유소가 없으므로 항상 넉넉하게 주유를 하는 것이 좋다. 비상시를 대비하여 항시 70% 정도 기름을 채워 둔다.

■ 각 렌터카 회사마다 렌터카 주행 불가 지역이 있는데 그 이유는 우선 너무 외진 곳이라서 차량에 문제가 생길 경우 렌터카 회사에서 즉각적으로 도움을 줄 수 없기 때문이고, 또 다른 이유는 도로가 험해서 차량이 손상될 위험이 높기 때문이다. 차량을 빌릴 때 렌터카 주행 불가 지역에 대해 확인하도록 하자.

■ 마우나 케아 방문객 센터부터 정상까지 가는 길과 사우스 포인트 로드는 포장 상태가 불량하고 길이 험해 일반 차량으로 접근하기 어렵고 사륜구동 차량만 허용되는 구간이 있다. 운전에 능숙하거나 사륜구동을 몰아 본 경험이 있는 사람들에게만 추천한다.

■ 빅아일랜드의 날씨는 어느 곳보다 변화무쌍하다. 예를 들어 코나에서 출발할 때는 맑게 갠 날씨라 하더라도 와이메아나 새들 로드는 짙은 안개가 끼어 있을 수도 있고 힐로 쪽으로 폭우가 쏟아질 수도 있다. 항상 출발하기 전에 타이어와 와이퍼, 전조등의 상태를 확인하자.

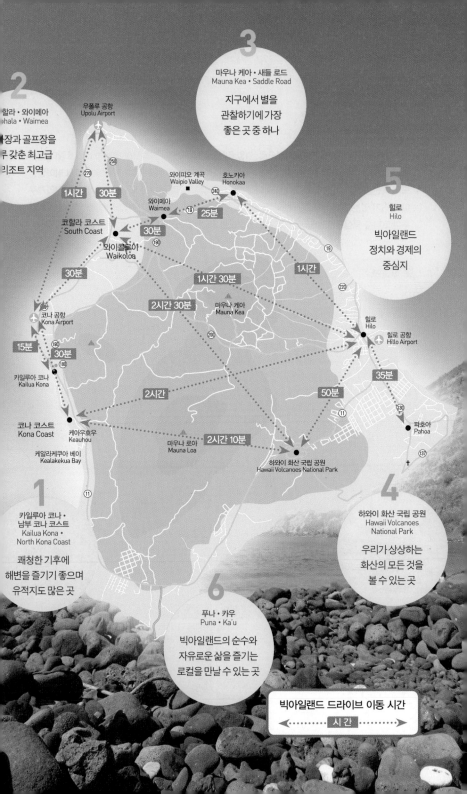

2

할라 · 와이메아
ohala · Waimea

장과 골프장을
루 갖춘 최고급
l조트 지역

3

마우나 케아 · 새들 로드
Mauna Kea · Saddle Road

지구에서 별을
관찰하기에 가장
좋은 곳 중 하나

5

힐로
Hilo

빅아일랜드
정치와 경제의
중심지

우폴루 공항
Upolu Airport

와이피오 계곡
Waipio Valley

호노카아
Honokaa

와이메아
Waimea

1시간 30분

코할라 코스트
South Coast

30분

25분

와이콜로아
Waikoloa

30분

30분

1시간 30분

마우나 케아
Mauna Kea

1시간

코나 공항
Kona Airport

2시간 30분

힐로
Hilo

15분 30분

힐로 공항
Hilo Airport

35분

카일루아 코나
Kailua Kona

2시간

50분

파호아
Pahoa

코나 코스트
Kona Coast

케아우호우
Keauhou

마우나 로아
Mauna Loa

2시간 10분

하와이 화산 국립 공원
Hawaii Volcanoes National Park

4

하와이 화산 국립 공원
Hawaii Volcanoes
National Park

우리가 상상하는
화산의 모든 것을
볼 수 있는 곳

케알라케쿠아 베이
Kealakekua Bay

1

카일루아 코나 ·
남부 코나 코스트
Kailua Kona ·
North Kona Coast

쾌청한 기후에
해변을 즐기기 좋으며
유적지도 많은 곳

6

푸나 · 카우
Puna · Ka'u

빅아일랜드의 순수와
자유로운 삶을 즐기는
로컬을 만날 수 있는 곳

빅아일랜드 드라이브 이동 시간

시간

카일루아 코나 Kailua Kona
남부 코나 코스트 South Kona Coast

● 빅아일랜드 서부 관광의 핵심 지역으로, 카일루아 코나 지역부터 남쪽으로 호텔과 레스토랑이 밀집되어 있다. 쾌청한 기후에 해변을 즐기기 좋으며 유적지도 많다. 특히 코나 커피 로드에서 빅아일랜드의 특산품 코나 커피를 만날 수 있으며, 산호와 열대어가 가득하여 스노클링하기 좋은 케알라케쿠아 베이가 있는 지역이다. 대부분의 투어가 이곳에서 시작되므로 다양한 액티비티를 원한다면 카일루아 코나를 중심으로 움직이는 것이 좋다. 최소한 2일은 잡아야 이 지역을 여유롭게 둘러볼 수 있다.

MAPECODE 22301

알리 드라이브 Ali'i Drive

언제나 생동감이 넘치는 가장 번화한 중심지

코나 코스트의 가장 번화한 중심지로, 크고 작은 숍, 레스토랑 그리고 호텔이 밀집된 지역이다. 특별한 관광지는 없지만 카일루아 피어에서 출발하는 스노클링 투어에 참가하거나 식사를 위해 한 번쯤은 들르게 되는 곳이다. 또 마우이의 라하이나처럼 해 질 무렵이면 알리 드라이브에는 선셋을 즐기는 관광객들로 늘 북적인다. 바닷가 레스토랑에서 식사를 하며 빅아일랜드의 낭만을 즐기기에 적당한 곳이다. 오전에는 카일루아 피어 건너편 무료 주차장에 여유가 있어 주차하기가 쉽지만 오후가 되면 늘 꽉 들어차기 때문에 엉클 빌리스 코나 베이 호텔(Uncle Billy's Kona Bay Hotel) 건너에 있는 유료 주차장에 주차를 하면 된다. 주차장 티켓은 기계에서 자동으로 계산할 수 있으며 현금을 이용할 경우 거스름돈은 제공되지 않으므로 주의하도록 하자. 이 지역에서 불법 주차를 할 경우 열에 아홉은 주차 단속에 걸리기 때문에 반드시 지정된 장소를 이용해야 한다.

교통 카일루아 피어를 찍고 이동하거나 Alii Dr. Paiani Rd. 교차점을 중심으로 이동하면 된다. 지도 p. 241 C, E

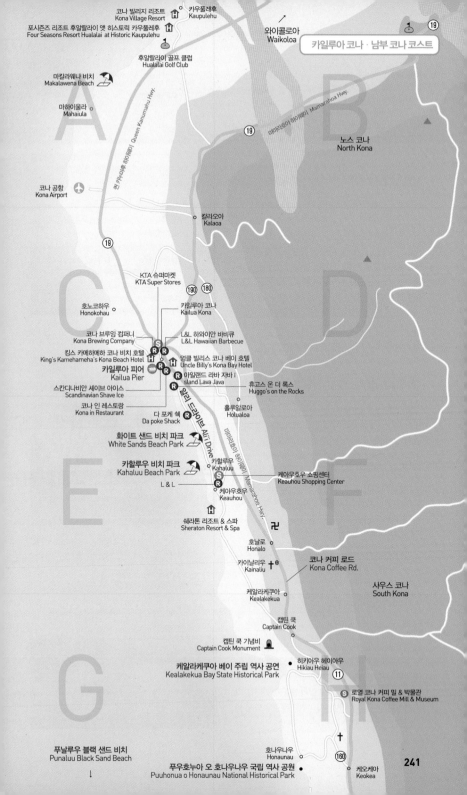

코나 빌리지 리조트
Kona Village Resort

카우풀레후
Kaupulehu

포시즌즈 리조트 후알랄라이 앳 히스토릭 카우풀레후
Four Seasons Resort Hualalai at Historic Kaupulehu

와이콜로아
Waikoloa

후알랄라이 골프 클럽
Hualalai Golf Club

마칼라웨나 비치
Makalawena Beach

마하이울라
Mahaiula

노스 코나
North Kona

코나 공항
Kona Airport

칼라오아
Kalaoa

KTA 슈퍼마켓
KTA Super Stores

카일루아 코나
Kailua Kona

호노코하우
Honokohau

코나 브루잉 컴퍼니
Kona Brewing Company

L&L 하와이안 바비큐
L&L Hawaiian Barbecue

킹스 카메하메하 코나 비치 호텔
King's Karnehameha's Kona Beach Hotel

엉클 빌리스 코나 베이 호텔
Uncle Billy's Kona Bay Hotel

카일루아 피어
Kailua Pier

아일랜드 라바 자바
Island Lava Java

스칸디나비안 세이브 아이스
Scandinavian Shave Ice

휴고스 온 더 록스
Huggo's on the Rocks

코나 인 레스토랑
Kona in Restaurant

홀루알로아
Holualoa

다 포케 쉑
Da poke Shack

화이트 샌드 비치 파크
White Sands Beach Park

카할루우 비치 파크
Kahaluu Beach Park

카할루우
Kahaluu

케아우호우 쇼핑센터
Keauhou Shopping Center

L & L

케아우호우
Keauhou

쉐라톤 리조트 & 스파
Sheraton Resort & Spa

호날로
Honalo

카이날리우
Kainaliu

코나 커피 로드
Kona Coffee Rd.

케알라케쿠아
Kealakekua

사우스 코나
South Kona

캡틴 쿡
Captain Cook

캡틴 쿡 기념비
Captain Cook Monument

히키아우 헤이아우
Hikiau Heiau

케알라케쿠아 베이 주립 역사 공연
Kealakekua Bay State Historical Park

로열 코나 커피 밀 & 박물관
Royal Kona Coffee Mill & Museum

푸날루우 블랙 샌드 비치
Punaluu Black Sand Beach

호나우나우
Honaunau

푸우호누아 오 호나우나우 국립 역사 공원
Puuhonua o Honaunau National Historical Park

케오케아
Keokea

241

MAPECODE 22302

카일루아 피어 Kailua Pier

선셋을 감상하기 좋은 알리 드라이브의 시작점

코나에서 시작하는 크고 작은 투어가 출발하는 지
점으로, 알리 드라이브의 시작 지점에 위치해 있다.
오후가 되면 어린이들이 모여 점프하며 즐겁게 노
는 모습을 볼 수 있다. 이곳이 유명한 또 다른 이유
는 빅아일랜드의 가장 큰 이벤트인 '아이언맨' 철인
3종 경기가 시작되는 지점이기 때문이다. 해 질 무
렵 아이스크림을 들고 둑에 앉아 낚시를 즐기는 사
람들이나 카누 선수들을 구경하며 시간을 보내기
좋은 곳이다.

교통 King's Kamehameha's Kona Beach Hotel 건너편
지도 p. 241 C

MAPECODE 22303

화이트 샌드 비치 파크 (매직 샌드 비치) White Sands Beach Park

저녁이면 사라지는 매직 샌드 비치

짧은 모래사장이 저녁이 되면 사라졌다가 아침이면
다시 나타나는 재미있는 곳으로, '매직 샌드 비치'
라는 이름으로 더 유명하다. 오후가 되면 멋진 몸매
의 바디서퍼들이 모여 파도를 타는 모습을 볼 수 있
다. 특별히 뭔가 하지 않더라도 빅아일랜드 서부의
따뜻한 햇살을 즐기며 눈요기를 하기에 좋은 곳이
다. 피크닉 의자와 화장실이 있어 간단한 점심을 즐
기며 보내기에도 좋다.

Laaloa Beach 표지판이 보이고 작은 주차장이 있다. 주말
에는 주차가 어려울 수 있으니 이른 아침이나 늦은 오후에
가도록 하자. 지도 p. 241 E

주소 77-6452 Kahaluu-Keauhou, HI 96740 교통 알
리 드라이브를 따라 Kona Masic Sands Hotel을 지나면

케아우호우 리조트 지역 Keauhou Resort Area

대규모 콘도와 리조트의 밀집 지역

알리 드라이브 남쪽으로 리조트와 콘도 등이 이어
진 지역을 케아우호우 리조트 지역이라 부르며, 한
국인들이 많이 찾는 쉐라톤 코나 호텔 역시 이곳에
위치해 있다. 레스토랑이 꽤 멀리 떨어져 있어 알리
드라이브까지 나가지 않는다면 케아우호우 쇼핑 센
터에 있는 레스토랑을 이용하는 것이 좋다.

카할루우 비치 파크 Kahaluu Beach Park

일 년 내내 스노클링을 즐길 수 있는 포인트
자연적으로 생긴 바위 둑이 파도를 막아 열대어와
거북이들이 서식하고 있다. 오후가 되면 거북이들
이 해변 가까이 몰려와 느긋하게 휴식을 취하는 모
습을 볼 수 있어 거북이를 보기 위해 많이 들르기도
한다. 코나 코스트에서 가장 쉽게 접근할 수 있는 곳
이지만 붐비지 않기 때문에 간단한 도시락을 싸 와
한낮을 즐기기에 좋은 곳이다. 단 바람이 많이 불어
파도가 센 날에는 서핑을 즐기는 로컬들을 볼 수 있
는데 암석 주변에는 파도가 크게 일어 위험할 수 있
으므로 초보 서퍼나 어린이들은 피하는 것이 좋다.

지도 p. 241 E

코나 커피 로드 Kona Coffee Rd.

빅아일랜드 코나 지역에서 나는 커피를 맛보다
하와이의 어떤 섬에 가도 만날 수 있는, 하와이를 상
징하는 코나 커피는 바로 이곳 빅아일랜드 코나 지
역에서 재배되는 커피를 통칭하는 말이다. 180번
도로 끝 부분부터 11번 도로와 만나는 20마일 구간
에는 오랜 전통을 자랑하는 커피 농원과 테이스팅
숍들이 줄지어 있는데 커피를 좋아하지 않는 사람
이라고 하더라도 후각을 자극하는 커피 향 때문에
차를 세울 수밖에 없게 된다. 코나 커피는 부드러우
면서도 달콤한 향이 특징인데 코나 지역의 화산 토
양과 맑은 날씨, 적당한 비가 합작으로 이루어 낸 최
고의 작품이다. 사실 100% 코나 커피는 가격이 굉

장히 비싸기 때문에, 우리가 쉽
게 접할 수 있는 코나 커피는 저
렴한 남미 커피에 코나 커피를
일부분 섞은 것이 대부분이다.
하지만 여기서는 커피 농장의
숍에서 100% 코나 커피를 저
렴하게 구입할 수 있다. 대부분
의 농장에서 무료 시음이 가능
하고 곁들여 커피콩으로 만든
초콜릿도 맛볼 수 있다.

교통 주로 180번 도로와 11번 도로가 만나는 지점에 커피
농장이 줄을 잇고 있다. 지도 p. 241 F

케알라케쿠아 베이 주립 역사 공원 Kealakekua Bay State Historical Park 🌴

산호와 열대어가 가득한 만

11번 도로를 따라가 160번 도로 끝까지 가면 캡틴 쿡이 하와이에서 최초로 기독교식 예배를 드렸다는 히키아우 헤이아우를 만날 수 있다. 이곳에서 바라보이는 만이 바로 그 유명한 케알라케쿠아 베이. 케알라케쿠아는 하와이어로 '신의 오솔길'이란 뜻으로, 깎아지른 듯한 절벽 아래 마치 그림처럼 맑은 빛으로 숨겨져 있는 빅아일랜드 최고의 스노클링 스폿이다. 하와이 제도를 처음 발견한 캡틴 쿡은 원주민들에 의해 살해되었는데, 이렇게 아름다운 곳에서 생의 최후를 맞이했다면 그렇게 억울하지 않았을 것 같다는 생각이 들 정도로 케알라케쿠아 베이는 신비한 매력을 가지고 있다.

이곳에는 산호와 열대어가 다양하여 일 년 내내 스노클링을 즐길 수 있다. 해양 생태계 보호 지역으로 지정되어 관리될 만큼 빅아일랜드 최고의 수중 환경을 자랑하고 있다. 또 스노클링을 하면서 스피너 돌고래와 거북이 등 다양한 해양 생물들을 만날 수 있는데 평생 잊지 못하는 기억이 될 것이다. 스노클링 장소는 캡틴 쿡 기념비가 있는 곳이 가장 유명한데, 보트 투어를 이용하거나 카약 등을 타고 갈 수 있으며 트레일을 따라 산으로 내려갈 수도 있으나 가장 대중적인 방법은 보트 투어와 카약을 이용하는 것이다.

해변 입구에서 카약을 빌려 캡틴 쿡 기념비가 있는 곳까지 30분 정도 노를 젓다 보면 환영이라도 하듯 은빛 돌고래들이 떼를 지어 따라오는데, 태양에 반짝이는 돌고래들이 기묘한 소리를 내며 하는 눈부신 묘기를 보고 있노라면 세상 모든 근심과 고통이 사라지는 것 같다. 사랑하는 사람과 일생 중 꼭 한번은 가 봐야 할 곳이다.

교통 11번 도로를 타고 남쪽으로 내려가다 마일 마커 110과 111 사이에 위치한 나푸푸 로드(Napoopoo Rd.)를 따라 10분 정도 내려가면 케알라케쿠아 베이에 도착한다. 지도 p. 241 H

케알라케쿠아 베이에서 스노클링하기 Snorkeling 📷

케알라케쿠아 베이를 즐기는 또 하나의 방법

해양 보호 구역으로 지정된 케알라케쿠아 베이에서 즐기는 스노클링은 빅아일랜드에서 절대 잊을 수 없는 경험이다. 카약을 이용해 개인적으로 방문할 수도 있지만 스노클링과 점심, 교통수단을 포함한 투어 프로그램을 이용해도 좋다.

페어 윈드 크루즈 www.fairwind.com
시퀘스트 하와이 www.seaquesthawaii.com

케알라케쿠아 베이에서 카약 타기

초보자도 바로 탈 수 있는 카약 타기

일반적으로 케알라케쿠아 베이에서 카약을 타기 위해서는 푸우호누아 로드(Puuhonua Road)에 있는 렌탈 숍에서 빌려 30분 정도 카약을 빌려서 가지고 내려와 직접 카약을 바다에 띄우는 방법이 있고, 케알라케쿠아 베이 왼쪽에 위치한 로컬 숍에서 빌려 바로 출발하기도 하는데 가격은 보통 1인당 $25이나 카약 1대당 $50 정도로 시간 제한은 따로 없는 것이 일반적이다. 간단한 노젓기만 배우면 초보자도 바로 탈 수 있어 많은 사람들이 케알라케쿠아 베이를 즐기는 방법으로 애용하지만 카약 이용 시에는 몇 가지 주의해야 할 사항이 있다.

주의사항

❶ 오후에는 파도가 세서 카약을 조정하기가 몹시 힘들고 위험할 수도 있다. 케알라케쿠아 베이에서 스노클링을 즐길 계획이라면 오전 일찍 움직이는 것이 좋다.

❷ 캡틴 쿡 기념비 앞에는 카약을 세우거나 내릴 수 없다. 지정된 장소에 카약을 세우고 오솔길을 따라와서 캡틴 쿡 기념비 앞으로 와서 스노클링을 즐기는 것이 일반적인 방법이고 잠깐 스노클링을 즐길 요량이라면 카약에 연결된 줄을 손에 묶고 해도 된다.

❸ 구명조끼를 반드시 착용하여 물에 뜬 상태로 스노클링을 하여 산호초와 해양 생물을 발로 밟지 않도록 주의하고 케알라케쿠아 베이를 보호하자.

❹ 카약을 타고 가는 길에 하와이 돌고래인 스피너 돌고래와 거북이를 만날 수 있으니 항상 적당한 거리를 유지하도록 하자. 주 정부에서는 생물 보호와 안전을 위해 45m 정도 떨어질 것을 권고하고 있다.

MAPECODE **22307**

푸우호누아 오 호나우나우 국립 역사 공원 Puuhonua o Honaunau National Historical Park

죄를 지은 자들이 죄를 씻기 위해 찾았던 곳

어려운 발음 때문에 'Place of Refuge(피신의 장소)'로도 불리는 이곳은 11세기경 하와이의 엄격한 규율 제도였던 카푸를 어긴 자들이 죄를 씻기 위해 머물던 곳이다. 한때 남성과 여성이 함께 밥을 먹거나 계급이 낮은 자가 높은 자의 그림자를 밟는 행위 등은 카푸 제도에 의해 엄격하게 금기시되었는데 그런 죄를 지은 사람들이 이곳에 오면 처벌을 면할 수 있었다고 한다. 즉 이곳은 성스러운 땅으로, 고대 하와이안들의 성지였다.

카푸 제도가 무너진 1800년대 이후 파괴되었던 성지를 1961년에 복원하여 국립 공원으로 관리하고 있다. 왕족의 납골당이나 하와이 고대 수호신 티키 등을 만날 수 있다.

성지이므로 수영복 차림이나 사원 내에서 음식을 먹는 것 등은 자제하도록 하자. 한글로 된 브로셔는 없으나 입장료를 낼 때 한국인임을 알리면 A4 1장짜리 안내문을 받아 볼 수 있다. 천천히 걸어서 1시간 정도면 둘러볼 수 있다. 어린이를 동반한 관광객이라면 꼭 들러 보도록 하자. 고대 하와이안의 숨결을 느낄 수 있어 교육적으로도 특별한 장소이다.

주소 National Historical Park, Honaunau, Kona, HI 96726 **시간** 07:00~일몰 **입장료** 자동차 1대당 $5(7일), 1인 $3(7일) **전화** 808-328-2326 ETX 1702 **홈페이지** www.nps.gov/puho **지도** p. 241 H

코할라 · 와이메아
Kohala　　　　Waimea (Kamuela)

● 코할라 코스트는 코나의 북쪽에 위치한 지역으로, 그중 와이콜로아 지역에는 대단위 리조트와 아름다운 비치가 많아 빅아일랜드를 처음 찾는 관광객들은 대부분은 이곳에서 여행을 시작한다. 또 와이메아 지역은 빅아일랜드에서 가장 북쪽에 위치한 곳으로, 소박한 로컬들의 생활 모습과 그림같은 목장, 그리고 언제나 아름다운 무지개를 볼 수 있다. 와이메아라는 지명이 오아후와 카우아이 등 여러 지역에 있기 때문에 빅아일랜드에서는 와이메아를 카무엘라(Kamuela)라고 부르기도 한다.

와이콜로아 리조트 지역 Waikoloa Resort Area

럭셔리 리조트가 밀집되어 있는 또 다른 빅아일랜드

힐튼 와이콜로아 빌리지나 와이콜로아 비치 매리어트 등 대규모 리조트 단지와 골프장이 위치한 곳으로, 빅아일랜드의 또 다른 도시같은 느낌을 준다. 빅아일랜드를 처음 방문하는 이들은 주로 와이콜로아 리조트 지역에서 여행을 시작하며 리조트 단지 내에는 셔틀이 다니고 킹스 숍(King's Shop)에는 다양한 레스토랑과 쇼핑몰이 있어 렌터카 없이도 이동이 가능하다.

교통 19번 도로에서 마일마커 75와 76 사이에 위치한 Waikoloa Beach Dr.를 따라 들어가면 된다. 종종 와이콜로아 빌리지(Waikoloa Village)와 와이콜로아 리조트 지역을 혼동하는 경우가 있는데 와이콜로아 빌리지는 주거 지역으로 와이콜로아 리조트 지역보다 조금 북쪽 내륙에 위치하며 진입하는 도로는 와이콜로아 로드(Waikoloa Rd.)이므로 주의하도록 하자.

MAPECODE 22308

마우나 케아 비치 Mauna Kea Beach

평화롭고 조용해 휴식을 취하기 제일 좋은 비치

오아후를 제외한 이웃 섬 중 첫 번째 럭셔리 리조트가 탄생한 비치로, 로렌스 록펠러가 가장 사랑했던 곳이다. 하얗고 고운 모래사장과 언제나 잔잔한 바다가 어우러져 평화스럽기까지 한 이곳은 딱히 무엇을 하지 않더라도 부드러운 모래 위에 엎드려 책을 읽거나 망중한을 즐기기에 좋다. 마우나 케아 비치 호텔을 통해서만 비치로 들어갈 수 있으며 호텔 입구에서 비치에 간다고 이야기하면 주차 패스를 주는데 주차장 입구에서 다시 직원에게 보여 주면 된다. 주차 공간은 40대 정도밖에 되지 않아 주말에는 오전에 일찍 가는 것이 좋다.

교통 19번 도로에서 마일마커 68~69 사이에 있는 마우나 케아 비치 호텔 입구로 들어간다. 지도 p. 247 E

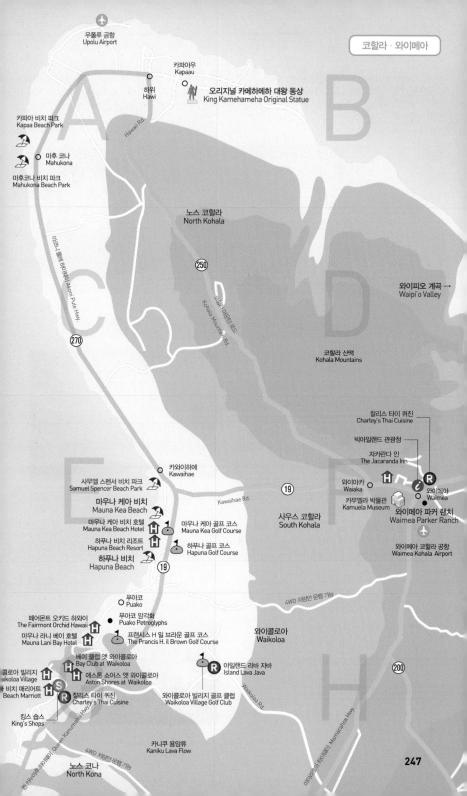

우풀루 공항
Upolu Airport

카파아우
Kapaau

하위
Hawi

오리지널 카메하메하 대왕 동상
King Kamehameha Original Statue

카파아 비치 파크
Kapaa Beach Park

마후 코나
Mahukona

마후코나 비치 파크
Mahukona Beach Park

노스 코힐라
North Kohala

와이피오 계곡 →
Waipi'o Valley

코힐라 산맥
Kohala Mountains

찰리스 타이 퀴진
Charley's Thai Cuisine

빅아일랜드 관광청

자카란다 인
The Jacaranda Inn

카와이하에
Kawaihae

사무엘 스펜서 비치 파크
Samuel Spencer Beach Park

마우나 케아 비치
Mauna Kea Beach

마우나 케아 비치 호텔
Mauna Kea Beach Hotel

마우나 케아 골프 코스
Mauna Kea Golf Course

하푸나 비치 리조트
Hapuna Beach Resort

하푸나 골프 코스
Hapuna Golf Course

하푸나 비치
Hapuna Beach

와이아카
Waiaka

카무엘라 박물관
Kamuela Museum

사우스 코힐라
South Kohala

와이메아
Waimea

와이메아 파커 랜치
Waimea Parker Ranch

와이메아 코힐라 공항
Waimea Kohala Airport

푸아코
Puako

푸아코 암각화
Puako Petroglyphs

페어몬트 오키드 하와이
The Fairmont Orchid Hawaii

마우나 라니 베이 호텔
Mauna Lani Bay Hotel

프랜시스 H 일 브라운 골프 코스
The Prancis H. il Brown Golf Course

와이콜로아
Waikoloa

베이 클럽 앳 와이콜로아
Bay Club at Waikoloa

콜로아 빌리지
Waikoloa Village

애스톤 쇼어스 앳 와이콜로아
Aston Shores at Waikoloa

아일랜드 라바 자바
Island Lava Java

비치 매리어트
Beach Marriott

찰리스 타이 퀴진
Charley's Thai Cuisine

와이콜로아 빌리지 골프 클럽
Waikoloa Village Golf Club

킹스 쇼스
King's Shops

카니쿠 용암류
Kaniku Lava Flow

노스 코나
North Kona

247

MAPECODE 22309

하푸나 비치 Hapuna Beach

누구나 즐기기 좋은 코할라 코스트 최고의 비치

하푸나 비치는 유명한 레저 잡지인 〈트레블 레저〉에서 가족을 위한 최고의 해변으로 선정되었을 만큼 전 세계적으로 유명하다. 하푸나 비치는 길에 뻗은 하얀 모래사장과 적당한 파도 그리고 멋진 스노클링 포인트까지 있어 코할라 코스트 지역에서 가장 인기 있는 곳으로, 위치나 접근성이 좋아 방문하기 편리하다. 따뜻한 수온과 적당한 파도 덕에 바디보딩을 즐기는 사람들을 만날 수 있으며 해안가 쪽에는 다양한 물고기가 서식해 스노클링과 낚시를 즐기기에 적당하다. 단 그늘이 별로 없기 때문에 파라솔을 챙겨가거나 잊지 말고 선크림을 듬뿍 바르는 것이 좋으며 주차장 아래에는 화장실과 테이블, 간이 샤워 시설 등이 있다. 주차장 공간이 많지 않아

주말에는 붐빌 수 있으니 주중이나 오전 시간을 이용하는 것이 좋다.

교통 19번 도로에서 마일마커 69 지점에 있는 하푸나 비치 로드(Hapuna Beach Rd.)를 따라 내려가면 주차장이 나오며 주차비는 차 1대당 $5이다. 지도 p. 247 E

MAPECODE 22310

오리지널 카메하메하 대왕 동상 King Kamehameha Original Statue

카메하메하 대왕의 동상을 만나다

하와이 제도를 최초로 통일한 카메하메하 대왕의 웅장한 동상을 만날 수 있는 곳이다.

주소 Aconi Pule Hwy. 교통 카일루아 코나에서 북쪽으로 270번 도로 근처에 있다. 지도 p. 247 A

와이피오 계곡 & 전망대 Waipio Valley & Lookout

시원한 폭포를 볼 수 있는 광활한 계곡

카메하메하 대왕이 유년 시절 이곳에서 자라면서 모험심과 담대함을 키웠다고 할 만큼 광활한 규모를 자랑하는 계곡이다. 멋진 폭포가 시원하게 떨어지는 광경이 마음까지 시원하게 해 준다.

와이피오 계곡으로는 개인적으로 내려가기 힘들기 때문에 따로 투어를 이용해야 한다. 그래서 많은 관광객들은 와이피오 계곡 전망대에서 계곡을 내려다보며 기념 촬영을 한다.

교통 Hwy. 240을 쭉 따라가면 전망대가 나온다. 지도 p. 234 B

와이메아 파커 랜치 Waimea Parker Ranch

미국에서 가장 넓은 개인 소유 목장

이 목장은 150년 전, 존 파머 파커가 하와이에 정착하면서 개척하여 지금에 이르렀다. 와이메아 지역에 이르면 너른 풀밭과 드문 드문 여유를 즐기는 소떼와 말 등을 만날 수 있다.

파커 랜치에서 진행하는 말타기에 참여하거나 와이메아 타운에서 질 좋은 쇠고기 스테이크를 즐겨 보자. 그것이 아니더라도 와이메아부터 새들 로드까지 이어지는 도로를 드라이브하는 것만으로도 가슴이 뻥 뚫리는 시원함을 느낄 수 있다.

파커 랜치 외에도 다하나 랜치(Dahana Ranch, www.dahanaranch.com)에서도 말타기를 즐길 수

있다. 1시간 30분 기준 성인 $90, 3세~12세의 경우 $80 정도이다.

주소 66-1304 Mamalahoa Hwy., Kamuela, HI 96743 시간 09:00~17:00 전화 808-885-7311 홈페이지 www.parkerranch.com 지도 p. 247 F

마우나 케아 · 새들 로드

Mauna kea　　　　　　　　**Saddle Road**

● '하얀 산'이라는 뜻의 마우나 케아는 해발 4,205m로 하와이 제도에서 가장 높으며 정상에는 세계 각
국의 천체 관측소가 모여 있을 만큼 지구에서 별을 관찰하기에 가장 좋은 곳 중 하나이다. 해가 지고
어둠이 찾아오면 마치 지구 밖에 온 느낌이 들 만큼 하늘을 가득 채운 별들을 만날 수 있다.

MAPECODE **22313**

새들 로드 Saddle Road

악명 높았던 새들 로드가 달라졌어요

빅아일랜드를 가로지르는 유일한 200번 도로인 새
들 로드는 몇 년 전까지만 해도 악명 높은 길이었다.
오가는 길에 주유소 하나 없고 도로 상태도 안 좋으
며 심지어 새들 로드라는 별명처럼 오르락내리락
하고 구불구불한 길은 안 그래도 낯선 땅에서 여행
객들을 두려움에 떨게 했던 곳이었다. 하지만 지속
적인 도로 공사와 관리로 도로 상태가 굉장히 좋아
졌으며 예전에는 힐로에서 코나까지 2시간이 넘게
걸렸지만 지금은 1시간 30분이면 충분히 이동이 가
능하게 되었다.

하지만 여전히 새들 로드에서 사고 날 경우 힐로나
코나 어느 쪽에서 오더라도 꽤 시간이 걸리고 주유
소 역시 없기 때문에 출발하기 전 차량 상태를 확인
하고 졸음 운전에 유의하여야 한다. 특히 힐로 쪽에
서 진입하는 마일마커 11 근처는 일주일에도 몇 번
씩 사고가 나는 위험 지역으로, 속도를 줄이며 주의
깊게 운전하도록 하고 운전이 미숙한 경우 로컬 차

량들을 먼저 앞에 보내고 운전하는 것이 여러모로
편하다. 도로에는 가로등이 거의 없고 저녁이 되면
새들 로드 중간부터는 비가 오거나 안개가 많이 끼
기 때문에 해가 지기 전에 이동하도록 하자. 또한 구
글 지도를 이용하는 경우 중간에 데이터가 끊기는
지역이 있으므로 출발하기 전에 지도를 숙지하는
것이 좋다.

교통 빅아일랜드 전체를 가로지르는 200번 도로(코나와
힐로를 연결하는 도로). 지도 p. 234 F, 235 G

마우나 케아 방문객 센터(오니주카 방문객 센터) Mauna Kea Visitor Center(Onizuka Visitor Center)

별을 관찰하고 우주의 이야기를 들을 수 있는 곳

Access Rd.를 따라 6마일 정도 올라가면 마우나 케아의 얼굴이자 관광객들을 반갑게 맞이하는 방문객 센터가 있다. 이곳에서 마우나 케아에 관한 각종 정보와 천문학에 관련된 지식 등 알찬 정보를 얻을 수 있다. 방문객 센터 한쪽 구석에는 커피나 핫초코, 컵라면, 초코바를 파는 스낵 코너도 있다. 많은 관광객들이 방문객 센터를 방문하는 이유는 정보를 얻기 위함도 있지만 매일 저녁 6~7시경에 이루어지는 별보기 프로그램 때문이다. 마우나 케아의 간단한 소개와 함께 자원봉사자들이 별들을 가리키며 별자리와 우주에 대한 이야기를 들려 준다. 또 일반인은 쉽게 접할 수 없는 어마어마한 지름의 천체 망원경이 있어 별들의 움직임을 직접 관찰할 수 있다.

교통 Saddle Rd. 28MM에서 Access Rd.를 따라 올라간다. 전화 808-961-2180 홈페이지 www.ifa.hawaii.edu/info/vis 지도 p. 235 G

마우나 케아 투어 Mauna Kea Tour

하늘을 가득 채운 별 보기

렌터카를 이용해 마우나 케아 정상을 방문할 수도 있지만 가장 합리적이고 쉬운 방법은 투어에 참여하는 것이다. 투어 프로그램은 일반적으로 호텔에서부터 정상까지의 교통편과 따뜻한 겉옷, 음료수 등을 기본적으로 제공한다.

마우나 케아 서밋 어드벤처스 www.maunakea.com

마우나 케아 웹캠

마우나 케아의 상황을 웹캠을 통해 실시간으로 확인할 수 있다. 출발하기 전에 아래 인터넷 사이트를 참고하도록 하자.

- www.nightskylive.net/mk
- www.jach.hawaii.edu/weather/camera/jac
- www.cfht.hawaii.edu/webcam

마우나 케아 정상 Mauna Kea Summit

이 땅에서 가장 하늘 가까이 갈 수 있는 기회

별 보기 투어는 대부분 마우나 케아 방문객 센터 부근에서 이루어지지만 이 땅에서 가장 하늘 가까이 갈 수 있는 기회를 놓치고 싶지 않다면 마우나 케아 정상까지 올라가 보자. 마우나 케아 정상에는 세계 최대 지름 10m의 켁망원경을 비롯한 세계 주요 선진국이 설치한 10여 대의 천체 망원경이 있는데 그중 가장 인기가 많은 곳은 수바루 천체 관측소로, 사전에 인터넷으로 예약을 해야 투어에 참가할 수 있다.

지도 p. 235 G

별 천지 마우나 케아 가기- 이것만은 꼭!

■ 마우나 케아 정상은 눈이 내릴 만큼 기온이 낮고 춥다. 여름철에 방문한다 할지라도 두툼한 옷을 반드시 챙기도록 하자.

■ 4,000m 이상의 고도에 올라가는 만큼 심장 질환자, 호흡기 질환자와 임산부, 어린이들은 신체에 무리가 생길 우려가 있으므로 자제하는 것이 좋다. 또 일반인이라 할지라도 어느 정도 고도에 올라가면 숨이 차게 되는데 무리하게 올라가지 말고 반드시 중간에 방문객 센터에서 휴식을 취하도록 하자. 물과 간식류도 잊지 말고 챙기자.

■ 마우나 케아 방문객 센터까지는 일반 차량도 올라갈 수 있지만 그 이후 정상까지는 사륜구동 차량만 진입할 수 있다. 이곳에서 차량에 문제가 생길 경우 오도 가도 못하는 상황이 발생할 수 있으므로 출발 전에 차량을 꼼꼼하게 점검하도록 하자.

■ 빅아일랜드 한가운데에 있는 마우나 케아는 코나나 힐로 어느 방향에서 오더라도 장거리 운전을 해야 한다. 마우나 케아로 향하는 새들 로드(Saddle Rd.)에는 주유소나 상점 등이 없으므로 출발 전 반드시 기름을 가득 채우고 물도 넉넉하게 준비하자.

■ 일몰 후에는 천체 연구를 방해하는 자동차 헤드라이트를 켤 수 없기 때문에 정상에는 반드시 해가 있을 때 올라가고 일몰 전에 방문객 센터까지는 내려와야 한다.

하와이 화산 국립 공원
Hawaii Volcanoes National Park

● 이글거리는 붉은 용암이 흘러내려 바다로 향하고 바다로 향한 붉은 용암은 이내 바닷물과 만나 검게 굳어 버린다. 이렇게 우리가 상상하는 화산의 모든 것을 볼 수 있는 곳이 바로 화산 국립 공원이다. 아직도 꿈틀거리는 활화산 킬라우에아와 마우나 로아를 중심으로 이루어진 하와이 화산 국립 공원은 빅아일랜드의 심장과도 같은 곳이다. 화산의 여신 '펠레'가 산다고 하는 킬라우에아는 지금도 계속 활동하고 있기 때문에 믿을 수 없는 놀라운 경관을 만날 수 있다. (※상황에 따라 일부 폐쇄되는 구역이 있을 수 있으니 방문 전 홈페이지에서 운영 여부를 살피고 일정을 정하도록 하자.)

교통 힐로에서 차로 30분가량 Volcano Rd.를 따라간다. 입장료 차 1대당 $10, 연간 Tri-Park Pass $25(화산 국립 공원, 코나의 푸우호누아 오 호나우나우 국립 역사 공원, 마우이의 할레아칼라 국립 공원) 전화 808-985-6000 홈페이지 www.nps.gov/havo

MAPECODE 22316

크레이터 림 드라이브 Crater Rim Drive

용암 위에 만들어 놓은 드라이브 코스

17.6km에 이르는 크레이터 림 드라이브는 분화구 정상을 중심으로 만들어져 킬라우에아 칼데라 주변의 볼거리를 쉽게 접할 수 있도록 표지판과 주차장을 설비해 놓았다. 도로를 따라 이동하면 화산 국립 공원의 명소를 빠짐없이 볼 수 있다. 빠르게 움직이면 1~2시간 정도면 볼 수 있지만 여유를 가지고 둘러보는 것이 좋다.

지도 p. 235 K

MAPECODE 22317

킬라우에아 방문객 센터 Kilauea Visitor Center

화산 국립 공원 관광의 시작

시시각각 변하는 킬라우에아의 상태를 확인할 수 있는 최신 정보가 가득한 곳으로, 크레이터 림 드라이브를 시작하기 전에 반드시 들러 보아야 할 곳이다. 화산 국립 공원 전체 모형을 구경하며 대강의 이미지를 머릿속에 그려 볼 수도 있고 화산 공원의 간략한 지도도 받아 볼 수 있다. 또 1시간마다 화산 국립 공원을 소개하는 20분짜리 영상물도 상영하는데 킬라우에아 화산의 용맹스러운 모습을 볼 수 있는 기회이니 놓치지 말자. 공원 입구에서 첫번째로 만나는 오른쪽 건물이 방문객 센터이다.

주소 1 Crater Rim Drive, Volcano, HI 96785 시간 매일 09:00~17:00 전화 808-985-6000 홈페이지 www. nps.gov/havo/planyourvisit/kvc.htm 지도 p. 235 K

볼케이노 하우스 Volcano House

숙박과 식사를 할 수 있는 곳

화산 국립 공원의 유일한 숙박 시설로, 방문객 센터 맞은편에 위치한다. 오션 뷰도 마운틴 뷰도 아닌 볼케이노 뷰를 선사하는 이곳은 작지만 깔끔하게 정리되어 있어 숙박을 하며 화산 국립 공원을 둘러보는 이들에게 적당하다. 보통 당일치기 관광객들이 이곳에 들르는 이유는 볼케이노 하우스에 있는 레스토랑에서도 룸에서와 같은 뷰를 볼 수 있기 때문이다. 볼케이노 하우스 레스토랑은 뷔페식이며 너무 배가 고파 지금 당장 음식을 먹어야 하는 게 아니라면 추천하지 않지만 굳이 식사를 하지 않더라도 레스토랑 밖으로 나가면 킬라우에아 칼데라를 내려다볼 수 있다.

전화 866-536-7972 홈페이지 www.hawaiivolcano-house.com 지도 p. 235 K

화산 국립 공원-이것만은 꼭!

Travel Tip

- 화산 국립 공원의 킬라우에아 화산은 현재에도 계속 끊임없이 활동하고 있기 때문에 언제 무슨 상황이 발생할지 모른다. 1983년 이후로 계속해서 용암을 분출하고 있기는 하지만 어느 순간 멈출 수도 있다. 때로는 유독 가스가 심해져 공원 전체를 닫는 경우도 있다. 큰맘 먹고 화산 국립 공원을 찾았다가 헛걸음을 치게 되더라도 그저 운명이려니 하고 받아들이자.

- 화산 곳곳에서 유독 가스가 배출되고 있기 때문에 임산부나 호흡기 질환자는 방문하지 않는 것이 좋다. 또한 유독 가스는 피부가 예민한 사람들에게 알레르기 반응을 일으킬 수도 있으니 주의한다.

- 여름이라 하더라도 화산 국립 공원은 고지대이기 때문에 기온이 낮다. 적당한 겉옷을 반드시 준비하도록 하자. 낮에는 선크림과 선글라스도 필수이다.

- 화산 국립 공원 내에는 주유소가 없으며 마을까지는 한참을 내려가야 하기 때문에 가기 전에 넉넉하게 기름을 넣도록 하자.

- 화산 국립 공원과 관련된 각종 정보가 망라되어 있고 레인저가 직접 답변을 달아 주는 인터넷 사이트 www.ohranger.com을 방문해 보자. 또한 방문객 센터에서 나눠 주는 한 장짜리 한글 안내문도 유용하니 꼭 챙기도록 하자.

- 네네는 하와이 주의 대표 동물이자 멸종 위기의 보호 동물로, 화산 국립 공원에서 종종 만날 수 있는데 곳곳에 네네가 지나가니 주의해서 운전하라는 '네네' 표지판을 볼 수 있다. 종종 네네가 도로를 가로질러 지나갈 수 있으므로 속도를 줄이면서 주의해서 운전하고 절대 네네에게 접근하거나 먹이를 주는 일이 없도록 하자. 관광객이 주는 음식물을 먹고 병이 나거나 본연의 기질을 잃는 경우가 생기기 때문이다.

설퍼 뱅크
Sulphur Bank

마그마가 기체가 되어 나오는 곳
불타는 마그마가 기체가 되어 나오는 것을 관찰할 수 있는 곳이다. 겉으로 보기에는 뜨겁지 않아 보일 수 있으나 가까이 다가가면 매우 뜨거운 가스에 화상을 입을 수도 있으니 안전 가드 라인을 벗어나지 않도록 하자.

스팀 벤츠
Steam Vents

빗물이 용암석에 닿아 기체가 되어 피어오르는 곳
화산 지대에 비가 내리면 땅속으로 스며 들어간 빗물이 뜨거운 용암석에 닿는 순간 기체로 변하는데 그 기체가 지면 위로 올라오는 것을 볼 수 있다.

킬라우에아 전망대
Kilauea Lookout

최고의 전망대
킬라우에아 칼데라를 한눈에 내려다볼 수 있어 관광객들의 발길이 끊이지 않는 최고의 전망대이다. 망원경을 준비하면 칼데라 속까지 관찰할 수 있다.

토마스 재거 박물관
Thomas A. Jagger Museum

화산 활동을 한눈에 볼 수 있는 박물관
화산 활동에 대한 자세한 시각 자료와 킬라우에아 화산이 폭발하는 모습이 담긴 영상물을 볼 수 있는 곳으로 책, DVD, 기념품을 살 수 있는 숍도 있다.

지도 p. 235 K

화산 공원 제대로 즐기기

크레이터 림 드라이브와 체인 오브 크레이터스 로드 외에
도 하와이 화산 공원 곳곳에는 짧고 긴 다양한 트레일들이
마련되어 있다 화산 공원의 내면과 자연을 직접 느낄 수 있
어 시간적 여유가 된다면 꼭 도전해 보자. 가장 대중적인 코
스는 킬라우에아 이키(Kilauea Iki) 트레일로, 2시간 정도 소
요되며 울창한 숲을 가로질러 분화구로 들어가게 되는데
1959년 킬라우에아 이키(Kilauea Iki) 화산 분출 때 만들어
진 용암의 흔적들을 만나볼 수 있다. 조금 더 짧은 하이킹을
원한다면 디베스테이션 트레일(Devastation Trail)을 추천

한다. 30분 정도면 둘러볼 수 있으며 아름다운 길과 수풀 속
을 지나 화산 폭발로 만들어진 지형들을 둘러 볼 수 있다. 트레일을 갈 때에는 항상 넉넉한 양의 물을 챙기고 편한 신발과
옷차림, 선글라스, 선크림 등을 반드시 챙기도록 하자.

MAPECODE **22323**

할레마우마우 전망대
Halema'uma'u Overlook

불의 여신 펠레가 산다는 분화구
1974년 엄청난 폭발이 있었던 곳이다. 주차장에서
10분 정도 걸으면 도달하는데 곳곳에서 유황 가스
가 올라오기 때문에 호흡기에 문제가 있는 사람은
가까이 가지 않는 것이 좋다.

MAPECODE **22324**

서스톤 라바 튜브
Thurston Lava Tube

신비한 용암 동굴
용암 위에 새로운 용암이 덮쳐 바깥의 용암은 단단
하게 굳고 안의 용암은 계속 흐르면서 만들어진 용
암 동굴이다. 누구나 쉽게 볼 수 있도록 안전하게 만
들어 놨지만 실내는 축축하고 미끄러울 수 있으니
항상 주의해야 한다. 들어가는 입구는 나무들이 무
성해 마치 정글을 걷는 기분을 느끼게 한다.

MAPECODE 22325

체인 오브 크레이터스 로드 Chain of Craters Rd.

용암이 덮쳐 통행이 차단된 고요한 도로

체인 오브 크레이터스 로드는 크레이터 림 드라이브에서 빠져나와 해안으로 이어지는 왕복 64km의 길로, 끊임없이 이어지는 용암과 고요함이 서늘한 기분까지 들게 하는 도로이다. 도로 중간중간에 트레일이나 용암이 흐른 흔적들과 전망대를 볼 수 있으니 여유를 가지고 움직이는 것이 좋다. 도로의 끝은 1995년 용암이 덮쳐 도로가 끊긴 곳으로 이곳부터는 차량으로는 이동할 수 없고 걸어서 이동하여야 한다. 작은 안내소와 매점이 있고 도보로 약 30분 정도 걸어가면 도로의 끝을 만나게 된다. 보통은 이곳에서 돌아오나 용암이 흘러내리는 장면을 보고 싶다면 1시간가량 더 걸어가면 된다. 상황에 따라 도로를 폐쇄하기도 하므로 미리 방문객 센터에서 상황을 확인하거나 공원 관리인에게 도움을 청하는 것이 좋다. 반드시 물을 챙기고 선글라스와 모

자, 편한 신발을 착용하도록 하자. 바닷바람 역시 굉장히 심하고 기온차가 시간별로 다르므로 가벼운 겉옷을 챙기는 것도 잊지 말자.

또 바다 쪽으로는 멋진 뷰와 함께 바람과 파도로 만들어진 해식 아치(Sea Arch)를 만날 수 있다. 안전을 위해서 절벽 끝으로 이동하거나 해식 아치 위로 올라가는 일이 없도록 하자.

지도 p. 235 K

MAPECODE 22326

볼케이노 와이너리 Volcano Winery

화산 국립 공원 근처의 와이너리

화산 국립 공원 근처에 있는 작은 와이너리로 하와이 섬 특유의 와인들을 만날 수 있다.

주소 35 Pii Mauna Dr., Volcano, HI 96785 교통 화산 국립 공원에서 이정표를 따라 가면 7분 정도 거리에 있다. 홈페이지 www.volcanowinery.com 지도 p. 235 K

힐로 Hilo

● 빅아일랜드 동부 여행의 거점으로, 하와이에서 두 번째로 큰 상업 도시다. 코나와는 정반대의 날씨
와 풍경을 지녀 여행자들의 가슴을 시원하게 한다. 하와이에서 가장 비가 많이 오는 지역답게 울창
한 나무 숲과 계곡, 멋진 폭포들도 가까이에서 만날 수 있으며 위치적으로는 화산 국립 공원의 관문
이 되는 지역에 있다. 보통 하루면 돌아보지만 관광지인 코나가 아닌 빅아일랜드의 로컬의 삶이 궁
금하다면 2~3일 넉넉한 일정으로 화산 국립 공원과 함께 울창한 계곡으로의 하이킹이나 스노클링
을 추천한다.

힐로 히스토릭 투어 Hilo Historic Tour

빅아일랜드 정치와 경제의 중심지
빅아일랜드 정치와 경제의 중심지
인 힐로에는 그만큼 유서 깊은 건물들
이 많이 있다. 다운타운을 중심으로 몰
려 있기 때문에 천천히 걸으면서 둘러보
는 것이 좋다. 다운타운 투어는 여행사에서 운영하
기도 하지만 마을의 기념비적인 건물들을 편안하
게 둘러보려면 힐로 홈페이지의 지도를 참고하여
1~2시간 정도 여유를 가지고 산책하듯 마을을 돌
아보는 것을 추천한다.

홈페이지 downtownhilo.com

힐로 파머스 마켓 Hilo Farmers Market

신선한 먹거리가 있는 노상 시장

매주 수·토요일 아침 7시경부터 정오까지 열리는 힐로 파머스 마켓은 신선한 과일과 채소를 사려는 현지 주민들과 신선한 먹을거리를 찾는 관광객 모두에게 인기 있는 노상 시장이다. 카메하메하 애비뉴의 코너에서 열리며 인기 만점인 따끈한 무수비나 바나나 브레드 등을 원한다면 아침 일찍 가는 것이 좋다.

규모가 커서 쉽게 찾을 수 있다. 시간 07:00~16:00 수·토 06:00~16:00 홈페이지 hilofarmersmarket.com 지도 p. 259 C

주소 Mamo St & Kamehameha Ave., Hilo, HI 96721 교통 Mamo St.와 Kamehameha Ave.가 만나는 곳에서 열린다.

릴리우오칼라니 가든 Liliuokalani Garden

동양적 아름다움을 엿볼 수 있는 로컬들의 휴식 장소

힐로에서 가장 평화롭고 동양적인 곳을 꼽으라면 바로 이곳이다. 하와이 마지막 여왕 릴리우오칼라니 여왕의 이름을 따 만든 이 공원은 일본식 조경으로 꾸며져 있으며 사탕수수 농장에서 일한 일본인 이주자들을 기리기 위해 만들어졌다. 고즈넉한 연못과 붉은 아치의 다리, 일본식 석등을 감상하며 거닐다 보면 마음까지 평화로워진다.

또 작은 다리를 건너면 코코넛 아일랜드라고 불리는 작은 섬과 연결이 되는데 산책 삼아 걷거나 도시락을 먹으며 한가로이 시간을 보내기에 좋다.

주소 189 Lihiwai St., Hilo, HI 96720 교통 힐로 베이 옆 Banyan Dr. 주변. 시간 24시간 지도 p. 259 C-D

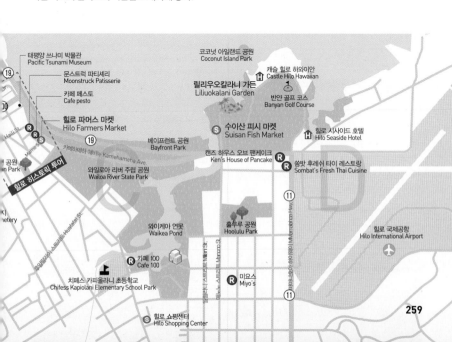

수이산 피시 마켓 Suisan Fish Market

신선한 아히 포케를 먹고 싶다면 이곳으로!
여러 종류의 아히 포케와 갓 잡은 신선한 생선들을
판매하는 도매 수산 시장. 원하는 아히포케를 선택
하면 따뜻한 밥과 함께 그릇에 담아 주기 때문에 가
격도 싸고 맛도 좋아 로컬들뿐 아니라 관광객도
점심 대용으로 '포케볼'을 많이 찾는다. 가장 인기
있는 것은 심심하지만 포케의 맛을 그대로 살린 하
와이안 포케와 짭짤한 간장과 참기름, 김가루 등으
로 양념한 후리가케 아히 포케가 우리 입맛에 가장
잘 맞는다.

주소 73-4836 Kanalani St., Kailua-Kona, HI 96740 교
통 켄즈 하우스 사거리에서 바다 쪽으로 수이산 간판이 크
게 보여 찾기 쉽다. 전화 808-329-3558 지도 p. 259 C

오네카하카하 비치 파크 Onekahakaha Beach Park

시원하게 펼쳐진 바다와 푸른 잔디
어린이들에게 인기가 많은 비치로 주로 관광객보
다는 동네 로컬들이 아이들과 함께 피크닉을 즐기
는 곳이다. 시원하게 펼쳐진 바다와 잘 가꾸어진 푸
른 잔디가 어울려 편안하고 평화로운 느낌을 준다.
거센 파도를 바위로 막아 방파제 역할을 하기 때문
에 파도도 세지 않고 물이 깊지 않아 어린이들이 놀
기에 적당하다. 화장실과 간이 샤워실, 어린이 놀이
터와 그늘이 있으며 라이프가드도 상주하기 때문에

아이들과 즐거운 시간을 보내기에 이보다 더 좋을
수 없다. 이른 오전 시간과 오후에는 바람이 불어 쌀
쌀하니 정오쯤 점심 도시락을 싸 가지고 와 한낮의
여유를 즐겨 보자.

주소 74 Onekahakaha Rd., Hilo, HI 96720 교통 릴리우
오칼라니 가든에서 동남쪽으로 바다를 끼고 내려가다 보면
왼쪽에 주차장이 보인다. 전화 808-961-8311 홈페이
지 hawaiibeachsafety.com/big-island/onekahakaha-
beach-park 지도 p. 235 G

칼 스미스 비치 파크 Carlsmith Beach Park

크리스털 빛 바다와 주변 경관이 아름다운 비치
바닷물이 워낙 투명하고 맑아서 수면 위에서도 물
고기들을 관찰할 수 있는 곳으로 거북이들도 자주
등장해 로컬들에게 인기가 많다.
자연적으로 만들어진 작은 풀은 연중 내내 수온이

따뜻해 스노클링을 즐기기에 적당하고 붐비지 않아
편안하게 휴식을 취할 수 있다. 간이 샤워 시설 및
피크닉 테이블이 구비되어 있다.

주소 1815 Kalanianaole Ave., Hilo, HI 96720 시간
07:00~20:00 전화 808-961-8311 지도 p. 235 G

리차드슨 오션 파크 Richardson Ocean Park

힐로 다운타운에서 가까운 미니 블랙 샌드 비치

블랙 샌드 비치에 누워 망중한을 즐기거나 낚시, 스노클링, 바디보딩 등 전천후 놀이가 가능해 힐로 주민들의 사랑을 듬뿍 받는 곳이다. 거북이들이 늘 비치 가까이로 오기 때문에 단체 관광객들도 들러 거북이를 관찰하고 돌아가기도 한다.

스노클링은 동쪽에 위치한 바다가 좀 더 다양한 바다 생물을 관찰할 수 있으며 간단한 샤워 시설과 화장실 그리고 안전 요원이 상주하고 있어 아이들과 즐기기에도 적당하다.

빅아일랜드 남쪽에 있는 블랙 샌드 비치까지 갈 수 없다면 리차드슨 오션 파크가 좋은 대안이 될 수 있다.

주소 2349 Kalanianaole Ave., Hilo, HI 96720 교통 릴리우오칼라니 가든에서 동남쪽 방향으로 10분 정도 내려간다. 주차장은 넉넉한 편이다. 전화 808-961-8695 지도 p. 235 G

마우나 로아 마카다미아 너트 Mauna Loa Macadamia Nut

마우나 로아의 공장과 숍이 있는 곳

하와이 전역에서 만날 수 있는 친근한 브랜드인 마우나 로아의 공장과 숍이 있는 곳이다. 마카다미아 나무가 우거진 긴 숲을 따라 들어가다 보면 귀여운 마우나 로아 캐릭터가 나오고 앞뒤로 회사 제품들을 전시해 놓은 쇼룸과 내부를 들여다볼 수 있게 되어 있는 공장이 있다. 공짜로 다양한 맛의 마카다미아 너트를 맛볼 수 있다는 이유만으로도 충분히 방문해 볼 만한 가치가 있다.

주소 Mauna Loa Macadamia Nut Visitor Center, 16-701 Macadamia Rd., Keaau, HI 96749 시간 08:30~17:00(일요일과 공휴일 휴관) 전화 808-966-8618 홈페이지 www.maunaloa.com 지도 p. 235 G

와일루쿠 리버 레인보우 폭포 주립 공원 Wailuku River Rainbow Falls State Park

언제나 무지개가 뜨는 폭포

힐로 다운타운에서 가장 쉽게 만날 수 있는 폭포로, 이름처럼 언제나 무지개를 볼 수 있는 것으로 유명하다. 24m 낙차가 만들어 내는 물보라 사이로 모습을 드러내는 무지개를 보는 것만으로도 가슴이 뻥 뚫린다.

지도 p. 258 B

와일루쿠 리버 보일링 포츠 주립 공원 Wailuku River Boiling Pots State Park

물이 끓어오르는 연못

폭포에서 조금 더 높은 지대로 올라가면 페이페에 폭포가 나오는데 거기서 흘러내리는 폭포수가 마치 층계를 내려오듯 빠르게 흐르면서 물이 끓는 것처럼 거품이 인다고 하여 보일링 포츠라는 이름이 붙여졌다. 비가 오는 날에는 매우 미끄럽기 때문에 주의하여야 한다. 이른 아침에 방문하여 삼림욕을 즐기다 보면 가슴까지 시원해진다.

주소 2-198 Rainbow Dr, Hilo, HI 96720 교통 Waianuenue Ave.에서 Rain Dr. 로 우회전하면 레인보우 폭포 주립 공원이 나오고 주립 공원에서 서쪽으로 나오면 Peepee Falls Rd.로 진입한다. 전화 808-961-9540

홈페이지 dlnr.hawaii.gov/dsp/parks/hawaii/wailuku-river-state-park 지도 p. 258 A

아카카 폭포 주립 공원 Akaka Falls State Park

아마존의 정글과 같은 느낌을 주는 주립 공원

마치 아마존의 정글에 들어선 기분이 들게 하는 아카카 폭포 주립 공원은 이른 아침이나 해가 쨍쨍한 오후에 산책 삼아 방문하기 좋다. 폭포를 찾아가는 10여 분의 산책길은 우거진 나무와 이름 모를 새들의 지저귐, 아름다운 야생화가 가득해 마치 오지에 와 있는 듯하다. 아카카 폭포와 카후나 폭포를 다 둘러보는 데 채 30분이 안 걸린다.

주소 Akaka Falls Rd., Honomu, HI 96728 교통 220번 하이웨이를 타고 Honomu 방향으로 7분 정도 거리에 있다. 요금 차 1대당 $5 또는 1인당 $1 전화 808-961-9540 홈페이지 dlnr.hawaii.gov/dsp/parks/hawaii/akaka-falls-state-park 지도 p. 235 G

푸나 · 카우
Puna　Ka'u

● 빅아일랜드의 가장 동쪽에 위치한 푸나는 최근까지 화산 활동이 일어나 마을이 사라졌다가 다시 복구된 지역으로, 힐로에서 30분이면 갈 수 있는 곳이지만 전혀 다른 세계인 듯 울창한 숲과 자유로운 삶을 즐기는 로컬들을 만날 수 있다. 한편 카우는 빅아일랜드의 남부에 위치한 곳으로 미국의 최남단이라고 할 수 있다. 이곳은 도로가 연결되지 않은 곳이 많아 신비로운 자연의 모습을 그대로 간직하고 있으며 로컬 역시 자신들의 전통적인 삶의 방식을 유지하고 있다. 빅아일랜드의 숨은 매력이 가득한 푸나와 카우로 조금 더 특별한 여행을 떠나 보자.

MAPECODE 22337

카포호 타이드 풀 Kapoho Tide Pools

물웅덩이마다 다양한 종의 물고기를 만날 수 있는 스노클링 포인트

공식적인 이름은 'Wai opae Tide pools Marine Life Conservation District'이지만 카포호 타이드 풀로 훨씬 더 유명하다. 마치 인공적으로 만든 것 같은 커다란 물웅덩이 곳곳으로 파도가 드나들며 바닷물이 고여 자연스럽게 만들어진 푸나 지역 최고의 스노클링 포인트로, 형형색색의 다양한 물고기들을 만날 수 있다. 풀 크기에 따라 관찰할 수 있는 물고기의 종류가 각각 달라 이곳저곳 넘나들며 스노클링을 하다 보면 몇 시간은 훌쩍 지나간다. 굉장히 유명한 곳이지만 제대로 된 주차장이나 샤워 시설은 없기 때문에 인근에 있는 비치 파크의 시설을 이용하는 것이 좋다.

교통 137번 도로에서 Kapoho kai Dr.를 따라 들어가면 표지판이 보이는데 Wai Opae Tide Pools로 되어 있으니 놓치지 말자. 표지판을 따라 왼쪽으로 들어가 간이로 표시된 지역에 주차를 하고 도네이션으로 $3 정도 넣는 것을 잊지 말자. 다소 외진 곳이므로 차 안에 소지품을 둔다면 주의하도록 하자. 지도 p. 235 L

아할라누이 컨트리 비치 파크 Ahalanui Country Beach Park

따뜻한 해양수가 솟아오르는 핫 폰드

빅아일랜드에는 용암으로 인해 따뜻한 해양수가 솟
아오르는 곳이 꽤 있는데 그중에서 가장 유명한 곳
으로, 휴식과 수영을 즐기기에 좋아 로컬이나 관광
객 모두에게 인기가 많다. 물의 온도는 30~35도로
미지근한 정도지만 높은 파도가 이는 먼바다를 바
라보면서 물 안에 있으면 세상 근심마저 날아가는
느낌이 든다. 물이 깊지 않아 아이들이나 수영에 능
숙하지 못한 어른들도 편안하게 즐기기 적당하다.
바람이 많이 부는 날에는 파도가 높아서 바다 쪽은
위험할 수 있으니 되도록 잔잔한 곳에서 즐기는 것
이 좋다. 여러 사람이 이용하는 풀이니 물이 비교적
깨끗한 아침 일찍 가는 것이 좋으며 상처가 있는 경
우 입수하지 않는 것이 좋다. 주차장 주변에는 코코
넛을 파는 코코넛 보이나 꿀 등을 파는 이들이 종종
나오기도 하며 피크닉을 즐길 수 있는 작은 테이블
과 간이 샤워 시설, 화장실이 있고 라이프가드는 보
통 오전 7시부터 저녁 7시까지 상주한다.

주소 14-5363 Kalapana - Kapoho Rd, Pahoa, HI
96778 교통 137번 도로를 따라 남쪽으로 5분 정도 가면
표지판이 보인다. 전화 808-961-8311 지도 p. 235 L

푸날루우 블랙 샌드 비치 Punaluu Black Sand Beach

까만 모래사장이 매력적인 해변가

언제나 푸른바다거북을 만날 수 있는 모래사장으로 온통 까만 모래가 매력적인 해변이다. 하와이 화산 국립 공원에서 남쪽으로 1시간 정도 떨어져 있기 때문에 화산 공원으로 가는 길에 들러 보면 좋다. 반짝이는 검은색 모래가 전체 해변을 감싸고 있고 파도가 높지 않아 바위 구석구석 작은 물고기가 많다. 어린이들이 물놀이를 즐기기에 좋고 모래가 폭신하고 부드러워 한낮의 여유를 즐기기에도 적당하다.

교통 코나 코스트에서 11번 도로를 따라 남쪽으로 50분 정도 이동. 지역적으로는 빅 아일랜드 남부에 속한다. 지도 p. 234 N

그린 샌드 비치 Green Sand Beach

녹색 모래가 펼쳐진 신비한 해변

마치 녹색 카페트를 깔아 놓은 것처럼 해변에 녹색 모래가 펼쳐져 있다. 이 모래는 화산 활동으로 생긴 감람석이 잘게 부서져 만들어진 것이다. 그린 샌드 비치로 가는 길은 비포장 도로가 이어져 있어 사륜구동 차량을 렌트해야 하며 대부분 렌터카 회사에서 비보험 지역으로 지정되어 있기 때문에 막상 차를 가지고 가기에는 두려운 곳이기는 하다. 하지만 방법이 없는 것은 아니다. 사우스 포인트 로드(South Point Rd.) 끝에 차를 세워 두고 하이킹을 해서 걸어가거나 현지인들에게 잘만 얘기한다면 차를 태워 주기도 한다. 하지만 화장실 등 편의 시설이 전혀 없으므로 오래 즐기기엔 적당하지 않다.

교통 South point Rd. 끝까지 가서 주차장에 차를 세워 두고 30분 정도 비포장 도로를 더 들어간다. 지도 p. 234 N

Activity & Entertainment
빅아일랜드의 즐길거리

크고 드넓은 빅아일랜드에서 경이로운 즐거움을 맛보다

빅아일랜드는 거대한 섬의 크기만큼 다른 섬보다 즐길거리가 많은 곳이다. 서핑
이나 골프 같은 액티비티 뿐 아니라 헬기를 타고 화산 국립 공원을 둘러보거나
용암이 흘러내리는 순간을 포착하는 헬리콥터 투어는 평생 잊지 못할 경이로
움을 맛보게 한다. 케알라케쿠아 베이와 같은 아름다운 바다에서의
스노클링도 적극 추천한다.

헬리콥터 투어 Helicopter Tour

넓은 빅아일랜드를 맘껏 즐기는 방법

넓디넓은 빅아일랜드에서 최고의 즐길거리를 찾
으라면 바로 헬리콥터 투어가 될 것이다. 여전히
활발한 활동을 하고 있는 화산을 가장 리얼하게,
그리고 가장 가깝게 볼 수 있는 방법이기도 하다.
펄펄 끓는 용암이 바다로 떨어져 내려 검은 연기를
내뿜는 장관을 하늘에서 내려다보면 말로 형용할
수 없을 정도의 만족감과 희열을 느낄 수 있다.

호텔 액티비티 센터에서 상품에 대해 자세한 설명
을 들을 수 있다. 코나와 힐로 두 군데서 주로 출발
한다. 가격대는 천차만별이지만 안전과 관련된 문

제인만큼 너무 싼 곳은 피하도록 하자. 홈페이지
나 사전 예약을 하면 할인율이 올라간다.

블루 하와이안 www.bluehawaiian.com

만타레이 나이트 스노클링 Manta Ray Night Snorkeling

만타레이와 잊지 못할 추억을

많은 이들의 버킷리스트로 꼽히는 만타레이(쥐가
오리) 나이트 스노클링. 빅아일랜드에는 여러 곳
에 만타레이가 나타나는데 보통 크기는 1.4m 정
도 되며 큰 덩치와 다르게 사람이나 다른 물고기를
해치지 않는 순한 성질을 가지고 있다. 그래서 해
가 질 무렵이면 오징어배처럼 조명을 단 배를 타고
바다로 나가 스노클링을 하며 바로 눈앞에서 만타
레이를 만날 수 있다.

빅아일랜드에는 나이트 스노클링을 할 수 있는 여
러 업체가 있지만 밤에 하는 스노클링은 안전과 관
련된 만큼 꼼꼼하게 살피는 것이 좋다. 또 여름이
라 할지라도 밤에는 굉장히 춥기 때문에 잠수복
(Wet suit)을 반드시 입도록 하자. 업체에 따라 잠
수복은 대여가 가능하기도 하고 무료로 빌려 주기
도 한다. 보통은 오후 5~6시에 출발하여 스피너
돌핀 서식지를 한 바퀴 돈 후 해가 지면 본격적으
로 스노클링을 하고 9시경 코나로 돌아오는 것이

일반적인 프로그램이다. 빅아일랜드에서 절대 놓
치지 말아야 할 최고의 순간이므로 일정에 꼭 넣도
록 하자.

선라이트온워터(Sunlight on Water)
주소 74-425 Kealakehe Pkwy., Kailua-Kona,
HI 96745 전화 808-896-2480 홈페이지
sunlightonwater.com

승마 Horseback Riding

끝없이 펼쳐진 평야와 거친 언덕 즐기기

끊임없이 펼쳐지는 평야와 거친 자연, 굴곡진 언
덕을 자유로이 누비기에 승마만큼 즐거운 레포츠
가 있을까. 빅아일랜드의 승마 프로그램은 1~2시
간짜리를 기본으로 다양하게 있으니 자신의 체력
과 실력을 감안하여 선택하면 된다. 승마 투어 프
로그램은 가이드와 함께하는 것을 기본으로 하기
때문에 승마 초보라고 할지라도 두려워할 필요가
없다.

톱 오브 와이피오 www.topofwaipio.com

골프 Golf

빅아일랜드의 자연을 누비다

넓디넓은 빅아일랜드에서 시원하게 샷을 날려 보
자. 최고급 리조트의 골프 코스부터 빅아일랜드에
서 운영하는 저렴한 코스까지 선택의 폭이 다양하
다. 빅아일랜드에서 손꼽히는 골프 코스로는 화
산 지형에 그림같이 펼쳐진 마우나 라니(Mauna
Lani)와 빅아일랜드 최고의 절경에 자리 잡은 마우
나 케아(Mauna Kea)가 가장 유명하다.

마우나 라니 www.maunalani.com
마우나 케아 www.princeresortshawaii.com
빅아일랜드 골프 www.gohawaii.com/golf

Food & Restaurant

빅아일랜드의 먹을거리

토박이들이 꾸준히 운영하는 레스토랑

빅아일랜드는 오아후처럼 레스토랑이 몰려 있지 않고 거리가 멀기 때문에 맛집을 찾아서 몇 시간씩 드라이브하는 것을 결코 추천하지 않는다. 빅아일랜드 여행의 첫 관문인 카일루아 코나는 레스토랑과 펍이 몰려 있는 편인데 흥망성쇠가 빠른 다른 지역과 달리 토박이들이 꾸준히 운영하는 곳이 많아서 대부분 중·상 이상은 된다. 힐로 지역에서는 현지인들이 자주 가는 서민 레스토랑을 이용하도록 하자.

MAPECODE 22341

코나 인 레스토랑 Kona in Restaurant

풍미 가득한 음식과 선셋뷰가 좋은 레스토랑
관광객보다는 이 지역 주민들에게 인기 있는 식당으로, 역사가 30년이 된 만큼 맛을 보장한다. 메뉴 하나 하나 노하우가 더해져 단순한 햄버거라도 특유의 깊은 맛이 날 정도로 내공이 있는 레스토랑이다. 카일루아 코나 중심에 있기 때문에 산책을 하다 점심을 먹으러 들러도 좋고 늦은 저녁 칵테일 한 잔을 하기에도 적당하다. 저녁 시간대는 꽤 붐비므로 예약은 필수다.
석양이 질 때쯤 바닷가 쪽 자리를 잡고 칵테일이나 식사를 즐기기 좋으며, 특히 그날 그날 달라지는 생선 요리를 추천한다.
다양한 메뉴가 있지만 가격 대비 괜찮은 식사와 멋진 선셋뷰를 자랑하고 있어 로컬들도 자주 찾는 곳이다.

주소 75-5744 Alii Dr., Kailua Kona, HI 96740 전화 808-329-4455 시간 11:30 ~ 21:00 홈페이지 windandsearestaurants.com 지도 p. 241 C

다 포케 쉑 Da poke Shack

다양한 종류의 포케를 맛볼 수 있는 Yelp No.1

일명 '참치 주물럭'이라 불리는 아히 포케가 유명한 곳으로, 갓 들어온 참치를 맛있게 양념하여 판매한다. 우리 입맛에 잘 맞는 매운맛부터 일본 간장으로 맛을 내 쌀밥과 한끼 식사로 좋은 포케까지 여러 종류의 포케를 판매하며 문어나 해초류, 김치도 구비하고 있다. 메뉴를 시키면 한 스쿱의 밥과 포케 1~2종류 그리고 반찬을 선택할 수 있다. 주말의 경우 오후에는 참치가 신선하지 않으므로 오전에 가는 것이 좋다.

주소 76-6246 Alii Dr., Kailua-Kona, HI 96740 전화 808-329-7653 시간 10:00~18:00 홈페이지 www.dapokeshack.com 지도 p. 241 E

아일랜드 라바 자바 Island Lava Java

로컬들과 어울려 편안한 식사나 차 한잔

코나와 와이콜로아 두 개의 지점이 있으며 코나는 대로변에 있어 활기찬 분위기이고 와이콜로아는 주거 지역이라 차분하며 조용하다. 에그 베네딕트와 오믈렛이 훌륭하며 신선한 코나 커피도 이곳의 인기 메뉴이다. 코나 지점은 가벼운 식사를 하면서 알리 드라이브의 흥겨움을 즐기기에 좋으며 늦은 밤까지 늘 북적인다. 와이콜로아 지점에는 버스킹을 하는 뮤지션들이 가게 앞에서 종종 공연을 펼치기 때문에 알리 드라이브의 번잡함을 피하고 싶다면 이곳을 방문하는 것이 좋다.

카일루아 코나

주소 75-5799 Alii Dr., Kailua-Kona, HI 96740 전화 808-327-2161 시간 06:30~21:00 홈페이지 islandlavajava.com 지도 p. 241 C

와이콜로아

주소 68-1845 Waikoloa Rd., Waikoloa Village, HI 96738 전화 808-769-5202 시간 06:30~21:00 지도 p. 247 G,H

휴고스 온 더 록스 Huggo's on the Rocks

멋진 석양을 볼 수 있는 바닷가의 레스토랑

핫한 플레이스를 찾기 힘든 빅아일랜드에서 나름
신선한 곳이다. 시원하게 펼쳐진 바다를 배경으로
관광객 뿐 아니라 현지 젊은이들이 자주 파티를 하
는 곳이기 때문에 어느 시간대에 방문하더라도 유
쾌하다. 음식이나 칵테일도 훌륭해서 해질 무렵
방문하여 바다를 바라보며 담소를 나누기에도 적
당하다.

주소 75-5824 Kahakai Rd., Kailua Kona, HI 96740
전화 808-329-1493 시간 일~목 11:00~22:00 금~
토 11:00~23:00 (해피 아워 15:00~17:00) 홈페이지
www.huggosontherocks.com 지도 p. 241 C

코나 브루잉 컴퍼니 Kona Brewing Company

코나 맥주의 고향

카일루나 코나에 위치에 있어 언제나 인기 만점
인 곳이다. 주변에 맥주 만드는 공장과 스낵바 등
이 있어 순서를 기다리면서 둘러보기에도 적당하
다. 오전 10시 30분과 오후 3시에 무료 공장 투어
도 있으니 시간이 있다면 참여해 보는 것도 좋다.
롱보드, 파이프라인 포터, 파인 락 페일 아일 등 다
양한 하와이 맥주를 즐길 수 있는 샘플러를 추천한
다. 우선 샘플러로 목을 축인 뒤 원하는 맥주를 선
택하는 것이 좋다. 대부분의 메뉴가 맥주 안주로
적당하지만 피자와 핫윙은 단연 찰떡궁합.

주소 75-5629 Kuakini Hwy., Kailua Kona, HI 96740
시간 11:00~22:00 전화 808-334-2739 홈페이지
www.konabrewingco.com 지도 p. 241 C

L & L

하와이안 스타일의 패스트푸드

대표적인 하와이안 스타일의 패스트푸드 체인점
으로, 가볍게 한끼 식사를 해결하기에 좋다. 특히
한국 스타일의 갈비와 닭 요리 등이 있고 밥도 나
오기 때문에 한국 음식점이 많지 않은 빅아일랜드
에서 갈비를 맛볼 수 있는 곳이기도 하다. 오전에
는 기본적인 아침 메뉴를 판매하고 있으며 새우튀
김 등도 맛있다. 빅아일랜드 전체에 매장이 있어
찾아가기도 쉽다.

카일루아 코나
주소 76-6831 Alii Dr., Ste. D-124, Kona, HI 96740 전
화 808-322-9888 시간 06:00~21:30 지도 p. 241 F

힐로
주소 348 Kinoole St. Hilo, HI 96720 전화 808-934-
0888 시간 월~토 09:00~21:00 일 09:00~20:00 홈
페이지 hawaiianbarbecue.com

KTA 슈퍼마켓 KTA Super Stores

다양한 식료품과 간단한 도시락이 있는 곳

하와이 주민들의 식품 쇼핑을 담당하고 있는 KTA는 대부분 현지에서 재배한 채소와 과일 등을 판매하며 워낙 유통량이 많기 때문에 다른 곳보다 신선하고 몸에 좋은 식품들을 만날 수 있다. 스팸 무수비나 김밥, 유부초밥, 김치 등 한국인 입맛에 맞는 음식도 판매하고 있어 간단하게 아침을 해결하거나 점심 도시락 대용으로 적당하다. 또 생선 코너에서는 그날그날 만든 아히 포케를 판매하고 있는데 갈비맛이나 코리안 스타일 등 우리 입맛에도 잘 맞는 여러 종류의 아히 포케가 있으니 맛을 보고 선택하여 포장해 달라고 하면 된다.

카일루아 코나
주소 74-5594 Palani Rd., Kailua-Kona, HI 96740 전화 808-329-1677 시간 05:00~23:00 홈페이지 ktasuperstores.com 지도 p. 241 C

힐로
주소 KTA Downtown Hilo, 321 Keawe St. Hilo, HI 96720 시간 월~토 07:00~21:00 일 07:00~19:00 전화 808-935-3751

스칸디나비안 셰이브 아이스 Scandinavian Shave Ice

유명한 셰이브 아이스 가게

알리 드라이브 입구 초반에 있는 유명한 셰이브 아이스 가게다. 가게 앞에는 사람들이 줄을 서 있거나 셰이브 아이스를 즐기고 있는 모습을 볼 수 있어 쉽게 찾을 수 있다. 곱게 간 얼음을 단단하게 만들어 다양한 컬러의 시럽을 올릴 수 있으며 아이스크림이나 팥을 추가할 수도 있다.

맞은편 나무 그늘이 진 둑에 앉아 셰이브 아이스를 맛보며 지나가는 사람들을 구경하는 것만으로도 행복해질 수 있는 시간이다.

주소 75-5699 Alii Dr., Kailua-Kona, HI 96740 전화 808-326-2522 시간 월~토 11:00~21:00 일 11:00~20:00 홈페이지 scandinavianshaveice.com 지도 p. 241 C

찰리스 타이 퀴진 Charley's Thai Cuisine

빅아일랜드 스타일의 태국 요리를 맛볼 수 있는 곳

가벼우면서도 타이 요리의 본연의 맛을 잃지 않는 레스토랑으로, 태국에서 공수해 온 듯한 인테리어가 인상적인 곳이다. 입맛에 따라 부드러운 맛부터 매운맛까지 선택할 수 있으며 샐러드나 해산물 요리도 신선하고 깔끔하다.

와이콜로아 지점과 와이메아 지점이 있으며 와이콜로아 지점은 좀 더 분위기가 있지만 사람이 많은 편이며 와이메아는 로컬들이 주로 찾는 곳이라 음식 질과 양이 조금 더 괜찮다고 평가된다.

와이메아
주소 65-1158 Mamalahoa Hwy., Waimea, HI 96743 전화 808-885-5591 지도 p. 245 F

와이콜로아
주소 69-201 Waikoloa Beach Dr., Waikoloa Village, HI 96738 전화 808-886-0591 홈페이지 charleysthaihawaii.com 지도 p. 247 G

MAPECODE 22354

미요스 Miyo's

우리 입맛에 잘 맞는 일본 가정식 요리

힐로에서 일본 가정식 요리를 맛볼 수 있는 곳으로 아침부터 저녁까지 로컬들이 자주 찾는 인기 레스토랑이다. 화려하진 않지만 정갈하고 깔끔한 가정식 요리와 해산물 요리가 특히 신선하며 요세나베와 샤브샤브같은 국물 요리도 일품이다. 특히 오전

9시부터 도시락을 판매하는데 하루 20~30개밖에 만들지 않기 때문에 일찍 방문하는 것이 좋다. 디저트로 나오는 녹차 아이스크림도 이 집의 명물이다.

주소 564 Hinano St., Hilo, HI 96720 전화 808-935-2273 시간 11:00~14:00, 17:30~20:30(일요일 휴무) 홈페이지 miyosrestaurant.com 지도 p. 259 D

MAPECODE 22355

카페 100 cafe 100

로코모코를 최초로 만든 레스토랑

카페 100은 힐로 지역 최고의 맛집이다. 힐로 지역은 이렇다 할 레스토랑이 없는데 무난하고 검증된 식사를 하고 싶다면 카페100을 추천한다. 힐로 지역을 다니다 보면 빨간색 간판이 쉽게 눈에 띄어서 찾는 데는 어렵지 않다. 하와이의 유명한 음식 로코모코의 진원지이기도 하며 음식이 우리 입맛에도 잘 맞는다. 숯불 바비큐 역시 실패하지 않는 메뉴. 67년 역사답게 늘 관광객과 현지인들로 붐빈다.

주소 969 Kilauea Ave., Hilo, HI 96720 전화 808-935-8683 시간 월~금 06:45~20:30 토 06:45~19:30(일요일 휴무) 홈페이지 www.cafe100.com 지도 p. 259 C

캔즈 하우스 오브 팬케이크 Ken's House of Pancakes

할로에서 손꼽히는 팬케이크 전문점

외관은 허름하지만 팬케이크를 비롯한 모든 메
뉴가 만족스럽다. 24시간 운영하기 때문에 출출
한 새벽에 야식을 즐기기에도 좋다. 하와이 특산
인 구아바, 트로피칼 시럽 등이 구비 되어 있어 같
은 팬케이크라도 색다른 맛을 즐길 수 있다. 매장
곳곳을 장식은 일러스트 캐릭터도 흥겨움을 더한
다. 주말에는 기다리는 경우도 있으니 예약하는
것이 좋다.

주소 1730 Kamehameha Ave., Hilo, HI 96720 전
화 808-935-8711 시간 24시간 홈페이지 www.
kenshouseofpancakes.com 지도 p. 259 D

카페 페스토 Cafe Pesto

전통 이탈리아 파스타와 피자를 만날 수 있는 곳

힐로에서 피자와
파스카가 가장 유
명한 곳으로 주중
에도 로컬들과 관
광객으로 늘 북적
인다. 따라서 예
약은 필수다. 화덕에 직접 구워서 나오는 피자와
향긋한 허브를 가득 넣은 각종 파스타는 최고 인기
메뉴다. 하와이의 리저널 퀴진를 접목한 이탈리아
요리를 맛보고 싶다면 연어 요리나 그날의 요리를
추천한다.

어린이 메뉴도 따로 준비되어 있어 작은 사이즈의
피자나 파스타를 고를 수 있다. 노스 코할라에도
지점이 있으며 분위기와 음식은 동일하다.

주소 308 Kamehameha Ave. #101, Hilo, HI 96720
전화 808-969-6640 시간 10:30~21:00 홈페이지
cafepesto.com 지도 p. 259 C

쏨밧 후레쉬 타이 레스토랑 Sombat's Fresh Thai Cuisine

태국 음식의 진수를 보여 주는 곳

힐로에서 제대로 된 타이 음식을 즐길 수 있는 곳
으로 멀리서부터 찾아오는 손님이 있을 정도로 태
국 음식의 진수를 보여 준다. 내부는 작긴 하지만
서비스도 친절하고 맛에 대한 자부심이 대단하여
주말에는 예약하는 것이 좋다. 특히 주인이 재배
하는 허브를 이용해서 만든 다양한 요리와 허브티
는 이 집만의 특색이다. 전체적으로 음식맛이 순
하기 때문에 매콤한 맛을 원한다면 따로 주문하는
것이 좋다.

주소 88 Kanoelehua Ave., Hilo, HI 96720 전화 808-
969-9336 시간 10:30~14:00, 17:00~21:00 홈페이
지 sombats.com 지도 p. 259 D

Hotel & Resort
빅아일랜드의 호텔 & 리조트

대부분의 숙소가 몰려 있는 코나와 힐로 지역

빅아일랜드는 크게 코나와 힐로 지역으로 나눌 수 있는데 대부분의 관광객들은 코나 지역에 묵는다고 보면 된다. 각종 체인 호텔과 리조트들이 이 지역에 밀집되어 있기 때문이다. 힐로는 화산 국립 공원과의 접근성이 좋아 하루 이틀 정도 묵게 되는 경우가 있지만 럭셔리한 호텔은 찾기 힘들고 주로 저렴한 중저가 모텔들이 밀집해 있다. 코나 지역에서 가장 럭셔리한 리조트가 몰려 있는 곳은 와이콜로아 지역인데 굳이 리조트 밖으로 나가지 않더라도 식사, 쇼핑, 액티비티 등을 모두 즐길 수 있다. 빅아일랜드를 처음 방문한 여행자라면 와이콜로아 지역의 숙소를 중심으로 여행 계획을 짜는 것이 가장 현명하고, 재방문이거나 여행 기간이 길다면 와이콜로아, 카일루나 코나, 힐로 지역 등을 골고루 안배하는 것이 좋다.

MAPECODE **22359**

힐튼 와이콜로아 빌리지 Hilton Waikoloa Village

테마파크 같은 리조트

돌고래를 만날 수 있는 돌핀 라군과 넓게 펼쳐진 18홀의 골프 코스, 화려한 회랑이 돋보이는 3개의 숙박 타워까지 모든 이를 만족시키는 테마파크 같은 리조트이다. 인공 라군은 어린이들이 놀기에 적당해 가족 단위 여행객에게 인기가 높다.

주소 69-425 Waikoloa Beach Dr., Waikoloa, HI 96738 전화 808-886-1234 홈페이지 www.hilton waikoloavillage.com 지도 p. 247 G

애스톤 쇼어스 앳 와이콜로아 Aston Shores at Waikoloa

콘도형 리조트

와이콜로아 리조트 지역 안에 있는 콘도형 리조트
이다. 넓은 객실과 사생활 보호가 잘 되어 있고 편
의 시설을 고루 갖추고 있어 가족 단위의 장기 여
행자들에게 인기가 높다.

주소 69-1035 Keana Pl., Waikoloa, HI 96738 전화
808-886-5001 홈페이지 www.astonhotels.com/
resort/overview/aston-shores-at-waikoloa 지도 p.
247 G

쉐라톤 리조트 & 스파 Sheraton Resort & Spa at Keauhou Bay

케아우호우 리조트 단지에 위치한 호텔

케아우호우 리조트 단지에 위치한 스타우드 계열
의 호텔로, 합리적인 가격과 가족들을 위한 시설이
많아 늘 인기가 있는 곳이다. 특히 이곳의 풀장은
호텔 내부를 따라 흐르는 유수풀과 외부와 이어진
풀이 따로 있어 어린아이와 성인 모두 함께 즐기기
에 좋으며 슬라이드 시설도 있다. 쉐라톤 호텔 앞에
는 밤이 되면 만타레이들이 찾아오는 것으로 유명
해서 호텔에서도 만타레이를 볼 수 있으며 많은 투
어들이 이곳에서 진행되기도 한다.

주소 78-128 Ehukai St., Kailua-Kona, HI 96740 전화
808-930-4900 홈페이지 www.sheratonkona.com
지도 p. 241 E

마우나 케아 비치 호텔 Mauna Kea Beach Hotel

마우나 케아 비치의 럭셔리 리조트

카우나오아 비치라 불리는 마우나 케아 비치 앞에 위치해 있으며 빅아일랜드 최고의 골프 코스와 어우러진 럭셔리 리조트이다. 이 호텔을 디자인한 로렌스 록펠러는 "모든 위대한 해변에는 위대한 호텔이 있어야 한다(Every great beach deserves a great hotel.)"라는 말을 남긴 것으로 유명하다. 한편 그가 설계한 골프 코스는 하와이의 표준이 될 정도이며 그 정확함과 아름다움은 오랜 시간이 지난 지금까지도 유효하다. 대대적인 리노베이션으로 고풍스러움과 세련미가 공존하는 호텔로 거듭났으며 골프를 사랑하는 이들뿐 아니라 조용하고 안락한 휴식을 원하는 허니무너들에게도 인기. 특히 밤이면 해변에 찾아오는 만타레이(쥐가오리)를

바로 호텔 앞에서 만날 볼 수 있으며 각종 액티비티 시설도 잘 되어 있다. 6개의 레스토랑과 바는 멀리서 찾아올 정도로 소문이 자자하다. 특히 만타 & 파빌리온 와인 바에서 일요일마다 만나는 만타 선데이 브런치는 이 지역 최고의 브런치로 꼽힌다. 시푸드 뷔페인 '클램 베이크'나 '카우나오아 바 앤드 그릴'에서는 아름다운 해변을 바라보며 바다 향이 가득한 해산물 요리를 맛볼 수 있다.

주소 62-100 Mauna Kea Beach Dr., Kohala Coast, HI 96743 요금 만타 선데이 브런치 어른 $55, 어린이(만 2~12세) $28 전화 877-880-6524 수신자부담 무료 전화 0120-00-8686 지도 p. 247 E

하푸나 비치 리조트 Hapuna Beach Resort

가족 여행자에게 최고의 해변과 호텔

하푸나 비치는 2013년 세계적으로 영향력 있는 여행 잡지 〈트레블 레저(Travel Leisure)〉에서 가족을 위한 최고의 해변으로 선정될 정도로 아름다우며 광활하다. 하푸나 비치 바로 앞에 위치한 하푸나 비치 프린스 호텔은 아놀드 파머가 설계한 18홀 챔피언십 골프 코스로 더욱 유명하다. 지형과 수목의 배치를 그대로 살린 친환경적 코스는 미국 저명 인사들의 라운딩 장소로도 손에 꼽히고 있다. 특히 룸이 넉넉하고 수영장이 해변과 이어져 있어 어린이를 동반한 가족 여행자들에게 적극 추천한다. 호텔 내에 있는 레스토랑 역시 훌륭하다.

그중 가장 유명한 곳은 '코스트 그릴'로, 엄격하게 선별한 유기농 재료만을 사용하여 하와이 요리를 현대적으로 해석한 랍스터나 마히마히 등을 캐주얼하게 즐길 수 있다.

주소 66-100 Kauna'oa Dr., Kohala Coast, HI 96743 전화 808-880-1111, (fax) 808-880-3142 홈페이지 www.hapunabeachresort.com 지도 p.247 E

Kauai
카우아이

신비로운 정원의 섬

카우아이는 하와이의 대표적인 4개 섬 중 가장 인간의 손길이 닿지 않아 순수하고 웅장한 고대의 자연을 만날 수 있는 하와이 제도의 마지막 파라다이스이다. 하와이 섬 중 가장 먼저 탄생한 섬으로, 신비로운 산맥과 협곡, 그리고 꽃과 나무가 작은 섬을 정원처럼 꽉 채우고 있어 'Garden Island'라는 별명을 가지고 있다.

안타깝게도 아직 한국에는 많이 알려지지 않았는데 오아후가 과자와 케이크, 사탕이 가득 든 종합 선물 세트라면 카우아이는 시골에서 외할머니가 쪄 주시는 옥수수와 고구마 같은 느낌이라고 할 수 있다.

카우아이의 숨겨진 곳곳을 찾아다니다 보면 자연의 위대함에, 깨끗하고 순수한 카우아이의 매력에 푹 빠지게 될 것이다. 진정한 밀월 여행을 즐기고 싶은 모험심 많은 커플들, 〈쥬라기 공원〉, 〈킹콩〉 등 수많은 영화의 배경지를 직접 보고 싶은 어린이들이라면 카우아이의 숨은 매력 속으로 지금부터 출발!

카우아이 섬에서 꼭 체험해 봐야 할 것 BEST 3

ALOHA

❶ 신의 선물 나 팔리 코스트 다녀오기
❷ 태평양의 그랜드 캐니언 와이메아 캐니언 체험하기
❸ 순수하고 깨끗한 섬 일주 드라이브하기

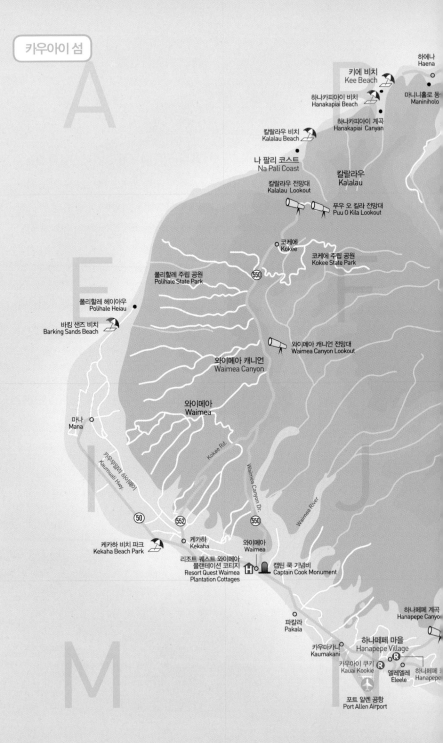

카우아이 섬

AEFIJM

키에 비치
Kee Beach

하에나
Haena

하나카피아이 비치
Hanakapiai Beach

마니니홀로 동
Maniniholo

하나카피아이 계곡
Hanakapiai Canyon

칼랄라우 비치
Kalalau Beach

나 팔리 코스트
Na Pali Coast

칼랄라우
Kalalau

칼랄라우 전망대
Kalalau Lookout

푸우 오 킬라 전망대
Puu O Kila Lookout

코케에
Kokee

코케에 주립 공원
Kokee State Park

폴리할레 주립 공원
Polihale State Park

550

폴리할레 헤이아우
Polihale Heiau

바킹 샌즈 비치
Barking Sands Beach

와이메아 캐니언 전망대
Waimea Canyon Lookout

와이메아 캐니언
Waimea Canyon

와이메아
Waimea

마나
Mana

Kokee Rd.

Waimea Canyon Dr.

Waimea River

카우무알리 하이웨이
Kaumuali Hwy.

50

552

550

케카하 비치 파크
Kekaha Beach Park

케카하
Kekaha

와이메아
Waimea

리조트 퀘스트 와이메아
플랜테이션 코티지
Resort Quest Waimea
Plantation Cottages

캡틴 쿡 기념비
Captain Cook Monument

파칼라
Pakala

하나페페 계곡
Hanapepe Canyon

하나페페 마을
Hanapepe Village

카우마카니
Kaumakani

카우아이 쿠키
Kauai Kookie

엘레엘레
Eleele

하나페페
Hanapepe

포트 알렌 공항
Port Allen Airport

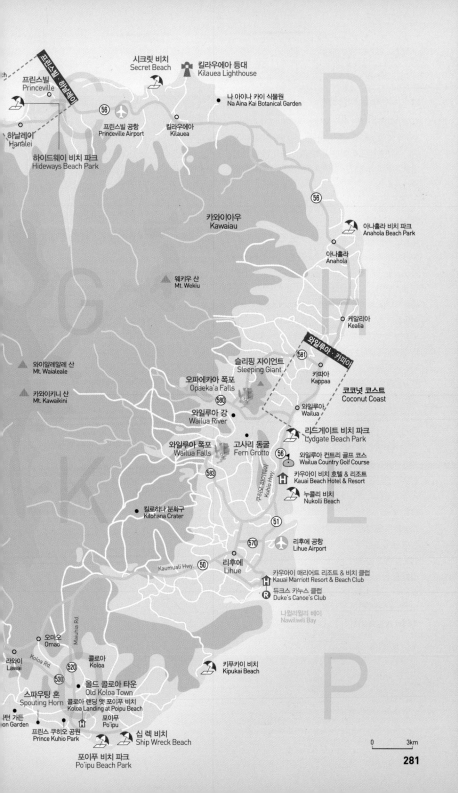

⟩ 카우아이로 이동하기

카우아이에 가려면 한국에서는 직항이 없기 때문에
오아후의 호놀룰루 국제공항을 경유해야 한다. 마우
이나 빅아일랜드 등 이웃 섬에서도 카우아이 섬과 정
기적으로 운행하지만 대부분 호놀룰루 국제공항을
거치게 된다.

⟩ 주내선 이용하기

호놀룰루 국제공항과 카우아이 리후에 공항을 잇는
항공사는 하와이안 항공이 대표적이다. 저가 항공사
가 있기는 하지만 대부분 통근자들을 위한 노선 위주
로 배치되어 있고 커뮤터 터미널이 떨어져 있어 호놀
룰루 국제공항에서 위키위키 셔틀버스를 타고 따로
이동해야 한다. 노선은 하루에 30~40편 정도 운행
되지만 비행기가 크지 않고 성수기에는 자리가 없을
수 있으니 국제선 스케줄이 확정되었다면 한국에서
미리 예약을 하고 가는 것이 좋다.

호놀룰루 국제공항에 도착하면 인터아일랜드 터미
널로 이동하여 항공사 카운터에 항공권과 여권을 제
시한 후 체크인을 하면 된다. 하와이안항공의 경우
부치는 수화물의 개수에 따라 비용을 지불해야 하지
만 국제선을 이용했을 경우에는 1인당 23kg짜리 2
개까지 무료로 맡길 수 있다. 일반적으로 출발 15분
전부터 탑승을 시작하며 비행기가 작기 때문에 탑승
과정이 굉장히 빨리 진행되므로 시간에 맞춰 대기하
도록 하자.

호놀룰루 국제공항에서 카우아이 리후에 공항까지
는 30분 정도밖에 걸리지 않기 때문에 타자마자 안전
벨트를 메고 승무원이 나눠 주는 하와이산 프레시 주
스를 한 잔 마시면 놀랍도록 아름다운 카우아이가 바
로 나타난다. 비행기가 높은 고도까지 올라가지 않아
비행 내내 카우아이 섬의 절경을 즐길 수 있으니 창가
자리에 앉도록 하자.

하와이안항공
전화 02-775-1500 홈페이지 www.hawaiianair.co.kr

❸ 더 카우아이 버스 The Kauai Bus

카우아이에는 카우아이 시에서 운영하는 공공 버스가 있긴 하지만 대부분 통근이나 통학을 하는 주민들에게 맞춰 스케줄이 짜여 있어, 배차 간격이 길고 운행 편수가 많지 않아 관광객들이 이용하기에는 매우 불편하다.

다만 카우아이의 주요 쇼핑몰인 쿠쿠이 그로브 쇼핑센터와 리후에 간에는 40분~1시간 간격으로 운영되고 있어 쿠쿠이 그로브 쇼핑센터를 찾는다면 이용해볼 만하다. 운행 시간은 수시로 변경되니 홈페이지에서 확인하도록 하자.

홈페이지 www.kauai.gov/BusSchedules 요금 성인 $2.00, 주니어(7~18세) $1.00, 6세 이하 무료

❸ 렌터카

대중교통이 부족한 카우아이에서 렌터카는 선택이 아닌 필수이다. 여행사의 상품들을 이용해 관광을 즐길 수도 있지만 3시간이면 섬을 한 바퀴를 다 돌 수 있고 도로도 어렵지 않기 때문에 카우아이의 아기자기한 매력을 직접 느끼기 위해서는 렌터카를 적극 추천한다.

짐을 찾아 공항 밖으로 나오면 주요 렌터카 업체들의 카운터가 보이는데 이곳에서 체크인(Check-in) 등 모든 서류 작업을 마치고 렌터카 셔틀을 타고 이동하여 차량을 픽업하면 된다. 렌터카 회사에 따라 바로 렌터카 셔틀을 타고 이동하여 그곳에서 체크인과 픽업(Pick-up)이 이루어지기도 한다.

(렌터카 관련 자세한 내용은 '오아후 편' 참고)

카우아이에서 운전하기

- 카우아이의 도로는 매우 단순하기 때문에 내비게이션 없이 렌터카 회사에서 제공하는 무료 지도만으로도 충분히 섬을 일주할 수 있다. 하지만 도로 조명 시설이 부족하여 일몰 후의 운전은 다소 어려울 수 있으니 주의하도록 하자.

- 시내를 제외하고는 비보호 좌회전이 많아서 각별히 주의해야 한다. 또한 유턴 시에도 도로에서 무리하게 차를 돌리지 말고 안전한 장소에서 돌려 나오도록 하자.

- 카우아이에는 원 레인 브리지가 많은데, 특히 프린스빌에서 하날레이로 진입할 때 자주 만날 수 있다. 말 그대로 차 한 대만 지나갈 수 있는 다리로, 먼저 온 차가 우선이기 때문에 상대편 차량이 선진입하였을 경우 기다렸다가 지나가야 한다.

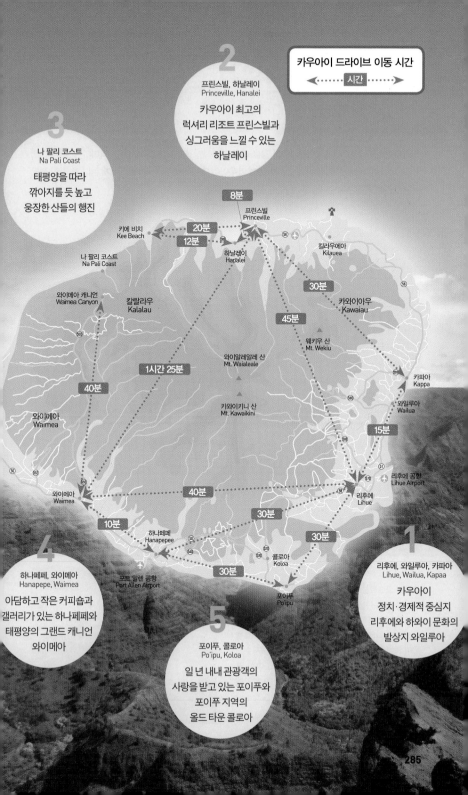

2

프린스빌, 하날레이
Princeville, Hanalei

카우아이 최고의
럭셔리 리조트 프린스빌과
싱그러움을 느낄 수 있는
하날레이

3

나 팔리 코스트
Na Pali Coast

태평양을 따라
깎아지를 듯 높고
웅장한 산들의 행진

8분

프린스빌
Princeville

키에 비치
Kee Beach

20분

12분

하날레이
Hanalei

킬라우에아
Kilauea

56

나 팔리 코스트
Na Pali Coast

30분

와이메아 캐니언
Waimea Canyon

칼랄라우
Kalalau

45분

카와이아우
Kawaiau

56

웨키우 산
Mt. Wekiu

와이알레알레 산
Mt. Waialeale

카파아
Kappa

1시간 25분

와일루아
Wailua

40분

카와이키니 산
Mt. Kawaikini

와이메아
Waimea

15분

56

50

리후에 공항
Lihue Airport

570

와이메아
Waimea

40분

리후에
Lihue

58

50

602

10분

하나페페
Hanapepe

50

540

30분

30분

콜로아
Koloa

520

1

리후에, 와일루아, 카파아
Lihue, Wailua, Kapaa

카우아이
정치·경제적 중심지
리후에와 하와이 문화의
발상지 와일루아

4

하나페페, 와이메아
Hanapepe, Waimea

아담하고 작은 커피숍과
갤러리가 있는 하나페페와
태평양의 그랜드 캐니언
와이메아

포트 알렌 공항
Port Allen Airport

30분

포이푸
Po'ipu

5

포이푸, 콜로아
Po'ipu, Koloa

일 년 내내 관광객의
사랑을 받고 있는 포이푸와
포이푸 지역의
올드 타운 콜로아

리후에 · 와일루아 · 카파아
Lihue　Wailua　Kapaa

● 카우아이의 중심 도시이자 와일루아 강을 따라 이국적인 풍경들이 이어지는 지역이다. 중저가 숙소
와 레스토랑, 쇼핑센터가 몰려 있기 때문에 카우아이 여행 중에 꼭 한 번은 들르게 된다. 반나절 정도
시간을 내 와일루아 강과 폭포를 보는 것을 추천한다.

리후에 Lihue

카우아이의 정치적 · 경제적 중심지

카우아이의 관문인 리후에 공항과 나윌리윌리 항,
또 여러 행정기관 등이 모여 있는 카우아이의 정치
적·경제적 중심지로 현지 주민들의 생활을 엿볼 수

있다. 또한 월마트나 백화점 등 대형 쇼핑센터가 밀
집해 있어 관광객들의 발길이 끊이지 않는다.

지도 p. 281 L

코코넛 코스트 Coconut Coast

카우아이 섬 동쪽을 통칭하는 말

코코넛 코스트는 카파아와 와일루아를 통칭하는 카
우아이 섬 동쪽을 나타내는 말이다. 이곳에는 아기
자기한 상점과 현지인들이 애용하는 레스토랑, 쇼
핑센터와 화려하진 않지만 깔끔한 중저가의 호텔
들이 해변을 따라 이어져 있다. 특히 키 큰 야자수가
길게 늘어선 쿠히오 하이웨이를 따라서 소박한 코
코넛 코스트의 여유를 즐기며 드라이브를 하기에
좋다.

지도 p. 281 H-E, 287 B-D-F-H

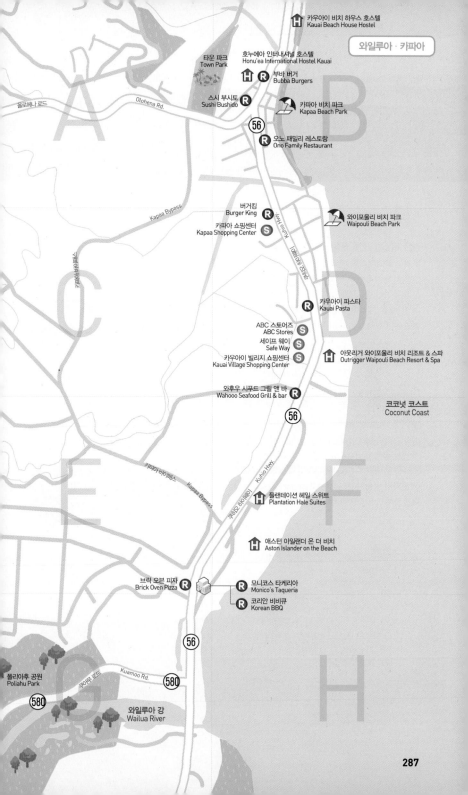

카우아이 비치 하우스 호스텔
Kauai Beach House Hostel

타운 파크
Town Park

호누에아 인터내셔널 호스텔
Honu'ea International Hostel Kauai

부바 버거
Bubba Burgers

스시 부시토
Sushi Bushido

카파아 비치 파크
Kapaa Beach Park

오노 패밀리 레스토랑
Ono Family Restaurant

올로헤나 로드
Olohena Rd.

버거킹
Burger King

카파아 쇼핑센터
Kapaa Shopping Center

와이포울리 비치 파크
Waipouli Beach Park

Kapaa Bypass

카우아이 파스타
Kauai Pasta

ABC 스토어즈
ABC Stores

세이프 웨이
Safe Way

카우아이 빌리지 쇼핑센터
Kauai Village Shopping Center

아웃리거 와이포울리 비치 리조트 & 스파
Outrigger Waipouli Beach Resort & Spa

와후우 시푸드 그릴 앤 바
Wahooo Seafood Grill & bar

코코넛 코스트
Coconut Coast

카파아 바이패스
Kapaa Bypass

Kuhio Hwy.

플랜테이션 헤일 스위트
Plantation Hale Suites

애스턴 아일랜더 온 더 비치
Aston Islander on the Beach

브릭 오븐 피자
Brick Oven Pizza

모니코스 타케리아
Monico's Taqueria

코리안 비비큐
Korean BBQ

폴리아후 공원
Poliahu Park

쿠아모 로드
Kuamoo Rd.

와일루아 강
Wailua River

MAPECODE 22401

슬리핑 자이언트 Sleeping Giant

작은 거인의 형상을 한 바위산

쿠히오 하이웨이를 따라 누워 있는 바위산의 형상
이 마치 자고 있는 거인의 모습과 같다고 하여 붙여
진 이름이다. 이곳에는 슬리핑 자이언트와 관련하
여 카우아이에 살던 소인 메네후메 족과 거인의 전
설이 남아 있다.

교통 와일루아 강에서 차로 2분 정도 걸린다. 지도 p. 281 H

MAPECODE 22402

와일루아 강 Wailua River

카우아이의 젖줄이자 하와이 문화의 발상지

하와이 왕족들의 성지였던 지역으로, 연간 1만mm
가 넘는 풍부한 강수량으로 인해 늘 푸른 들판과 울
창한 숲을 만날 수 있다. 카우아이의 젖줄이자 하와
이 문화의 발상지이다. 강을 따라 카약을 즐기거나
보트 크루즈 등 다양한 액티비티도 즐길 수 있다.

지도 p. 281 L

와일루아 강 보트 크루즈 Wailua River Boat Cruise

와일루아 강을 즐길 수 있는 가장 쉬운 방법

큰 유람선을 타고 3마일 정도 강을 따라 올라간 후 최종적으로 고사리 동굴에 들러 동굴을 관람하고 다시 돌아오는 프로그램으로, 왕복 1시간 20분 정도 소요된다. 유람선 안에서는 하와이안 음악이 라이브로 연주되며 훌라 공연을 감상하고, 강을 따라 올라가며 와일루아 강과 관련된 이야기도 들을 수 있다.

스미스 모터보트 크루즈
주소 174 Waiua Rd., Kapaa, HI 96746 홈페이지 www.smithskauai.com

고사리 동굴
Fern Grotto

양치식물로 뒤덮인 신비의 동굴

와일루아 강을 거슬러 올라가면 오래전 하와이 왕족들의 결혼식과 연회의 장소였던 신비한 분위기의 동굴이 나타난다. 동굴 주변은 양치식물로 뒤덮여 있으며 이곳에서 손을 잡으면 영원한 사랑이 이루어진다는 전설이 있어 연인들이 사랑을 속삭이기에 좋은 최고의 분위기를 만들어 낸다. 육로로는 갈 수 없으며 와일루아 강 하류에서 보트 크루즈를 이용하거나 카약을 빌려 거슬러 올라가야 한다.

지도 p. 281 L

오파에카아 폭포
Opaeka'a Falls

와일루아 강의 관광 명소

굵은 물줄기가 수직으로 낙하하여 거대한 물웅덩이를 만들어 내는 와일루아 강의 관광 명소로, 엘비스 프레슬리가 주연한 영화 〈블루 하와이〉를 촬영한 곳으로도 유명하다.

지도 p. 281 H

리드게이트 비치 파크 Lydgate Beach Park

모든 것을 갖춘 비치

푸른 잔디밭 위에는 완벽한 피크닉 시설과 깨끗한 화장실, 샤워 시설이 갖춰져 있고 해안 중간중간 인공적으로 만든 둑 덕분에 일 년 내내 파도가 높지 않아 어린이들이 안전하게 물놀이를 즐길 수 있다. 또한 스노클링을 하기에도 좋아 아침부터 해가 질 때까지 리드게이트 비치를 찾는 이들의 발걸음이 끊이지 않는다.

주소 Leho Dr, Lihue, HI 96766 교통 Kuhio Hwy.에서 Leho Dr.로 들어서면 공원 주차장을 만나게 되며 도로 끝에도 별도의 주차장이 있다. 지도 p. 281 L

와일루아 폭포 Wailua Falls

무지개가 떠 있는 쌍둥이 폭포

힘차게 수직으로 낙하하는 폭포수를 보고 있으면 나도 모르게 탄성이 나오는 쌍둥이 폭포이다. 무지개가 뜬 폭포를 감상하고 싶다면 이른 오전에 방문하는 것이 좋다.

교통 Kuhio Hwy.와 Maalo Rd. 교차점을 따라 도로 끝까지 가면 작은 주차장이 있다. 지도 p. 281 L

프린스빌 · 하날레이
Princeville   Hanalei

● 카우아이 북단에 위치한 지역으로 세인트 레지스와 같은 최고급 빌라와 끊임없이 이어지는 바다, 그
리고 이국적인 타로밭의 신비로운 조화에 감탄하게 되는 곳이다. 한편 칼랄라우 트레일이 시작되는
곳이기도 하기 때문에 일년 내내 모험을 즐기는 관광객의 발길이 끊이지 않는다.

MAPECODE **22405**

킬라우에아 등대 Kilauea Lighthouse

눈부시게 푸른 바다, 위풍당당한 하얀 등대
하와이 최북단에 세워진 곳으로, 각종 엽서와 하와이
홍보 책자의 모델이 되는 빨간 지붕의 등대가 있는 곳
이다. 꽤 낡긴 했으나 눈부시게 푸른 바다를 배경으
로 위풍당당하게 서 있는 하얀 등대는 카우아이를 상
징하기에 충분하다. 주변은 동물 보호 구역으로 지정
되어 있으며 다양한 야생 조류를 만날 수 있다. 킬라
우에아 야생 동물 서식지 내에 있다. 등대를 가까이
서 보려면 입장료를 내고 국립 공원 안으로 들어가야
하나 푸른 바다와 빨간 등대의 원경만을 감상하고 싶
다면 주차장 근처에서 둘러보아도 훌륭하다.

주소 3500 Kilauea Rd, Kilauea, HI 96754 교통 Kuhio
Hwy.에서 Kilauea Rd.로 끝까지 가면 된다. 시간 화~토
10:00~16:00 입장료 어른 $10, 15세 이하 무료 홈페이
지 www.kilaueapoint.org/lighthouse 지도 p. 281 C

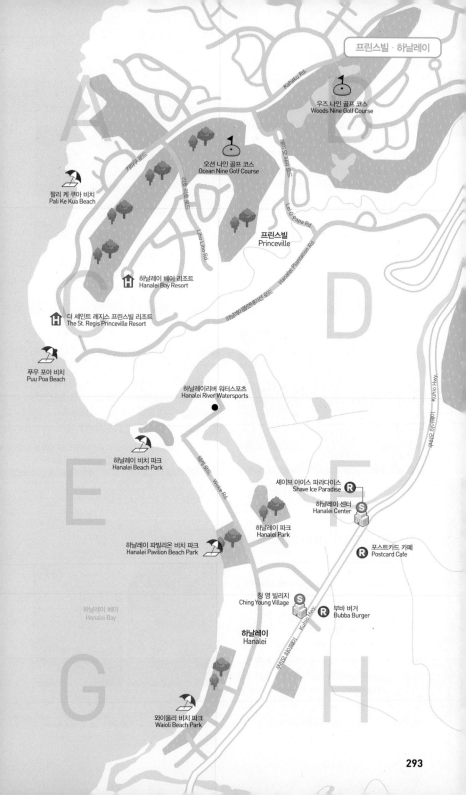

우즈 나인 골프 코스
Woods Nine Golf Course

Kahaku Rd.

오션 나인 골프 코스
Ocean Nine Golf Course

팔리 케 쿠아 비치
Pali Ke Kua Beach

Lei O Papa Rd.

프린스빌
Princeville

하날레이 베이 리조트
Hanalei Bay Resort

더 세인트 레지스 프린스빌 리조트
The St. Regis Princeville Resort

Hanalei Plantation Rd.

푸우 포아 비치
Puu Poa Beach

Kuhio Hwy.

하날레이리버 워터스포츠
Hanalei River Watersports

하날레이 비치 파크
Hanalei Beach Park

Weke Rd.

세이브 아이스 파라다이스
Shave Ice Paradise

하날레이 센터
Hanalei Center

하날레이 파크
Hanalei Park

포스트카드 카페
Postcard Cafe

하날레이 파빌리온 비치 파크
Hanalei Pavilion Beach Park

하날레이 베이
Hanalei Bay

칭 영 빌리지
Ching Young Village

Kuhio Hwy.

부바 버거
Bubba Burger

하날레이
Hanalei

와이올리 비치 파크
Waioli Beach Park

하날레이 Hanalei

아담하고 평화로운 마을

카우아이 북부에 위치한 아담하고 아기자기한 하날레이 마을은 드라이브 중 잠시 들러 동네를 슬슬 걸어 다니며 갤러리 구경을 하기에도 좋고 최고의 영양식을 자랑하는 현지 맛집에 들러 카우아이의 싱그러움을 느끼기에도 좋다. 56번 도로 위에 있는 하날레이 전망대에서는 광활한 타로 밭을 구경할 수 있는데 병풍처럼 세워진 높은 산과 평화로운 마을의 조화가 차를 멈출 수밖에 없게 만든다.

교통 56번 Hwy.를 타고 올라간다. 지도 p. 281 C, 293

프린스빌 Princeville

카우아이 최고의 럭셔리 리조트

지금까지 봐 왔던 카우아이가 다듬어지지 않고 순수한 모습이었다면 프린스빌은 다른 세상에 온 것처럼 한가롭게 이어지는 최고의 골프 코스와 럭셔리한 리조트가 줄지어 있다. 프린스빌을 중심으로 고급 레스토랑이 많이 모여 있기 때문에 분위기 있는 레스토랑을 찾는다면 반드시 들러 보자.

교통 Kuhio Hwy.를 따라 북쪽으로 가면 프린스빌 리조트 간판이 크게 보이며 그 옆으로는 하날레이 베이가 보인다. 지도 p. 281 C, 293

하이드웨이 비치 파크 Hideways Beach Park

투명하게 펼쳐진 고요한 바다

하이드웨이 비치를 찾아가는 길은 다른 비치를 가는 것과는 다르다. 좁은 길을 따라 거의 수직에 가까운 가파른 계단을 내려가야 하고 무엇이 있을 것 같지도 않은 숲길을 또 걸어가야 한다. 그러나 10분 정도의 모험 끝에 도착한 비치는 찾아오는 길이 아무리 험해도 다시 오고 싶을 만큼 아름답다. 투명하게 펼쳐진 고요한 바다와 바로 누워 버리고 싶은 폭신한 모래사장이 있다. 결코 북적거리는 법이 없으며 파도가 잔잔하고 수온이 높아 물놀이를 즐기기에도 제격이다. 아무것도 하지 않아도 좋은 장소다.

주소 Princeville, HI 96722 교통 프린스빌 리조트 입구에서 2분 정도 떨어진 테니스 코트장 옆 오솔길을 따라 10분 정도 걸어 내려간다. 전화 808-464-0840 지도 p. 281 C

시크릿 비치 Secret Beach

산길을 따라 내려간 은밀한 곳에 위치한 해변

원래 이름은 '카우아피아(Kauapea) 비치'이나 현지인들은 시크릿 비치라고 부른다. 좁은 산길을 따라 10~15분 정도 걸어 내려가면 만날 수 있는 은밀한 곳에 숨어 있기 때문에 시크릿 비치라는 이름이 더 어울린다. 관광객들은 잘 찾지 않기 때문에 늘 조용하고 용암으로 이루어진 웅덩이가 많아 파도가 잔잔한 날에는 천연 욕조가 되어 바다 한가운데서 스파를 즐길 수 있다. 비밀 해변이라고 불릴 가치가 있는 곳이다.

교통 Kuhio Hwy.에서 Kalihiwai Rd.를 따라가다가 Secret Beach Rd. 끝에 주차할 수 있는 작은 공간이 있다. 지도 p. 281 C

나 팔리 코스트 Na Pali Coast

● 카우아이의 서북부 지역은 태평양 해변을 따라 깎아지를 듯이 높고 웅장한 산들의 행진이 15마일에 걸쳐 이어진다. 이 지역을 나 팔리 코스트라 부르는데 나 팔리는 하와이어로 '절벽'이라는 뜻을 가지고 있다. 카우아이 관광의 백미이자 카우아이를 찾는 이유 중 하나가 바로 나 팔리 코스트를 보기 위해서다.

MAPECODE 22410

나 팔리 코스트 Na Pali Coast

나 팔리 코스트를 즐기는 세 가지 방법

이 해안 절벽은 수백 만 년 전 화산 폭발로 인해 카우아이 섬이 생겨나면서 비바람과 파도에 의해 침식과 풍화 작용을 거쳐 탄생하게 되었는데 인간의 손때를 타지 않은 태초의 모습 그대로 지금까지 잘 보존되어 왔다. 형형색색 변하는 나 팔리 코스트의 위용과 천하절경 덕분에 〈쥬라기 공원〉, 〈킹콩〉, 〈식스 데이 세븐 나이트〉, 〈퍼펙트 겟어웨이〉 등의 영화와 TV 프로그램이 이곳에서 촬영되었다.

나 팔리 코스트를 만나는 세 가지 방법은 하늘에서 보기, 바다에서 보기, 걸어서 보기가 있다. 나 팔리 코스트 안으로는 차량이나 일체의 탈것의 진입이 불가능하기 때문에 새의 눈으로 하늘에서 나 팔리 코스트의 전체적인 모습을 조망하거나 보트 크루즈나 카약을 이용하여 바다에서 올려다볼 수밖에 없으며 나 팔리 코스트의 속살을 만지고 싶다면 칼랄라우 트레일(Kalalau Trail)을 따라 하이킹을 해야 한다.

지도 p. 280 B

보트 투어 Boat Tour

나 팔리 코스트를 즐기는 가장 대중적인 방법

나 팔리 코스트를 즐길 수 있는 가장 대중적인 방법
은 바로 보트를 타고 해안을 따라 나 팔리의 절경을
즐기는 것이다. 일반적으로 북쪽의 하날레이와 서
쪽의 포트 알렌 쪽에서 출발하는 보트들이 많은데
투어 회사와 보트의 종류마다 시간과 가격이 천차
만별이다. 나 팔리 코스트를 제대로 보기 위해서는
북쪽에서 출발하는 것이 좋다. 서쪽에서 출발하게
되면 나 팔리 코스트 시작점까지 가는 데만도 한 시
간 이상 걸리고 그나마도 나 팔리 코스트의 전체를
다 돌아보지 않기 때문이다. 투어 회사마다 오전 일
찍 출발하여 스노클링을 함께하거나 오후에 출발하
여 선셋을 감상하며 돌아오는 등 다양한 종류의 프
로그램들이 있으니 자신의 스케줄에 맞게 고르도록
하자.

캡틴 선다운(Captain Sundown)
홈페이지 www.captainsundown.com

캡트 앤디즈(Capt Andy′s)
홈페이지 www.napali.com

칼랄라우 트레일 Kalalau Trail

나 팔리 코스트의 속살을 만나다

헬기 투어나 보트 투어가 나 팔리 코스트의 웅장한 겉모습을 만나는 방법이라면 칼랄라우 트레일은 나 팔리 코스트의 속살을 직접 만질 수 있는 유일한 방법이라고 할 수 있다. 키에 비치가 있는 곳에서 시작하는 칼랄라우 트레일은 총 11마일로, 돌아 나오는 길이 없어 왔던 길을 다시 왕복해야 하는데 왕복 22마일 구간에는 화장실이나 샤워실 등 편의 시설이 전혀 없기 때문에 '세계에서 가장 원시적인 트레일'이라고 칭하기도 한다. 단련된 산악인은 하루에도 22마일을 완주할 수 있다고 하지만 평범한 관광객은 2박 3일은 잡아야 무리 없이 일정을 소화할 수 있다. 대단한 각오

와 준비 없이는 시작도 하기 힘든 칼랄라우 트레일이지만 트레일을 완주한 세계의 수많은 여행자들이 평생에 잊을 수 없는 최고의 풍경이라고 극찬할 정도로 나 팔리 코스트의 환상적인 모습들과 야생을 만날 수 있다. 11마일을 완주하지 않더라도 하나카피아이 비치가 있는 초반 2마일은 꼬마 아이도 씩씩하게 다녀올 수 있을 만큼 어렵지 않기 때문에 대부분의 관광객들은 2마일 코스만 다녀오곤 한다. 칼랄라우 트레일 완주가 어렵다면 초반 2마일이라도 반드시 경험해 보자.

홈페이지 kalalautrail.com

헬리콥터 투어 Helicopter Tour

장엄한 나 팔리 코스트를 즐기다

하와이의 모든 섬에서 헬리콥터 투어를 즐길 수 있지만 정말 꼭 한 섬에서만 헬리콥터 투어를 해야 한다면 바로 카우아이의 나 팔리 코스트가 좋다. 감히 인간이 다가갈 수 없는 장엄한 나 팔리 코스트를 하늘에서나마 가까이 만날 수 있다는 것만으로도 감동과 스릴이 넘친다. 50~90분으로 이루어지는 헬리콥터 투어는 나 팔리 코스트뿐 아니라 카우아이 전체를 둘러보며 차나 사람이 직접 갈 수 없는 곳까지 비행한다. 보통 리후에 공항에서 출발하며 오전 9시부터 오후 3시까지 다양하게 프로그램을 운영한다. 회사와 상품에 따라 차이는 있지만 대부분 4~6석으로 창가 자리에 앉고 싶다면 예약은 필수이다. 헬리콥터 회사마다 프로그램과 헬기 기종이 다르기 때문에 반드시 확인하도록 하자. 대부분의 업체가 인터넷으로 일주일 전에 예약을 하면 할인을 해주고 있다.

블루 하와이안(Blue Hawaiian)
홈페이지 www.bluehawaiian.com

에어 투어 카우아이(Air Tour Kauai)
전화 808-639-3446 홈페이지 www.airtourkauai.com
이메일 reservations@airtourkauai.com

MAPECODE **22411**

키에 비치 Kee Beach

그림 같은 풍경의 해변

카우아이 가장 북쪽에 있는 비치이자 이 땅에서 차로 갈 수 있는 마지막에 위치한 그림 같은 장소이다. 쿠히오 하이웨이를 따라 신나게 드라이브를 하다가 그 끝에서 만나는 곳이 바로 키에 비치인데 이곳은 칼랄라우 트레일의 시작점이기도 하기 때문에 이른 아침부터 하이커들로 늘 주차장이 만원이다. 또한 키에 비치는 또 라군을 따라 산호초들이 많이 몰려 있어 북쪽 지역에서 스노클링을 하기에 가장 좋은 곳으로도 알려져 있다. 단, 겨울에는 때로 무서울 정도로 파도가 높기 때문에 주의하는 것이 좋다.

교통 Kuhio Hwy. 끝, 리후에에서 1시간가량 떨어져 있다. 지도 p. 280 B

299

나팔리 코스트 속으로! 칼랄라우 트레일

나 팔리 코스트의 진정한 아름다움을 만날 수 있는 총 22마일의 칼랄라우 트레일은 등산로 자체가 어렵다기보다는 완주하기 위해서 많은 준비가 필요하기 때문에 어렵다고 이야기한다. 그러나 수백 만 년 동안 꽁꽁 숨겨진 나 팔리 코스트의 속살을 만날 수만 있다면 이 정도의 노력은 당연한 것! 보통 체력의 성인이라면 누구나 완주할 수 있으니 망설이지 말고 도전해 보자.

POINT 1 2박 3일 동안 살아남기

칼랄라우 트레일에는 일체의 편의 시설이 없기 때문에 2박 3일 동안 먹고 마실 것을 모두 챙겨 가야 한다. 식수는 중간중간에 나오는 계곡에서 계곡물을 받아 휴대용 정수기나 정수약으로 반드시 정수하여 마셔야 한다. 그냥 보기에는 깨끗하고 맑아 보이지만 심각한 질병을 일으키는 세균과 박테리아가 있을 수 있기 때문이다. 하와이 주립 공원에서는 계곡이나 폭포수를 바로 마시는 것을 금하고 있다. 취사는 6마일 지점의 하나코아 캠핑장과 11마일 지점의 칼랄라우 캠핑장에서만 가능하다. 코펠이나 버너 등을 가져가서 간단하게 음식을 해 먹을 수도 있지만 취사를 할 수 없는 상황을 대비해 견과류와 초코바 등을 준비하도록 하자.

POINT 2 비상시의 대처법

칼랄라우 트레일에서는 휴대폰이 전혀 터지지 않으며 트레일 중간에 비상 전화를 이용할 수 있는 곳도 없다. 만약 등산 중에 비상 사태가 발생하면 지나가는 헬기나 보트에 구조 요청을 하거나 누군가가 왔던 길을 다시 돌아가 도움을 청해야 한다. 그러므로 기본적인 비상약인 지사제, 진통제, 밴드와 연고 등을 반드시 챙겨야 한다.

POINT 3 캠핑 신청과 허가

칼랄라우 트레일에서 캠핑은 최장 5일까지 가능하며 사전에 캠핑 허가를 받아야 한다. 캠핑장 인원 수가 한정되어 있기 때문에 여름철에는 최소 한 달 전에 신청해야 하며 상황에 따라서 하루나 이틀 정도 걸리기도 한다.
www.hawaiistateparks.org/camping/kauai.cfm에서 접수하거나 직접 카우아이의 하와이 주립 공원 사무실을 방문하면 된다. 인터넷으로 접수를 하면 돈을 우편으로 보내야하는 번거로움이 있다. 카우아이에 하루 이틀 전에 도착하여 신청하는 것도 좋은 방법이다.

카우아이 하와이 주립 공원 사무실
주소 3060 Eiwa St., Room 306, Lihue, HI 96766
전화 808-274-3444

POINT 3 트레일 관련 자료 준비

칼랄라우 트레일의 상황은 계절과 강수량에 따라 극과 극이다. 맑은 날에는 동네 뒷산처럼 평이하기도 하지만 비가 많이 오는 날에는 온통 진흙탕이 되어 버리거나 미끄럽기도 하고, 계곡물이 발목에도 안 찰 때가 있지만 무릎을 넘길 정도로 높을 때도 있다. 출발하기 전에 인터넷에서 다양한 자료들을 읽고 가는 것이 도움이 된다. 특히 www.kauaiexplorer.com에서 다양한 트레일 후기들을 읽는 재미가 쏠쏠하며 질문을 올리면 친절하게 답변도 달아준다.

하나페페 · 와이메아
Hanapepe　Waimea

● 카우아이의 정신이 살아 있는 예술의 마을 하나페페. 와이메아 지역으로 가기 전에 잠시 들러 차를
마시거나 한가롭게 동네를 산책하는 여유를 가져 보자. '태평양의 그랜드 캐니언'이라고 불리는 와
이메아 캐니언에서 태초의 지구를 보는 듯한 절경을 감상하는 것도 카우아이 여행의 포인트이다.

MAPECODE 22412

하나페페 마을 Hanapepe Village

카우아이의 올드 타운

아담하고 작은 커피숍과 갤러리가 자리 잡고 있는
카우아이의 올드 타운이다. 모르고 그냥 지나칠 만
큼 작은 동네이지만 나무로 된 흔들다리 위에서 기
념 사진을 찍거나 커피숍에 앉아 카우아이의 소박
함을 흠뻑 느끼기에 좋다.

교통 Kaumualii Hwy.에서 Hanapepe Rd.로 진입하면 아
기자기한 마을의 모습이 나타난다. 지도 p. 280 N

와이메아 캐니언 Waimea Canyon

태평양의 그랜드 캐니언

작가 마크 트웨인이 '태평양의 그랜드 캐니언'이라 불렀던 곳으로 그 웅장함은 마치 태초의 지구를 보는 듯한 모습이다. 폭 1,600m에 깊이 1,080m의 협곡이 22.5km나 이어지며 여러 절벽과 폭포들이 곳곳에 있기 때문에 망원경을 가져가면 더욱 자세히 볼 수 있다. 절벽 위에서 아슬아슬하게 풀을 뜯고 있는 염소 떼도 만날 수 있다. 와이메아 캐니언을 가장 멋있게 바라볼 수 있는 곳은, 와이메아 캐니언 드라이브를 따라가다 보면 나오는 와이메아 캐니언 전망대와 그보다 조금 더 높은 곳에 있는 푸우 카 펠레 전망대, 그리고 가장 높은 곳에 위치한 푸루 히나히나 전망대이다. 어디에서 보아도 절경이지만 각도와 높이에 따라 조금씩 협곡의 다른 면들을 볼 수 있다. 이른 오전이나 해가 질 때쯤 가면 그림자 때문에 더 멋있는 풍경을 만날 수 있다.

교통 Waimea Canyon Dr.에서 Kokee Rd. 끝까지 들어가면 주차장이 보인다. 지도 p. 280 F

포이푸·콜로아
Po'ipu   Koloa

● 카우아이의 최고 인기 지역으로, 일 년 내내 파도가 잔잔해 관광객들의 발길이 끊이지 않는다. 주로 대형 호텔과 레스토랑이 많아 카우아이 초행자라면 포이푸에 여정을 풀게 된다. 하나페페보다 조금 더 활기차고 아기자기한 즐거움이 있는 콜로아에서 이것저것 구경하며 산책해 보자.

MAPECODE **22414**

포이푸 비치 파크 Po'ipu Beach Park

카우아이에서 가장 인기 있는 해변 중 하나
리조트가 밀집되어 있는 남부 해안에 위치해 있어
일 년 내내 관광객의 사랑을 받고 있다. 특히 포이푸
비치는 모래사장이 곱고 연중 파도가 높지 않아 수
영과 스노클링 등 해양 스포츠를 즐기기에도 좋다.
너른 잔디밭에는 피크닉 시설과 샤워장, 화장실 등
편의 시설도 잘 갖춰져 있다.

교통 520번 Hwy.를 따라 Poipu Rd.와 Hoowi Rd.가 끝나
는 지점에 있다. 홈페이지 poipubeach.org 지도 p. 281 O

스파우팅 혼 Spouting Horn

파도가 바위 사이로 솟아오르는 곳
강하게 몰아치는 파도가 바위와 부딪히면서 용암 바위 사이로 통과해 '휘융' 하는 소리와 함께 하늘로 솟아오르는, 바다 위의 분수가 만들어지는 곳이다. 파도가 거센 날에는 무려 10m 이상까지 치솟는데 10분 정도만 서서 보고 있으면 용솟음치는 파도를 만날 수 있다. 급작스러운 파도가 치기도 하기 때문에 바다 쪽으로는 내려가지 않는 것이 좋다.

교통 Poipu Rd.를 따라 남쪽으로 가다 Lawai Rd.에서 3분가량 가면 주차장이 보인다. 지도 p. 281 O

십 렉 비치 Ship Wreck Beach

신혼부부에게 인기 있는 조용하고 아늑한 해변
포이푸 지역의 그랜드 하얏트 리조트 뒤편에는 시원하게 탁 트인 풍경과 폭신한 모래사장으로 무장한 십 렉 비치가 있다. 포이푸 비치보다 훨씬 조용하고 아늑해서 신혼부부들에게 인기 있는 장소이다. 오후에는 파도가 높은 편이라 보디 보드나 한쪽에 있는 절벽에서 다이빙을 하며 시간을 보내는 현지 어린이들을 만날 수 있다. 이곳에서 영화 〈식스 데이 세븐 나이트〉의 절벽에서 뛰어내리는 장면을 촬영했다.

교통 Grand Hyatt Resort 앞. 지도 p. 281 O

올드 콜로아 타운 Old Koloa Town

포이푸 지역의 올드 타운
빈티지한 기념품 상점과 작은 식당들이 몰려 있는 포이푸 지역의 올드 타운이다. 지금은 조그만 관광지에 불과하지만 사탕수수 재배가 한창이었던 시절의 번화했던 콜로아를 충분히 느낄 수 있다. 천천히 걸으며 둘러보아도 채 30분이 걸리지 않으니 이것저것 구경하며 산책하기 좋다. 저녁이 되면 상점들이 전등을 달아 아기자기한 마을의 정취를 더욱 잘 느낄 수 있다.

주소 Koloa Rd., Koloa, HI 96756 전화 808-245-4649
홈페이지 www.oldkoloa.com 지도 p. 281 O

Activity & Entertainment
카우아이의 즐길거리

섬 자체가 즐길거리

카우아이는 섬 자체가 절경인 곳이기 때문에 특별한 액티비티보다는 섬을 즐길 것을 추천한다. 파도가 잔잔한 바다에서 스노클링을 하거나 와일루아 강을 따라 한가로이 떠내려 오는 와일루아 카약킹 등이 그 방법이다. 또는 스카이 다이빙으로 숨막히는 카우아이의 절경을 하늘에서 즐기는 방법도 있다. 하지만 카우아이의 최고 즐길거리는 바로 나 팔리 코스트 그 자체임을 잊지 말자.

스포츠

스노클링 Snorkeling

맑고 잔잔한 카우아이 바다에서의 스노클링

카우아이는 오아후의 하나우마 베이나 몰로키니 섬처럼 스노클링 하나만으로 유명한 바다는 없지만 물이 워낙 맑고 파도가 잔잔해 알록달록 작은 물고기 떼를 따라 놀기에 딱 좋다. 특히 리드게이트 비치 파크는 인공적으로 파도를 막아 물고기들이 살기에 적당한 환경이 만들어져 있어 오전이면 어린이나 어른 할 것 없이 스노클링을 즐기는 사람들을 자주 볼 수 있다. 또한 북쪽의 키에 비치는 바위 틈으로 물고기들이 많아 사람들이 많이 찾는다. 단, 수심이 깊을 수 있으니 어린이들에게는 적당하지 않다. 포이푸 비치나 하이드웨이 비치도 겨울철을 제외한 모든 계절에 스노클링을 즐길 수 있는 환상의 포인트이다. 스노클링 장비는 월마트나 K마트 등에서 $20대로 구입할 수 있으며 액티비티 업체에서 렌탈도 가능하다.

스카이 다이빙 Sky Diving

카우아이의 절경을 즐기며 하늘을 날다

한 마리의 새처럼 하늘 위를 자유롭게 낙하하며 카우아이의 절경을 즐기는 이 세상에서 가장 짜릿한 비행이다. 1만 피트까지 비행기를 타고 올라가 숨 막힐 정도로 아름다운 카우아이를 내려다보며 하늘을 나는 기분이란 경험하지 못하면 절대 형언할 수 없다. 국가에서 공인된 자격증을 소지하고 있으며 각종 스카이 다이빙 대회를 휩쓴 우승자들과 함께 뛰어내리는 형식이기 때문에 두려워할 필요가 없다. 사전 예약은 필수이다.

스카이 다이브 카우아이(Sky Dive Kauai)
주소 Port Allen Airport Lele Rd., Hanapepe, HI 96716
전화 877-753-3689 홈페이지 www.skydivekauai.com

카약 Kayak

풍부한 강수량으로 절경을 이루는 와일루아 강

카약은 바다나 강에서 모두 즐길 수 있는 스포츠이지만 카우아이에서는 와일루아 강에서의 카약을 단연 추천한다. 연중 풍부한 강수량으로 녹음이 우거진 절경을 뒤로 하고 여유롭게 노를 저으며 카우아이의 젖줄이자 고대 문화의 발상지인 와일루아 강을 따라가자면 신선놀음이 따로 없다. 단, 노를 본인이 직접 저어야 하기에 육체적으로 조금 힘든 신선놀음이다. 와일루아 강 주변의 액티비티 업체에서는 카약을 대여해 주고 카약의 기본기를 가르쳐 주며, 가이드가 동행해 이끄는 가이드 투어 프로그램도 있다. 기본적인 균형 잡기와 노 젓기만 배우면 누구든지 카약을 쉽게 탈 수 있기 때문에 망설이지 말고 도전해 보자. 2~3시간 동안 카우아이의 직사광선을 받으면서 노를 저어야 하므로 선크림과 모자는 필수이다.

카약 와일루아(Kayak Wailua)
주소 4565 Haleilio Rd., Kapa'a, HI 96746 전화 808-822-3388 홈페이지 www.kayakwailua.com

아웃피터스 카우아이(Outfitters Kauai)
주소 2827A Poipu Rd., Koloa, HI 96756 전화 808-742-9887 홈페이지 www.outfitterskauai.com

Food & Restaurant
카우아이의 먹을거리

소박하고 정겨운 레스토랑에서 현지 음식 맛보기

다른 섬과 달리 대형 체인 레스토랑보다는 소박하고 정겨운 로컬 레스토랑이 주를 이룬다. 포이푸 지역에는 관광객들 입맛에 맞춘 다소 평범한 레스토랑들이 많으며 현지 음식을 즐기고 싶다면 리후에나 하나페페의 작은 레스토랑을 추천한다. 그러나 카우아이에는 입소문이 나서 하와이 전체에서 유명해진, 작지만 특별한 레스토랑이 더러 있다. 카우아이만의 맛을 느껴 보자.

MAPECODE 22418

오노 패밀리 레스토랑 Ono Family Restaurant

입소문 난 특별한 맛

카우아이의 주민들은 아침 식사로 무엇을 먹을까? 촉촉하고 두꺼운 바나나 팬케이크나 베네딕트, 로코모코, 플레이트 런치? 이 모든 것을 제대로 맛보고 싶다면 오노 패밀리 레스토랑을 적극 추천한다. 합리적인 가격에 다양한 종류의 메뉴들을 맛볼 수 있으며 입소문만큼 맛도 특별하다. 든든한 아침으로는 잉글리시 머핀에 아히나 햄을 얹어 계란과 함께 나오는 베네딕트나 트로피컬 팬케이크를 추천한다.

주소 4-1292 Kuhio Hwy., Kapaa, HI 96746 시간 07:00~14:00 전화 808-822-1710 홈페이지 restaurantwebexpert.com/OnoFamilyRestaurant 지도 p. 287 B

모니코스 타케리아 Monico's Taqueria

맛있는 멕시칸 요리를 맛볼 수 있는 곳

태평양 한가운데의 외딴 섬에서 정말 맛있는 멕시칸 요리를 맛보고 싶다면 모니코스를 적극 추천한다. 멕시코 음식이라고 해서 우리에게 절대 낯설지 않다. 시푸드 브리토, 피시 타코, 미니 피자와 비슷한 갈릭 쉬림프 퀘사디아와 화이타 모두 우리 입맛에 잘 맞는다. 카우아이에서 나는 신선한 채소와 생선을 사용하기 때문에 현지인과 관광객에게 모두 인기 만점이다. 멕시코에서 수입한 이국적인 맥주들도 맛볼 수 있다.

주소 4-356 Kuhio Hwy., Wailua, HI 96746 시간 11:00~15:00, 17:00~21:00 (월요일 휴무) 요금 $11~30 전화 808-822-4300 홈페이지 www.monicostaqueria.net 지도 p. 287 E

코리안 비비큐 Korean BBQ

카우아이에서 맛보는 한국 음식

카우아이에서 좀처럼 볼 수 없는 한국인 주인을 만날 수 있는 식당이다. 전통 한식 요리가 아닌 미국화된 런치 플레이트가 주로 이루지만 한국 식재료가 귀한 카우아이에서는 어떤 메뉴를 시켜도 한국에서보다 맛있다고 느껴진다. 특히 다른 코리안 BBQ와 달리 두꺼운 스테이크 갈비를 그릴에 구워 밥과 반찬과 함께 내오기 때문에 현지인들에게도 인기 있다. 미리 전화를 하면 테이크아웃해 갈 수도 있다. 추천 메뉴는 머나먼 카우아이 땅에서 맛보는 비빔국수와 두툼한 갈비이다.

주소 4-356 Kuhio Hwy., Kapaa, HI 96746 시간 11:00~20:30(월, 화 휴무) 전화 808-823-6744 홈페이지 www.kinipopovillage.com/kauai-korean-bbq.htm 지도 p. 287 E

듀크스 카누스 클럽 Duke's Canoe's Club

듀크를 모티브로 한 캐주얼 다이닝 & 바

바에 앉아 하와이 칵테일인 마이타히 등을 즐기기
에도 적당하고 요리도 깔끔하다. 특히 앙트레(메
인 디시)를 시키면 제공되는 푸짐한 샐러드는 듀크
만의 특징!(어설프지만 김치도 준비되어 있다.) 저녁
시간대는 기다리는 경우가 많으니 예약을 하도록
하자.

주소 3610 Rice St., Lihue, HI 96766 시간
11:00~22:30 요금 평균 $30 전화 808-246-9599
홈페이지 www.dukeskauai.com 지도 p. 281 L

스시 부시토 Sushi Bushido

하와이에서 스시와 우동 맛보기

시원한 기합으로 손님을 맞이하는 스시 부시토는
다양한 스시와 우동 등을 맛볼 수 있고 가격 또한
부담 없기 때문에 관광객의 발걸음이 끊이지 않는
곳이다.

주소 #5, Kapaa Town Dragon Building, 4504 Kukui
St., Kapaa, HI 96746 시간 월~목 16:00~21:00 금
16:00~21:30 토 17:00~21:30 일 17:00~21:00 전화
808-822-0664 홈페이지 sushibushido.com 지도 p.
287 B

브릭 오븐 피자 Brick Oven Pizza

현지인과 관광객 모두 좋아하는 전통 수제 피자집
다양한 피자 종류와 넓은 홀이 특징이며, 스포츠
시즌에는 큰 화면으로 스포츠 경기를 중계하기 때
문에 맥주와 피자를 즐기러 오는 사람들로 늘 북적
인다. 원하는 토핑을 자유롭게 추가할 수 있기 때
문에 메뉴에는 없는 나만의 피자를 만들 수 있다.

주소 4-361 Kuhio Hwy., Kapaa, HI 96746 시간 월·
수~금 17:00~21:00 토~일 11:00~21:00(화요일 휴
무) 요금 평균 $20 전화 808-332-8561 홈페이지
www.brickovenpizzahawaii.com 지도 p. 287 E

MAPECODE 22424 22425 22426

라퍼츠 아이스크림 Lappert's Icecream

미국 본토에까지 소문난 아이스크림

하와이 전역은 물론 미국 본토에서도 유명한 아
이스크림 가게이다. 1983년에 시작되어 지금까
지 꾸준한 인기를 얻고 있다. 특히 마카다미아 너
트가 듬뿍 들어간 아이스크림과 코나 커피 맛이
단연 인기다. 지역별 매장 위치 및 전화번호는 홈
페이지를 통해서 확인 가능하다. (홈페이지www.
lappertshawaii.com/stores/hanapepe)

코올라 지점
주소 Ala kalanikaumaka St., Koloa, HI 96756 시간
06:00~22:00 전화 808-742-1271

하나페페 지점
주소 Kaumualii Hwy., Hanapepe, HI 96716 시간
11:00 ~ 18:00 전화 808-335-6121

프린스빌 지점
주소 Princeville Center, 5-4280 Kuhio Hwy.,
Princeville, HI 96722 시간 10:00~21:00 전화 808-
826-7393

카우아이 쿠키 Kauai Kookie

최고 인기의 기념품

1965년부터 카우아이에서 나는 구아바, 마카다미아 너츠, 패션프루츠 등을 넣어 만든 쿠키이다. 카우아이뿐 아니라 오아후 섬에서도 최고 인기의 기념품으로 알려져 있다. 하나페페에는 직접 카우아이 쿠키를 굽는 공장이 있다. 허름하게 생긴 가게 문을 열고 들어가면 고운 백발의 주인이 이것저것 원하는 쿠키를 맛보게 해 준다.

Kauai Kookie Kalaheo Marketplace, Bakery & Cafe
주소 2-2436 Kaumualii Hwy., Kalaheo, HI 96741 시간 월~금 6:00~20:00 토 6:30~20:00 일 6:30~17:00 전화 808-631-6851 홈페이지 kauaikookie.com 지도 p. 280 N

Kauai Kookie Factory
주소 1-3529 Kaumualii Hwy, Hanapepe, HI 96716 시간 월~금 08:00~17:00(토, 일 휴무) 전화 808-335-5003

하나페페 카페 & 베이커리 Hanapepe Cafe & Bakery

하나페페 마을의 정취를 느낄 수 있는 카페

소박한 동네 카페이지만 하나페페 마을의 정취를 느끼기에 충분한 곳이다. 매일 아침 갓 구워져 나오는 베이커리와 빅아일랜드에서 공수해 오는 코나 커피 향이 어우러져 입맛을 돋운다. 간단한 식사도 가능하다.

주소 3830 Hanapepe Rd., Hanapepe, HI 96716 시간 금 05:00~21:00 요금 메인 코스 $7~15 런치 $24~30 전화 808-335-5011 지도 p. 280 N

셰이브 아이스 파라다이스 Shave Ice Paradise

칭영 빌리지 맞은편에 위치한 셰이브 아이스 가게 관광객으로 늘 북적이지만 다른 곳보다 가격이 조금 비싸다. 셰이브 아이스 맛으로는 리히무히나 스트로베리를 추천한다.

주소 Hanalei Center, 5-5183 Kuhio Hwy., Hanalei, HI 96714 시간 10:30~18:00 전화 808-826-6659 홈 페이지 www.kauaishaveice.com 지도 p. 293 F

부바 버거 Bubba Burger

카우아이의 명물 웰빙 버거집

1936년에 시작하여 카우아이의 명물로 널리 알려진 웰빙 버거집이다. 고기 패티와 치즈, 양파만으로도 최고의 맛을 낼 수 있다는 주인의 자부심이 느껴진다. 카우아이산 소고기만을 이용하여 다른 고기와 달리 지방 함류량이 낮지만 패티는 고소하면서도 부드럽다. 아기자기한 인테리어와 기념품도 구입할 수 있다. 추천 버거는 단연 부바스 오리지널 버거이다.

주소 4 Kuhio Hwy. #104, Kapaa, HI 96746 시간 10:30~21:00(연중무휴) 전화 808-823-0069 홈페이지 bubbaburger.com 지도 p. 287 B

코올라 지점
주소 2829 Ala Kalanikaumaka Rd., Koloa, HI 96756 전화 808-742-6900

Hotel & Resort
카우아이의 호텔 & 리조트

카우아이에서 호텔 고르기

가족 단위의 여행으로 편안하고 조용한 곳을 원한다면 코코넛 코스트에 위치한 저렴한 숙소들을 추천한다. 가격 대비 최고의 시설을 갖추고 있으며 우리가 알고 있는 유명한 대형 체인 호텔은 없지만 위치나 부대시설 등 어느 것 하나 빠지지 않는다.

카우아이를 처음 찾는 여행자라면 가장 기후가 좋은 포이푸 지역을 선택하는 것도 좋다. 세계적인 체인 호텔들이 즐비하게 있어 코코넛 코스트보다 관광지 느낌이 물씬 느껴진다. 럭셔리하고 로맨틱한 여행을 계획하는 커플들에게는 프린스빌 지역에 있는 호텔을 추천한다. 가격은 비싸지만 호텔 서비스와 객실을 본다면 그 정도의 비용은 당연하다고 생각될 정도이다. 여행의 목적과 예산에 따라 적절한 호텔을 골라 보자.

MAPECODE **22433**

콜로아 랜딩 앳 포이푸 비치 Koloa Landing at Poipu Beach

열대 정원과 세련된 룸이 돋보이는 호텔

포이푸 시내에서 가장 실속 있는 호텔로 꼽히며 포이푸 쇼핑 빌리지까지 걸어서 10분이면 갈 수 있고 비치도 도보로 이동이 가능하다. 스위트 룸에는 오션뷰의 라나이와 주방 시설, 세탁 시설을 완벽히 갖추고 있어 가족 여행객들에게 특히 인기가 많다. 호텔 정원은 화강암과 화려한 횃불 조명으로 꾸며져 있어 늦은 저녁 산책하기도 좋다. 시설이나 서비스, 위치 등과 비교할 때 투숙 요금도 합리적이다. 4베드룸이 있는 팬트 하우스까지 있어 여러 일행과 함께 지내기도 좋다.

주소 2641 Poipu RoadKoloa, HI 96756 전화 808-240-6600, 844-556-7226(예약) 홈페이지 koloalandingresort.com Email info@koloalandingresort.com 지도 p. 281 O

MAPECODE 22434

더 세인트 레지스 프린스빌 리조트 The St. Regis Princeville Resort

환상적인 뷰의 리조트

카우아이 럭셔리 지역에 위치한 하날레이 베이와 나 팔리 코스트를 만날 수 있는 최고의 호텔. 호텔에 투숙하지 않더라도 환상적인 뷰를 즐기고 싶다면 '카페 하날레이'를 방문해 보자. 리조트를 중심으로 비치와 편의 시설, 쇼핑센터, 골프 코스 등 모든 것이 있기 때문에 프린스빌을 벗어나지 않아도 된다.

주소 5520 Ka Haku Rd., Princeville, HI 96722 전화 808-826-9644 홈페이지 www.stregisprinceville. com 지도 p. 293 C

MAPECODE 22435

카우아이 매리어트 리조트 & 비치 클럽 Kauai Marriott Resort & Beach Club

가족과 커플들에게 최고의 인기

300여 개가 넘는 객실과 레스토랑, 다양한 액티비티 숍이 모두 리조트 내에 있어 어린이를 동반한 가족들과 커플들에게 최고의 인기인 곳이다. 잭 니콜라우스 시그니처 골프 코스, 하와이 최대 규모의 리조트 수영장, 그리고 오션 프런트에서의 만찬으로 카우아이만의 특별한 경험을 즐길 수 있다. 또한 무료 공항 셔틀 서비스, 피트니스 센터, 스파, 해양 스포츠, 각종 상점들, 칼라파키 키즈 클럽 등 다양한 리조트 서비스가 제공된다.

주소 3610 Rice St., Lihue, HI 96766 전화 808-245-5050 홈페이지 www.kauaimarriott.com 지도 p. 281 L

MAPECODE 22436

아웃리거 와이포울리 비치 리조트 & 스파 Outrigger Waipouli Beach Resort & Spa

현대적이며 럭셔리한 리조트 콘도미니엄

카우아이의 아름다운 동부 연안에 위치한 아웃리거 와이포울리 비치 리조트 & 스파는 현대적이며 럭셔리한 리조트 콘도미니엄이다. 넓고 럭셔리한 2베드룸(1배스룸)과 3베드룸(2배스룸)은 중앙식 에어컨, 화강암 조리대와 고급 주방 기구가 있는 디자이너 키친 그리고 개인 발코니 등을 갖춘 완벽한 리조트이다. 유기농 아베다 라이프 스타일의 스파와 살롱에서 지친 몸을 맡기기에 충분하며, 굽이쳐 흐르는 형태의 수영장과 3개의 월풀 스파, 워터슬라이드, 피트니스 센터 등 호텔 안에서 모든 것을 해결할 수 있다. 하와이에서 진정한 휴식을 원하는 여행자에게 적극 추천한다.

주소 4-820 Kuhio Hwy., Kapaa, HI 96746 주차 무료 전화 808-823-1401 홈페이지 www. outriggerwaipoulibeachcondo.com 지도 p. 287 D

© Taeyoung Chun

테마 여행

- 여행 준비부터 일정 짜기까지 아이와 함께하는 하와이 여행
- 영화와 드라마로 만나는 하와이의 명소
- 신부라면 누구나 꿈꾸는 웨딩 인 하와이
- 하와이 정신이 담긴 하와이 문화 키워드
- 하와이에서 만나는 동상은 누구일까?
- 하와이안처럼 여행하기 베케이션 렌탈
- 일 년 내내 펼쳐지는 하와이의 축제와 이벤트

여행 준비부터 일정 짜기까지

아이와 함께하는 하와이 여행

아이를 둔 부모라면 여행의 설렘 전에 아이와 함께 떠나야 할
지 말기고 떠나야 할지라는 큰 고민에 빠지게 된다. 물론 아이와
함께 여행을 다니다 보면 준비할 것도 가져가야 할 것도 많으며
관광지에서 일정도 마음대로 할 수 없다. 하지만 여행이라는 최고의
추억을 아이와 함께 공유할 수 있다는 것만으로도 다소 번잡한
준비나 고생스러움도 다 잊게 된다. 사랑스러운 우리 아
이와의 소중한 여행을 위한 소소한 팁을 꼼꼼하게 살펴
본다.

하와이 일정 짜기의 첫 번째 관문은 오아후에서만 일정을 보낼 것인가, 주변 섬을 방문할 것인가에 대한 선택이다. 물론 시간적 여유가 많다면 오아후뿐 아니라 마우이, 빅아일랜드, 카우아이 모두 방문하면 좋겠지만 대부분의 여행자가 일주일 정도의 일정으로 여행을 준비하기 때문에 시간과 장소 분배를 어떻게 하느냐가 하와이 여행을 결정한다고 할 수 있다. 특히 아이를 동반한 여행은 어른들의 여행과 다르게 아이의 컨디션을 고려해야 하기 때문에 되도록 여유 있게 짜는 것이 좋다.

1) 오아후에만 집중하기

추천 1 짧은 일정의 하와이 초행자

하와이에 처음 간다면 오아후에만 집중하는 것이 여러모로 합리적이다. 주변 섬으로 이동할 경우 비행시간은 짧지만 공항 대기와 숙소로의 이동 시간까지 포함하면 반나절은 소요된다. 특히 어린아이를 동반한 가족 여행이라면 아이의 낮잠 시간이나 컨디션 등을 고려하여 무리한 이동은 피하는 것이 좋다.

추천 2 유아·아동용품 쇼핑이 목적인 경우

장난감이나 아이 옷 등의 쇼핑이 목적이라면 오아후에만 머물러도 시간이 모자란다. 주변 섬에는 오아후와 달리 대형 마트를 제외하면 아울렛이나 전문 유아용품 매장이 없기 때문에 신생아 용품을 구매하고자 하는 태교 여행자나 저렴한 아울렛 쇼핑을 즐기고 싶은 알뜰 쇼핑족이라면 오아후에만 머물면서 관광과 쇼핑의 두 마리 토끼를 모두 잡아 보자!

2) 주변 섬 함께 즐기기

추천-빅아일랜드 지금도 뜨거운 용암이 흘러내리고 다양한 기후와 세계 최대 규모의 천체 관람을 할 수 있는 마우나 케아가 있는 빅아일랜드는 자연과학에 관심이 많은 초등학교 고학년 아이를 둔 가족에게 단연 추천한다. 살아 있는 교실이 될 수 있는 투어 프로그램이 많기 때문에 간단한 영어만 할 줄 안다면 세계 각국에서 온 또래의 친구들과 어울려 함께 빅아일랜드의 웅장한 자연을 체험할 수 있다. 단, 빅아일랜드에서는 이동 시간이 길어 차를 오래 타지 못하는 어린아이들은 얼마 가지 못해 울음을 터트릴지도 모른다.

추천-마우이 마우이는 먼바다에 나가지 않아도 해변 바로 앞에서 스노클링을 할 수 있는 포인트가 많다. 이 때문에 스노클링 같은 물놀이를 즐길 줄 아는 아이가 있다면 시간 가는 줄 모르고 물놀이 삼매경에 빠질 것이다. 또한 아이가 아주 어려서 관광이 아닌 수준 높은 호텔에서 여유 있는 호텔 스테이를 즐기고 싶은 경우에도 마우이로 가야 한다. 하와이 전체 호텔 중 Top 10은 대부분 마우이에 있기 때문이다.

추천-카우아이 칼랄라우 트레일을 하며 캠핑을 즐기거나 영화 〈쥬라기 공원〉, 〈킹콩〉 등에 나온 웅장한 자연을 즐길 수 있는 모험심이 많은 아이를 둔 집이라면 카우아이의 매력을 100배 느낄 수 있을 것이다.

아이를 위해 반드시 챙겨야 할 준비물

아이와 함께 여행을 갈 때의 짐은 어른들끼리 갈 때보다 배는 더 많아진다. 물론 하와이 현지에서도 대부분 구할 수 있지만 여행지에서 아이에게 딱 맞는 물건을 구하기란 쉽지 않다. 아이와 함께 하와이에 방문할 때 가져가야 할 것들에 대해 정리해 보았다.

아이가 복용하던 약과 상비약

약은 약국이나 마트에서 쉽게 구할 수 있지만 증상에 맞게 처방 받은 약이나 상비약은 반드시 준비하는 것이 좋다. 약 종류와 용량이 한국과 다르기 때문에 오남용을 할 수 있기 때문이다. 또 여행지에서 오랜 시간 물놀이를 하다 보면 열감기나 배탈이 많이 나기 때문에 해열제, 감기약, 설사약은 아이 몸무게와 나이에 맞게 꼭 챙긴다. 가벼운 상처는 리조트 내에서도 치료가 가능하나 두 돌 이하의 유아라면 피부 연고나 상처에 바르는 연고 정도는 가져가는 것이 좋다. 하와이, 특히 오아후는 모기는 없는 편이나 쿠알로아 랜치같이 나무가 울창한 곳을 방문할 때를 대비하여 유아용 모기 퇴치제도 준비하면 유용하게 쓰인다.

분유나 이유식

하와이에서도 구할 수 있지만 아이가 원래 먹던 것이 아닌 경우 거부하거나 입에 맞지 않을 수 있으므로 먹던 분유나 이유식은 가져가는 것이 좋다. 단, 이유식의 경우 장시간 비행으로 인해 상할 수 있으므로 조제된 이유식이 안전하다. 일부 호텔에서는 아이를 위해 따로 이유식을 만들어 주는 경우도 있으므로 사전에 확인하도록 하자.

기저귀

한국에서 쓰는 하기스나 팸퍼스 등은 하와이에서도 쉽게 구할 수 있기 때문에 부피가 큰 기저귀는 굳이 많이 챙겨가지 않아도 되지만 기저귀 발진이 있는 유아라면 원래 쓰던 것을 가져가는 것이 가장 좋다.

각종 물놀이용품

아이용 튜브나 매트, 모래놀이용품 등은 하와이에서도 마트에서 쉽게 구할 수 있고 일부 호텔은 대여해 주기도 하므로 부피가 크다면 굳이 한국에서부터 이고 지고 갈 필요는 없다. 단, 리조트 내에서만 머물거나 렌트를 하지 않는 경우 따로 마트에 가서 구매하는 것도 시간 소요가 꽤 되기 때문에 부피가 크지 않다면 가져가는 것이 맞다.

선블록

하와이 어디에서든 쉽게 구할 수 있는 품목이지만 아이들 중에서 의외로 선블록으로 인해 피부 질환이 발생하는 경우가 많으므로 꼭 미리 써 본 것을 가져가거나 구매하는 것이 현명하다.

먹거리

오아후의 경우 한국 마트에서 즉석 밥, 김, 즉석 식품 등을 구할 수 있으며 한국 식당도 많기 때문에 크게 걱정하지 않아도 된다. 주변 섬의 경우 마트에서 쉽게 구하지 못하는 경우가 많으므로 아이를 위한 비상식량은 준비해 가는 것이 좋으며 주방 시설이 제대로 갖춰진 콘도나 키친넷이 있는 룸에서 지내는 경우, 간단하게 식사를 준비할 수 있으므로 신선 식품은 현지에서 구매하고 한국에서 가져갈 수 있는 것은 챙겨가면 편리하다.

즉석 밥의 경우 룸에 있는 전기 포트에 잘 들어가지 않아 어려움을 겪는 경우가 있는데 호텔에 요청하면 쉽게 해결이 된다. 센스 있게 약간의 팁은 잊지 말 것!

하와이까지의 비행 시간은 8~9시간으로 어른들에게도 꽤 힘들다. 아이가 비행기를 처음 탄다면 국내선 등을 이용하여 아이에게 비행이 낯설지 않게 하는 것도 방법이다. 특히 고도에 따라 달라지는 기압과 낮은 습도 때문에 유아들이 힘들어하는 경우도 있는데 이럴 때 음료수나 물을 자주 주고 이착륙 시 노리개 젖꼭지나 젖병을 빨게 하는 것도 방법이다. 24개월 미만의 유아는 배시넷을 사전에 신청하도록 하는데 대한항공이나 아시아나 항공의 경우는 어느 정도 여유가 있지만 하와이안 항공은 2명의 유아에게만 배시넷을 제공하기 때문에 되도록 빨리 신청하는 것이 좋다. 배시넷 가능 몸무게와 키는 항공사별로 상이하지만 보통 돌이 지나면 사용하기 어렵다.

일부 항공사는 베이비밀을 제공하기도 하지만 입맛에 맞지 않을 수 있으므로 아이의 분유나 이유식, 간식 등은 따로 챙기도록 하자. 아이와 관련된 액체류는 제한 없이 기내로 반입되기 때문에 아이에게 필요한 것은 빠짐 없이 챙길 것.

24개월이 지난 소아의 경우는 유아보다 비행이 수월하지만 긴 시간을 보내기에 기내는 좁고 답답하다. 아이가 즐거워할 수 있는 장난감이나 책을 다양하게 챙겨가는 것이 좋다.

하와이에서 베이비시터 구하기

대부분 리조트의 키즈클럽은 낮 시간에만 운영되기 때문에 늦은 저녁 어른들끼리 크루즈를 가거나 나이트라이프를 즐기려고 할 때 베이비시터 서비스를 이용하면 좋다. 또는 베이비시터가 함께 익스커션을 따라가 옆에서 따로 아이만 돌봐주기도 하므로 아이를 떼어 놓고 가기 어렵다 해도 고려해 볼 만하다.

하와이의 베이비시터는 대부분 숙련되고 어느 정도 경험이 있는 20대가 주를 이루며, 두 돌 미만의 영아에게는 좀더 나이가 있는 시터를 보내 준다. 비용은 시간과 아이의 수에 따라 달라지는데, 보통 1시간에 1명의 어린이를 돌볼 경우 $10~15선이며 인원이 많아지면 가격은 훨씬 저렴해진다. 서비스 요금은 $20~30 정도로 업체에 따로 내야 하는 것이 일반적이다.

알로하 시터스 Aloha Sitters
시터들의 신원과 기본적 안전 교육을 철저히 하는 곳으로 알려져 있다.
전화 808-861-7294

아이가 아플 때 어떻게 해야 할까?

낯선 여행지에서 아이가 아픈 것만큼 당황스럽고 힘든 일이 있을까? 가장 중요한 것은 아이가 평상시와 같은 컨디션을 유지하도록 여유 있는 일정을 짜는 것이다. 여행지에서 보통 아이들이 앓는 경우는 장시간의 자외선 노출로 인한 피부 화상이나 흔히 물갈이라고 하는 배탈, 혹은 열감기 등이 있다.

병원 문을 닫는 야간 시간에 아이가 갑작스레 아플 경우는 호텔에 도움을 청해 근처의 24시간 얼전트 케어 센터(Urgent Care Center)를 방문하는 것이 좋다. 대형 병원의 응급실의 경우 의료비가 상당하므로 매우 심각한 상황에만 이용하는 것이 일반적이다. 한국에서 출발 전 여행자 보험을 가입하는 것이 좋다.

오아후에 있는 한국어 가능한 병원

서세모 & 서필립(가정의학과, 소아과)
주소 1441 Kapiolani Blvd., Honolulu, HI 96814 전화 808-946-1414(같은 건물의 '미나 약국'에 한국인 약사가 있어 편리하다)

강산 내과 전문의
주소 1520 Liliha St. #205, Honolulu, HI 96817 전화 808-523-9955

빅아일랜드에 있는 한국어 가능한 병원

박훈/석기사이토 소아과
주소 868 Ululani St. #110, Hilo, HI 96720 전화 808-961-0679

아이와 함께하는 오아후 여행

다양한 볼거리와 즐길거리가 가득한 하와이는 어른뿐 아니라 아이에게도 최고의 파라다이스이다. 특히 호텔에는 어린이들을 위한 시설과 프로그램이 가득하여 안심하고 아이도 맡길 수 있다. 아이와 함께 오아후를 여행하기 좋은 곳 Best 7을 소개한다.

호놀룰루 동물원 Honolulu Zoo

오바마 대통령이 가족들과 함께 찾은 곳

미국의 오바마 대통령이 휴가를 맞아 가족들과 함께 어릴 적 고향인 오아후를 찾았는데, 오바마 대통령이 자녀들과 함께 방문한 곳이 바로 호놀룰루 동물원이었다. 하와이에 서식하는 각종 희귀 동물뿐 아니라 갈라파고스땅거북, 수마트라호랑이 등 이국적인 동물이 많아 아이들이 반나절 정도 뛰어 놀기에 좋다. 동물원에서는 아이들이 동물에 대해 배울 수 있는 수업이나 직접 동물에게 먹이를 줄 수 있는 프로그램도 진행하고 있으니 방문하기 전 홈페이지를 미리 확인해 보자! 그늘이 별로 없어 오래 걸어 다니다 보면 쉽게 지칠 수 있으므로 챙이 있는 모자와 음료수를 반드시 준비하도록 하자.

주소 151 Kapahulu Ave., Honolulu, HI 96815 오픈 9:00~16:30, 크리스마스 휴무 요금 성인 $14 / 4~12세 $6 / 2세 이하 무료 전화 808-971-7171 홈페이지 www.honoluluzoo.org

다이아몬드 헤드 Diamond Head

와이키키를 한눈에 볼 수 있는 산

와이키키를 한눈에 볼 수 있는 다이아몬드헤드는 초등학생 이상 어린이라면 엄마 아빠와 함께 무리 없이 오를 수 있다. 올라가는 길이 험하지는 않지만 돌이 많고 비가 온 후에는 미끄러울 수 있으므로 반드시 운동화를 신고 올라가는 것이 좋다. 올라가는 길에는 음료수를 파는 곳도 없고 화장실도 없다. 미리 입구에서 준비하자. 짧은 거리지만 어린이들이 성취감을 느끼기에 충분한 코스다. 멋진 와이키키를 배경으로 인증 사진도 필수다.

주소 4200 Diamond Head Rd., Honolulu, HI 96816 오픈 6:00~18:00, 연중무휴 요금 차 1대 $5 / 걸어서 가면 1인당 $1 전화 808-948-3299 / 808-587-0285 홈페이지 www.hawaiistateparks.org

코 올리나 비치 Ko Olina Beach

인공으로 바닷물을 막아 만든 잔잔한 바다

와이키키의 바다가 혼잡하고 아이들이 놀기에 파도가 거칠다고 생각된다면 코 올리나 라군으로 향하자. 인공적으로 바닷물을 막아 만든 호수 같은 라군은 파도가 없고 바다 바닥에도 거친 돌이 없어 아이들을 풀어 놓고 놀아도 안심이 되는 곳이다. 단, 방파제처럼 쌓아 놓은 라군 끝에는 소용돌이가 생기거나 갑자기 파도가 칠 수 있으므로 해변 근처에서만 즐기도록 하자. 주말에는 주민과 관광객이 뒤섞여 다소 혼잡할 수도 있으니 될 수 있으면 평일 오전에 방문하는 것이 좋다. 주변에는 리조트 이외의 편의 시설이 없기 때문에 음료수와 간식은 준비해 가는 것이 좋으며 대중교통으로는 접근하기 어려우므로 렌터카는 필수이다.

교통 와이키키에서 H1 West를 타고 끝까지 가면 93번 Farrington Hwy.가 이어지고, 직진하다 보면 오른쪽에 Ko Olina로 빠지는 이정표가 있다. 이정표를 따라서 오른쪽으로 빠져 나가면 코 올리나 리조트 입구가 나온다.

돌 플랜테이션 Dole Plantation

드넓은 파인애플 농장을 구경할 수 있는 곳

파인애플이 자라는 모습을 보고 신기해하는 어린이들이 많다. 이곳에 가면 파인애플이 자라는 드넓은 농장을 구경할 수 있을 뿐 아니라, 아이들이 좋아하는 기차를 타고 농장을 투어할 수도 있다. 기네스북에 등재된 큰 미로 시설도 있어 오아후를 방문하는 어린이들의 필수 코스가 되었다. 땀을 흘리며 미로를 찾아 나온 후 먹는 파인애플 아이스크림도 빼놓지 말자. 기차를 탈 때나 미로 놀이를 할 때는 그늘이 없기 때문에 모자를 꼭 쓰는 것이 좋다.

주소 64-1550 Kamehameha Hwy., Wahiawa, HI 96786 교통 더 버스 알라 모아나에서 52번 버스 탑승, 돌 플렌테이션에서 하차. 렌터카 와이키키에서 H1 West, H2 North를 타고 Exit 8로 나가서 99번 도로를 타고 올라가다 보면 오른쪽에 있다. 오픈 9:30~17:00, 크리스마스 휴무 입장료 무료 미로 $6 미니 열차 어른 $8 / 4~12세 어린이 $6 / 4세 이하 무료 플랜테이션 가든 투어 어른 $5 / 어린이 $4.25 전화 808-621-8408 홈페이지 www.dole-plantation.com

하와이 칠드런 디스커버리 센터
Hawaii Children Discovery Center

즐기면서 학습을 할 수 있는 실내 공간

비가 오거나 야외 활동을 하기에 적당하지 못한 날씨에 방문하기에 좋은 곳이다. 아이들이 즐기면서 학습을 할 수 있는 공간으로, 놀이 시설과 함께 하와이의 기후나 역사, 바다 생물들에 대해 배울 수 있다. 주말에는 현지 주민들이 아이들 생일 파티를 많이 하는데, 구경하는 것만으로도 즐겁다.

주소 111 Ohe St., Honolulu, HI 96813 오픈 화~금 9:00~13:00 / 토~일 10:00~15:00 / 각종 공휴일, 월요일 휴무 입장료 $10 홈페이지 www.discoverycenterhawaii.org

쿠알로아 랜치 Kualoa Ranch

영화 〈쥬라기 공원〉과 〈킹콩〉을 좋아하는 아이들에게 가장 인기있는 곳

영화의 흔적을 따라 투어를 할 수 있고 직접 정글을 체험할 수 있는 프로그램도 있다. 개별적으로 찾아 가기보다는 교통과 프로그램, 식사를 하나로 묶어 판매하는 관광 상품이 조금 더 저렴하다. 렌터카가 있다면 개별적으로 찾아가 직접 프로그램을 보고 선택해도 좋다. 대부분 프로그램은 오후 3~5시에 끝나기 때문에 오전에 방문하는 것이 좋다.

주소 49-560 Kamehameha Hwy., Kaneohe, HI 96730 교통 쿠알로아 비치 파크에서 북쪽으로 500m 정도 직진하면 왼쪽에 입구가 있다. 오픈 7:00~17:30(1월 1일, 크리스마스 휴무) 입장료 없음 영화 촬영 및 목장 투어, 정글 탐험 투어, 오션 항해 투어 각 1시간 성인 $24 / 3~12세 어린이 $15(세금 4.712%) 말 타기, ATV 체험 각 1시간 $69, 2시간 $99(세금 4.712%) 전화 808-237-7321 홈페이지 www.kualoa.com

샤크 코브 Shark's Cove

노스 쇼어에서 유일하게 스노클링을 할 수 있는 곳

이름은 샤크 코브지만 상어는 없다. 이곳이 유명한 이유는 노스 쇼어에서 유일하게 스노클링을 할 수 있는 곳이기 때문이다. 하나우마 베이에 비하면 알록달록한 열대어가 많지는 않지만 북적이지 않고 깨끗해서 좋다. 수심이 얕고 파도가 없어 무릎 높이 정도만 가도 많은 물고기들을 볼 수 있기 때문에 어린 아이들이 놀기에 특히 좋다. 관광객들에게 많이 알려져 있지 않아 한적하게 스노클링이나 수영을 하면서 노스 쇼어의 낭만과 여유를 즐기기에 최고의 장소다. 샤크 코브라는 표지판은 없으나 도로 맞은편에 있는 Shark's Cove Grill과 Pupukea Grill을 찾으면 된다.

주소 Shark's Cove, Pupukea, HI 96712 교통 와이키키에서 H1 West, H2 North를 타고 Exit 8로 나가서 99번 도로를 타고 83번과의 교차로에서 우회전, 83번 Kamehameha Hwy.를 타고 북쪽으로 직진, Puula Rd.를 지나자마자 있는 낡은 주유소 맞은편에 나오는 곳이 샤크 코브이다.

영화와 드라마로 만나는
하와이의 명소

하와이의 여러 섬은 이국적인 풍광과 야생의 전설이 그대로 살아 있는 신비함 때문에 각종 영화와 드라마의 배경으로 자주 등장하고 있다. 또한 미국 본토와 지리적으로 가까운 이점 때문에 특히 헐리우드 영화와 미국 드라마에서 선호하는 촬영지이기도 하다. 하와이를 관광하다 보면 어디선가 본 것 같은 익숙한 풍경들을 만날 수 있는데, 하와이에서 촬영된 영화와 드라마를 미리 알고 간다면 여행의 즐거움은 배가 될 것이다.

드라마 〈로스트 LOST〉

빅아일랜드와 오아후에서 촬영

2004년에 시작해 2010년 시즌 6으로 막을 내린 〈로스트〉는 비행기 사고로 정체불명의 섬에 추락한 승객들이 탈출하면서 벌어지는 이야기를 다루고 있다. 미스터리 스릴러물로, 미국뿐만 아니라 한국에서도 많은 인기를 모았다. 특히 한국의 영화배우 김윤진과 한국계 배우 대니얼 대 킴의 출연으로 더욱 화제를 모았는데 드라마에서 한국어로 대화하는 장면이 많고 한국계 배우들이 대거 등장하여 매우 친숙한 느낌을 준다.

이 드라마는 섬에 남겨진 사람들의 과거와 현재 그리고 미래와 사후 세계까지 연결되는 '삶'과 '인연'에 대해 조명하고 있는데 과거와 현재 장면 대부분이 빅아일랜드와 오아후에서 촬영되었다. 특히 김윤진과 대니얼 대 킴의 과거 모습인 한국에서의 삶은 주로 오아후의 동양적인 분위기의 장소에서 촬영되었다.

극중 김윤진과 대니얼 대 킴의 배역인 진과 선이 처음 만나는 장소인 한국의 대저택은 사실은 오아후에 있는 뵤도인 사원이다. 또 진과 선의 한국 생활은 대부분 차이나 타운에서 촬영되었다. 한편 섬 생활 중 주인공인 헐리가 바다를 배경으로 골프를 치는 장면은 쿠알로아 랜치에서 촬영되었다고 한다. 이 밖에도 시드니 공항으로 연출되었던 곳은 오아후 다운타운의 하와이 컨벤션 센터이며 로크 등 많은 등장인물들이 정글에서 헤매던 장면은 대부분 탄탈루스 산을 배경으로 하고 있다.

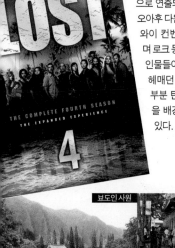

영화 〈퍼펙트 겟어웨이 Perfect Getaway〉

칼랄라우 트레일에서 펼쳐지는 스릴러 스토리

하와이 카우아이에서 모두 촬영된 2010년 작 〈퍼펙트 겟어웨이〉는 카우아이 섬 칼랄라우 트레일에서 벌어지는 의문의 살인 사건을 두고 펼쳐지는 팽팽한 긴장의 스릴러물이다. 영화 스토리는 스릴러지만 배경만큼은 지상 낙원의 풍경을 보여 주는데 카우아이의 전원적인 풍경과 나 팔리 코스트의 웅장함과 신비함을 영화 곳곳에서 만날 수 있다.

특히 남녀 주인공들은 서로가 살인범이 아닐까 의심하며 트레일을 걷게 되는데 외부와 단절된 칼랄라우의 정글이 긴장감을 더욱 고조시킨다. 목적지인 칼랄라우 비치에 이르러 영화의 긴박함은 극에 달하는데 아름답고 평화로운 해변과 상반된 내용이 더욱 흥미롭다. 영화에 등장하는 시크릿 폭포와 누드 비치도 큰 볼거리이다. 영화를 보다 보면 당장이라도 배낭을 챙겨 칼랄라우 트레일로 향하고 싶을지도 모른다.

뵤도인 사원　　차이나타운　쿠알로아 랜치

영화 <첫 키스만 50번째> 50 First Dates

오아후에서 펼쳐지는 사랑스러운 이야기

드류 베리모어의 사랑스러운 미소가 빛났던 <첫 키스만 50번째>는 하와이 시 라이프 파크에서 근무하는 수의사 헨리와 루시의 엉뚱한 데이트를 그린 로맨틱 코미디 영화다. 여자 주인공인 루시는 단기 기억상실증 환자로, 헨리와 사랑에 빠지게 되지만 그녀에게 헨리는 단 하루의 기억일 뿐이다. 헨리는 그런 루시의 완벽한 연인이 되기 위해 매일같이 첫 데이트를 준비하는 기상천외한 일이 벌어진다. 사랑스러운 커플과 하와이의 로맨틱한 풍광이 어우러져 러닝 타임 내내 달콤한 코코넛 향이 풍기는 것 같은 착각마저 든다. 루시가 즐겨 찾았던 해변은 중국인 모자섬이 보이는 쿠알로아 비치 파크이며 로맨틱한 키스 장면은 마카푸우 포인트와 하나우마 베이에서 촬영되었다.

중국인 모자섬

쿠알로아 비치 파크

마카푸우 포인트

하나우마 베이

마나나 섬

드라마 <하와이 파이브 오 Hawaii Five-O>

아름다운 하와이의 배경이 돋보이는 영화

<하와이 파이브 오>는 1960년대와 1970년대에 많은 인기를 끌었던 동명의 드라마를 2010년에 리메이크한 수사물로, 현재까지 시즌을 이어가고 있다. 특히 이 드라마는 한국계 배우가 두 명이나 주인공으로 등장해 화제를 모았다. 드라마 <로스트>의 히어로인 대니얼 대 킴과 그레이스 박이 사촌 사이로 나오며 하와이에서 벌어지는 강력 범죄를 깔끔하게 소탕한다는 내용이다. '빰빠빠라 빰빠' 하며 시작하는 귀에 익숙한 오프닝 송과 함께 시원한 하와이 배경의 타이틀은 보기만 해도 유쾌하다.

하와이에서 촬영된 만큼 다운타운과 차이나타운, 와이키키 해변이 자주 등장하며 하와이의 한국, 중국, 일본계 이민자들의 이야기가 주요 소재로 나온다. 수사물임에도 불구하고 아름다운 하와이의 배경 때문에 범죄 소탕 과정은 어둡지 않고 밝고 빠르게 그려진다. 서핑의 고수로 등장하는 그레이스 박의 탄탄한 몸매도 드라마의 큰 재밋거리이다.

영화 <블루 크러쉬 Blue Crush>

서핑과 거대한 파도가 멋진 그림을 이루는 영화

서핑의 메카 하와이답게 서핑과 관련한 영화 역시 많이 촬영되었는데 비키니를 입은 케이트 보스워스와 미쉘 로드게리즈 등 섹시 헐리우드 배우를 대거 만날 수 있는 <블루 크러쉬>가 대표적이다. 주인공 앤과 그녀의 룸메이트들의 사랑과 서핑에 대한 열정이 화면 가득 그려지는데, 신나는 서핑 장면과 노스 쇼어의 거대한 파도는 단순한 오락 영화를 넘어 바다의 위대함을 느끼게 해 준다. 영화에서 주인공이 꿈에 그리며 참가하는 '파이프 마스터스'는 실제로 매년 1월 노스 쇼어 반자이 파이프라인에서 열리는 세계 최대 규모의 서핑 대회로 이 기간이면 연일 파도의 높이와 선수들의 가십으로 하와이 전체가 들썩거린다.

와이키키 해변

329

신부라면 누구나 꿈꾸는

웨딩 인 하와이

맑고 푸른 하늘과 코발트 블루의 바다, 지상 낙원 하와이. 이
곳에서 하얀 웨딩드레스를 입고 웨딩 마치를 올린다면…….
신부라면 누구나 한 번쯤은 이국적인 풍경 속에서 둘만의
로맨틱한 결혼식을 꿈꾼다. 아름다운 하와이를 배경
으로 둘만의 결혼식을 올리거나 웨딩 촬영, 가족 파
파라치 촬영 등을 통해 하와이에서의 추억을 멋진
사진으로 남겨 보자.

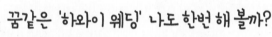

꿈같은 '하와이 웨딩' 나도 한번 해 볼까?

동화 속 이야기처럼 생각되었던 하와이 웨딩이 요즘 그야말로 대세. 이미 일본인들은 십여 년 전부터 일본에서 결혼식을 올리고 하와이에서 또 한 번 데스티네이션 웨딩 겸 웨딩 촬영을 하는 것이 유행이었다. 실제로 와이키키 해변에서는 로맨틱하게 결혼식을 올리거나 사진을 찍는 커플을 많이 만날 수 있다. 하객들을 위한 결혼식이 아닌 둘만의 로맨틱한 결혼식이라는 점에서 요즘 우리나라에서도 큰 관심을 받고 있다. 또한 허니문을 즐기면서 이국적인 풍광을 배경으로 하는 웨딩 촬영도 겸할 수 있다는 것 역시 큰 장점이다. 그동안 좁은 스튜디오에서 촬영되는 천편일률적인 웨딩 사진에 질렸다면 이제 반짝이는 와이키키 해변으로 나가 눈부시게 아름다운 커플이 되어 보자!
가족 단위의 여행이라면 리마인드 웨딩이나 가족 파파라치 촬영을 해도 좋다. 한국에서 성장 앨범을 찍는 것보다 훨씬 적은 비용으로 멋진 가족 스냅 사진을 남길 수 있다.

추천 웨딩 업체

라벨라 하와이 웨딩(Labella Hawaii Wedding)

하와이에는 수많은 웨딩 업체가 있지만 대부분 일본 계열이거나 자체 웨딩 숍을 가지고 있지 않은 경우가 많다. 라벨라 하와이 웨딩은 하와이에서 20년간 여행 서비스를 해온 기업으로, 한국 커플들을 위해 각 분야 한국인 스텝을 두고 있어 준비하기가 훨씬 수월하다. 칼라카우아 애비뉴 초입에 위치한 웨딩 숍에는 한국에서도 인기 있는 림아크라나 케네스풀 같은 명품 브랜드의 드레스를 다수 보유하고 있어 선택의 폭도 넓다. 한국인 프로 사진 작가의 사진 찍는 실력도 믿을 만하다.

주소 1833 Kalakaua Ave. #100, Honolulu, HI 96815 요금 가족 커플 하와이 스냅 촬영 $300~ / 하와이 비치 웨딩 $900~ / 오션프론트 하우스 웨딩 $2,000~ 전화 하와이 808-955-5115 / 서울 02-318-3117 홈페이지 www.labellahawaii.com

작가가 직접 체험한
'리마인드 웨딩 인 하와이'

결혼 7년차, 아직 리마인드 웨딩을 하기에는 이른 감이 있었지만 조금이라도 젊을 때 멋진 추억을 남겨 보자는 뜻에서 준비하기 시작했다. 하와이에 도착해서 떨리는 마음으로 드레스 숍에 들어가서, 수 백 벌의 드레스들이 어서 나를 입어 달라며 애원하는 듯했다. 리마인드 웨딩이었기 때문에 우아하면서도 발랄한 느낌의 드레스를 원하는 내게 딱 어울리는 드레스를 골라 주시는 웨딩 플래너 덕분에 드레스 초이스는 생각보다 쉽게 진행되었다. 하와이 웨딩을 준비하면서 가장 염려되었던 것은 메이크업과 헤어였는데 한국인 원장님께 원하는 스타일을 말씀드리니 직접 내 맘에 쏙 드는 메이크업을 완성시켜 주셨다. 촬영은 탤런트 이영애가 결혼한 곳으로 유명한 카할라 비치에서 진행되었는데 번잡한 와이키키와 달리 조용하고 경건한 분위기로 리마인드 웨딩을 진행하기에 딱인 장소였다.

웨딩 플래너와 진행자께서 카할라 비치를 우리만의 웨딩 플레이스로 만들어 주시고 본식 전에 사진 작가와 사진 촬영에 들어갔다. 남편과 나는 다시 7년 전 그날로 돌아가 새신랑 새신부가 된 기분이었다. 우쿨렐레 악사의 아름다운 하와이 음악 연주와 함께 따뜻한 바람이 불었고 한껏 분위기에 젖어들었다. 드디어 주례 선생님이 오시고 경건한 예식이 진행되었다. 푸르른 바다, 그 바다 위에 비치는 하늘, 이리저리 흔들리며 우쿨렐레 음악에 맞춰 몸짓을 하는 키 큰 야자수……. 이 아름다운 광경이 모두 꿈일 거라는 생각이 들었다.

7년 전 그날처럼 죽음이 우리를 갈라 놓을 때까지 서로 믿고 사랑하며 의지하겠다고 다시 한 번 서약을 했다. 이보다 더 로맨틱할 수 있을까. 따뜻한 하와이의 바람과 아름다운 바다, 그리고 사랑하는 사람들. '지금 이 순간을 영원히 잊지 말아야지' 하고 마음속으로 다짐했다.

하와이
문화 키워드

웅장한 자연, 아름다운 해변과 함께 진짜 하와이를 만나는 방법은
바로 하와이 정신이 살아 있는 문화를 직접 체험해 보는 것이다. 알
록달록 화려한 알로하 셔츠와 꽃목걸이 레이, 우쿨렐레와
퀼트는 하와이 여행자들의 머스트 해브 아이템이다.
세계 어느 곳에도 없는 독특한 하와이만의
아이템을 만나러 떠나 보자.

알로하 셔츠 & 무무 Aloha shirts & Mumu

알로하 정신이 깃든 하와이 의상

쭉쭉 뻗은 야자수 문양과 화려한 컬러, 바람이 불면 시원하게 날리는 알로하 셔츠는 하와이의 대명사다. 알로하 셔츠에 대한 여러 가지 설이 있지만 그 중 가장 유력한 내용은 하와이를 개척하기 위해 건너온 이민자들이 여행자들의 옷을 흉내내 고쳐 입은 데서 시작되었다는 것이다. 1937년 알로하 셔츠가 처음 상표 등록된 이래 알로하 셔츠는 하와이의 상징이자 비즈니스맨의 공식 의상으로 자리를 잡았다. 실제로 하와이의 공무원들은 알로하 셔츠를 정장 대신 입으며 하와이에서는 '격식에 맞는 의상'이라는 개념 안에 알로하 셔츠가 포함되어 있다. 한편 알로하 셔츠와 같은 패턴으로 어깨가 봉긋하고 허리 라인이 강조되며 무릎을 덮는 기장의 원피스형 드레스를 '무무'라고 하는데 하와이의 여성들 역시

정장 대신 무무를 즐겨 입는다. 한마디로 이 알로하 의상은 알로하 정신을 고취시키고 관광객과 대중들에게 널리 전달하는 역할을 하고 있다.

디자이너 시그제인이 하와이의 아름다운 풍경을 모티브로 알로하 셔츠를 재해석하여 디자인한 의류와 소품들이 인기를 끌고 있다. 본 매장은 빅아일랜드의 힐로 지역에서 만날 수 있다.

시그제인 디자인즈(Sig Zane Designs)
주소 122 Kamehameha Ave., Hilo, HI 96720 홈페이지 www.sigzane.com 소셜 네트워크 facebook.com/sigzanedesigns | twitter.com/sigzanedesigns

우쿨렐레 Ukulele

풍부하고 다양한 소리를 내는 4현 악기

우쿨렐레는 포르투갈 이민자들이 가져온 4현 악기가 변형되어 하와이의 대표적인 악기로 정착한 것이다. 우쿨렐레는 '벼룩이 뛴다'라는 뜻인데 악기를 연주하는 손가락의 모습이 벼룩이 뛰는 모양과 비슷하다고 하여 붙여진 이름이다. 우쿨렐레는 4현뿐이지만 풍부하고 다양한 소리를 낼 수 있어 하와이 음악에서 빠질 수 없는 존재가 되었다. 요즘에는 한국에도 우쿨렐레를 배울 수 있는 곳이 많아 오리지널 하와이산 우쿨렐레를 구입하여 한국에서 여유 있게 배우는 것도 방법이다. 간단한 레슨은 하와이에서도 받을 수 있는데 칼라카우아 거리에 있는 와이키키 쇼핑 플라자와 하얏트 호텔 안의 우쿨렐레 하우스에서 매일 무료 레슨이 있다. 전화 예약은 필수이다.

우쿨렐레 하우스(Ukulele House)
홈페이지 www.ukulelehousehawaii.com

와이키키 쇼핑 플라자(Waikiki Shopping Plaza)
주소 2250 Kalakaua Ave., Honolulu, HI 96815 전화 808-923-8587

하얏트 리젠시 와이키키(Hyatt Regency Waikiki)
주소 2424 Kalakaua Ave., Honolulu, HI 96815 전화 808-922-2889

하와이 전통 음악 감상

우쿨렐레 연주와 더불어 하와이 전통 음악을 감상할 수 있는 기회도 많이 있는데 가장 대표적인 곳이 바로 와이키키 중심가인 칼라카우아 거리다. 주말 밤이면 거리 공연을 하는 유명 뮤지션들과 무료 훌라 공연이 펼쳐지기 때문에 쉽게 하와이 음악을 접할 수 있다. 좀더 분위기 있는 곳을 원한다면 '듀크스 카누 클럽'이 단연 인기이다. 매일 저녁 2회 라이브 공연이 펼쳐지는데 바닷바람을 쐬며 달콤한 칵테일과 함께 즐기는 하와이 현대 음악이 로맨틱한 분위기를 최고조로 만들어 준다.

듀크스 카누 클럽(Duke's Kanoe's Club)
주소 Outrigger Waikiki on the beach 1F, 2335 Kalakaua Ave., Honolulu, HI 96815 전화 808-922-2268 홈페이지 www.dukeswaikiki.com

레이 Lei

훌라 소녀의 꽃목걸이

아름다운 꽃목걸이를 두르고 우아하게 훌라 춤을 추는 소녀의 모습이 하와이를 대표하는 이미지인 것처럼, 하와이에서 꽃목걸이는 하와이의 문화이자 영혼이라고 할 수 있다. 이런 꽃목걸이를 레이(Lei)라고 부르는데 레이는 이런 꽃목걸이뿐 아니라 깃털이나 조개 등을 엮어서 만든 장신구를 통칭하는 말이다.

하와이에서 레이를 건다는 것은 여러 의미가 있다. 환영과 감사, 축하와 사랑 등의 의미를 모두 아름다운 꽃 향기 속에 내포하고 있다. 실제로 하와이 사람들은 졸업식, 환영식, 생일이나 마음을 담은 선물을 할 때 등 일상생활에서 자연스럽게 레이를 사용한다. 레이는 손쉽게 어디서나 구입할 수 있는데 와이키키에서 가장 흔한 ABC 스토어즈뿐 아니라 세이프웨이 등 슈퍼마켓과 칼라카우아 거리에 레이만 따로 파는 부스가 있을 정도로 쉽게 구할 수 있다.

다양하고 저렴한 레이를 구하고 싶다면 단연 차이나타운이다. 생화로 만들어진 레이는 입국할 때 가지고 들어올 수 없으므로 가져오고 싶다면 조화로 된 레이를 사도록 하자.

하와이안 퀼트 Hawaiian Quilt

서양의 패치 워크와 하와이 전통 문양이 만나다

한 땀 한 땀 정성을 다해 만든 하와이안 퀼트를 보고 있으면 온 집안을 퀼트 제품으로 도배하고 싶을 정도로 욕심이 난다. 서양의 선교사들이 들여온 패치 워크 기술을 하와이 전통 문양과 접목시켜 탄생한 것이 하와이안 퀼트인데 다른 퀼트와 달리 식물을 주요 패턴으로 하고 있어 작품 하나하나가 하와이의 정신을 담고 있다고 할 수 있다.

시간과 정성이 들어간 만큼 완성품은 꽤 비싸지만 직접 할 수 있는 패턴 세트를 저렴한 가격에 살 수 있어 귀국 후에도 집에서 하와이의 정취를 느끼며 퀼트 작품을 완성할 수 있다. 또한 각 호텔에서는 퀼트를 배울 수 있는 무료 수업이 진행되기도 하며 퀼트 제품을 판매하는 곳에서 간단한 레슨도 함께 진행하므로 여유가 있다면 도전해 보자.

프린세스 카이울라니 숍
(Princess Kaiulani Shop)
주소 2348 Kalakaua Ave., Suite A3, Honolulu, HI 96815 전화 808-926-7600

알라 모아나 쇼핑센터(Ala Moana Shopping Center)
주소 1450 Ala Moana Blvd., Honolulu, HI 96814 전화 808-946-2233

하와이안 퀼트 컬렉션(Hawaiian Quilt Collection)
주소 2259 Kalakaua Ave. #10, Honolulu, HI 96815 전화 808-922-2462 홈페이지 www.hawaiian-quilts.com

훌라 Hula

하와이 정신의 계승이자 마음의 언어

흔히 훌라를 골반을 격렬히 흔드는 폴리네시안 민속춤과 혼동하는 경우가 많은데 사실 훌라는 매우 성스러운 춤으로, 고대 하와이에서 신들에게 자연을 경배하며 기도를 드렸던 춤이다. 따라서 동작 하나하나가 의미를 담고 있으며 단순한 춤이 아닌 하와이 정신의 계승이자 마음의 언어라고 할 수 있다.

하와이 어느 지역에서나 훌라 춤을 감상할 수 있는데 실제로 훌라를 추는 사람들을 보고 있노라면 성스러움과 동시에 미묘한 경이로움에 빠지게 된다. 특히 울리울리, 하와이안 북인 파후, 우쿨렐레의 연주가 어우러진 하와이 전통 음악과 함께 즐기는 훌라는 눈과 귀가 모두 즐거운, 오로지 하와이에서만 느낄 수 있는 감동이다.

가장 대표적인 훌라 공연으로는 쿠히오 비치 토치 라이팅 & 훌라 쇼를 들 수 있는데 매일 쿠히오 비치에서 아름다운 선율과 함께 어린아이부터 노인들까지 나와 하와이를 방문한 관광객들에게 잊지 못할 선물을 선사한다.

훌라의 동작을 간단하게나마 배워 보고 싶다면 로열 하와이안 쇼핑센터를 방문하는 것이 좋다. 매주 화~목요일 방문객을 위한 무료 훌라 레슨이 진행된다. 자세한 내용은 홈페이지를 참고하자.

로열 하와이안 센터
홈페이지 www.royalhawaiiancenter.com

칼루아 피그

포이

라우라우

루아우 Luau

방문객을 위한 환영 행사

루아우란 하와이어로 '연회', '향연'을 뜻하는데 주로 방문객을 위한 환영의 행사로 이어져 내려오고 있다. '루아우'는 먼저 칼루아 피그와 라우라우, 포이 같은 음식으로 화려하게 차려진 하와이 음식을 내오고 이어 하와이의 전통 춤과 훌라 춤을 추는 의식을 행한다.

'칼루아 피그'는 땅속에 '이무'라고 불리는 가마를 넣은 뒤 돼지를 통째로 넣고 오랜 시간 동안 찌는 요리다. 잘 익은 돼지고기를 손으로 얇게 찢어 채소와 함께 먹는다. 한편 '포이'는 하와이 전통 주식으로, 찐 타로를 으깨서 죽처럼 먹는 것인데 아무 맛도 나지 않지만 하와이의 다른 음식들과 어우러져 묘한 중독성이 있다.

이런 전통 루아우를 즐길 수 있는 대표적인 곳이 바로 오아후의 폴리네시안 문화센터의 이브닝쇼로, '호라이즌'과 함께 하와이 전통 요리들을 맛볼 수 있다.

하와이를 돌아다니다 보면 많은 동상을 만날 수 있다. 동상이라면
분명 이곳에서 유명한 인물일텐데, 그들은 도대체 누구일까?
하와이에 곳곳에서 만날 수 있는 동상이 누구인지 알아보자.
알고 보면 더 재미있는 여행이 될 것이다.

듀크 카하나모쿠 Duke Kahanamoku

전설의 서퍼

오아후의 와이키키에 도착하면 가장 반갑게 우리를 맞이하는 동상이 있는데 바로 듀크 카하나모쿠의 동상이다. 듀크 카하나모쿠는 하와이 출신의 전설적인 수영 선수이자 서퍼로, 1900년대 올림픽 금메달을 휩쓸고 하와이를 전 세계에 알린 장본인이다. 또한 서핑이 대중화되는 데 많은 노력을 하여 하와이 사람들에게 듀크 카하나모쿠는 정신적인 지주이자 영웅으로 추앙받고 있다. 인자하게 두 팔을 벌리고 방문객을 환영하는 동상에는 항상 레이가 걸려 있는데 이는 이곳 사람들의 듀크 카하나모쿠에 대한 애정과 관심을 나타낸다. 이 동상 바로 위에는 24시간 카메라가 있어 인터넷으로 와이키키의 모습을 확인할 수 있다.

DUKE KAHANAMOKU WITH THE OFFICERS OF THE WORLD FAMOUS DUKE KAHANAMOKU SURF CLUB
INTERNATIONAL MARKET PLACE, WAIKIKI BEACH, HAWAII

하와이 섬을 최초로 통일한 왕

하와이인들의 영원한 왕 카메하메하 대왕은 빅아일랜드의 코할라 출생으로 1810년 하와이의 거의 모든 섬을 통일하여 하와이 왕국을 만들고 카메하메하 왕조를 창시하였다. 그는 강력한 하와이 왕국을 위해 용맹스럽게 싸웠으며 외국과의 통상에도 적극적이었다. 그의 전설적인 위업과 독립심을 기리기 위해 후손들은 곳곳에 카메하메하 대왕의 상을 세웠는데 가장 유명한 것은 오아후 다운타운의 이올라니 궁전 맞은편에 서 있는 동상과 왕의 출생지인 빅아일랜드 노스 코할라 시빅 센터 앞에 있는 것이다. 이어 힐로에 있는 와일로아 리버 주립 공원과 미국 본토의 워싱턴 국립 동상 기념관에도 각각 하나씩 세워져 있다.

성 다미안 신부 Saint Damien

나환자를 위해 봉사한 신부

1865년 하와이 제도에 나병 환자가 급격히 늘어나자 감염된 환자를 격리 수용하기 시작하였는데 당시 무인도였던 몰로카이 섬으로 이들을 추방되었다. 지상 낙원과 같은 몰로카이 섬 한쪽에는 수많은 나환자들이 분노와 슬픔에 빠져 고독과 고통을 느끼며 불행하게 살고 있었다. 이때 벨기에 신부인 다미안은 몰로카이 섬에 수용된 나환자들의 참상을 전해 듣고 1873년 몰로카이에 도착했다.

그는 몰로카이 섬에서 나환자들을 위해 집을 짓고 관을 짰다. 그리고 환자들의 환부를 씻어 주고 붕대를 감아 주며 헌신적으로 봉사했다. 그러나 그 역시 나병에 걸려 세상을 떠나게 되었는데 이에 대한 공로로 1881년 하와이 정부로부터 '칼라카우아 훈장'을 받았다.

다미안 신부의 동상은 오아후 다운타운의 호놀룰루 주정부 청사 맞은편에 위치하고 있으며 몰로카이 섬과 미국 본토 워싱턴 국립 동상 기념관에 각각 하나씩 세워져 있다.

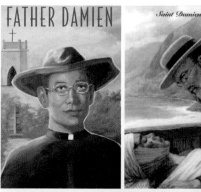

베케이션 렌탈

사랑하는 이와 함께 근사한 아침 식사를 손수 차려 바다가 보이는
집 앞 정원에 앉아 하와이의 여유로움을 한껏 즐겨 보자. 이것이 진
정한 휴식이 아니겠는가.
와이키키를 조금만 벗어나면 근사한 집에
서 내 집처럼 편안히 휴식을 즐길 수 있는
베케이션 렌탈에 대해 알아보자.

내 집처럼 편안하게 즐기는 최고의 휴양

오아후를 방문하는 대부분의 방문객들은 와이키키 주변의 호텔이나 리조트를 숙소로 잡는다. 하지만 오아후에 지극히 상업적인 호텔과 리조트만 있다고 생각하면 큰 오산이다. 와이키키를 조금만 벗어나면 자연과 어우러진 근사한 집들을 저렴한 가격에 빌릴 수 있는데 이를 '베케이션 렌탈(Vacation Rental)'이라고 한다.

우리 식으로 하면 '집 통째로 빌려 주기' 같은 개념인데 침실과 거실, 욕실과 주방까지 완벽하게 구비되고 때론 앞마당에 수영장까지 딸린 현지 집을 숙소로 삼는 것이다. 대부분의 베케이션 렌탈 하우스는 와이키키처럼 땅값이 비싸지 않은 외진 주택가나 비치 주변에 모여 있기 때문에 관광보다는 제대로 된 하와이식 휴양을 즐기고 싶은 여행객에게 최고의 아늑함과 편리함을 제공한다.

여러 가지 형태의 집이 있지만 공통적으로 생활에 필요한 모든 편의 시설과 주방 기구, 욕실용품 등을 제공하여 마치 내 집처럼 편하게 지내며 여행할 수 있다. 가장 짧은 렌탈은 1주일부터이며 보통 기간이 길어질수록 저렴해진다.

Vacation Rentals by Owner

미 전역의 베케이션 렌탈 정보가 나와 있는 사이트로, 원하는 지역과 가격대를 검색하면 집주인과 바로 연결된다. 전화나 이메일을 통해 가격을 협상할 수 있다.

홈페이지 www.vrbo.com

Affordable Paradise

베케이션 렌탈이 활성화되어 있는 카일루아 지역의 하우스를 검색할 수 있다.

홈페이지 www.affordable-paradise.com

Lanikai Beach Rentals

아름답기로 유명한 라니카이의 원룸 형태의 스튜디오나 하우스를 찾아볼 수 있다.

홈페이지 www.lanikaibeachrentals.com

Bed & Breakfast Hawaii

카일루아 지역과 하와이 카이 지역의 B&B와 예쁜 집을 예약할 수 있다.

홈페이지 www.bandb-hawaii.com

하와이의 축제 & 이벤트

매일이 축제 같은 곳이 바로 하와이지만 그 화려함과 넘실거림을 더욱 빛내 주는 행사가 있다. 문화, 스포츠, 음식 등 다양한 축제를 오아후와 마우이 섬 중심으로 한자리에 모았다. 매해 열리는 날짜가 조금씩 다르기 때문에 자세한 날짜는 홈페이지(www.gohawaii.com/event)를 참고하도록 하자.

알라 와이 챌린지 Ala Wai Challenge

오아후 섬에서는 매년 1월 하와이 전통 카누 축제인 '알라 와이 챌린지(Ala Wai Challege)'가 열린다. 축제 기간 동안 카누 경기 관람을 비롯하여 하와이식 마카히키 게임, 줄다리기, 다트 게임 등 다양한 스포츠에 직접 참여해 고대 하와이의 문화를 직접 체험해 볼 수 있다.

기간 1월 홈페이지 www.waikikicommunitycenter.org

골프 경기

매년 하와이에서 개최되는 수많은 골프 경기 중 수천 명의 갤러리가 모여 드는 인기 TOP 3 골프 경기로, 당대 최고의 실력과 인기를 누리는 골프 선수들이 대거 참여한다.

메르세데스 벤츠 챔피언십(The Mercedes Benz Championship)

기간 1월 홈페이지 www.hawaiiforvisitors.com/maui/events/mercedes-benz-championship.htm

하와이 소니 오픈(The Sony Open in Hawaii)

기간 1월 홈페이지 www.sonyopeninhawaii.com

터틀베이 리조트 SBS 오픈(SBS Open at Turtle Bay Resort)

기간 2월 홈페이지 www.sbsopen.com

차이니즈 뉴 이어 Chinese New Year

우리의 음력 설에 해당하는 날로, 중국인들은 봄을 기다리는 이 날을 가장 큰 행사로 치른다. 해당 행사 기간 동안 호놀룰루 시내에 있는 차이나타운에 가면 각종 볼거리와 행사가 있고, 할인된 가격으로 다양한 음식들을 맛볼 수 있다.

기간 1월 말~2월 중순

호놀룰루 페스티벌 Honolulu Festival

문화 교류의 일환으로 진행되는 행사로 각 나라에서 참여한 수많은 팀들의 춤과 노래 및 각종 퍼레이드를 통해 세계 각국의 문화를 즐길 수 있다.

기간 3월 중순 홈페이지 www.honolulufestival.com

와이키키 스팸 잼 Waikiki Spam Jam

하와이 주의 1인당 스팸 소비가 전미에서 가장 높다는 이유로 하와이에서 스팸 잼 행사가 매년 개최된다. 남녀노소, 관광객과 현지인 모두가 함께 모여 독특한 요리와 즐거운 엔터테인먼트를 즐길 수 있는 축제이다.

기간 4월 말 홈페이지 www.spamjamhawaii.com

345

환태평양 페스티벌 Pan-Pacific Festival

1970년대 후반 일본인 관광객들의 급격한 증가를 계기로, 양국 간의 문화적 교류 행사로 시작한 이 행사는 이제는 명실공히 국제적인 축제로 발전되어 다양한 문화를 가진 사람들이 함께 어울려 즐기는 장이 되었다.

기간 6월 초순 홈페이지 www.pan-pacific-festival.com

킹 카메하메하 훌라 경연 대회
King Kamehameha Hula Competition

훌라의 매력과 아름다움에 흠뻑 빠져들 수 있고, 다양한 훌라 춤을 볼 수 있는 국제적인 축제로 고대, 현대, 개인 세 부문으로 나누어 경연한다.

기간 6월 초 홈페이지 hulacomp.webstarts.com

우쿨렐레 페스티벌 Ukulele Festival

하와이 전통 현악기인 우쿨렐레 경연 대회로, 1971년 이래 매해 개최되는 전통적인 페스티벌이다.

기간 7월 홈페이지 www.roysakuma.net/ukulelefestival

프린스 롯 훌라 페스티벌 Prince Lot Hula Festival

프린스 롯 훌라 축제는 매년 1만 명 이상 참여하는 하와이 최대 규모의 비경연 훌라 대회이다. 모아나루아의 원천을 주제로 하여 하와이 전역의 훌라 학교 학생들이 전통과 현대가 어우러지는 흥겨운 훌라 및 하와이 고대 노랫말 공연을 선보인다.

기간 7월 말 홈페이지 www.mgf-hawaii.org

하와이안 슬랙 키 기타 페스티벌
Hawaiian Slack Key Guiter Festival

하와이어로 키 호 알루(Ki Ho Alu)인 슬랙 키 기타(Slack Key Guitar)는 하와이 특유의 기타 튜닝 및 연주법을 의미한다. 현재 전 세계적으로 많은 인기를 얻고 있으며, 슬랙 키 기타의 연주자들이 한자리에 모여 독특한 기술을 선보인다.

기간 8월 중순 홈페이지 www.slackkeyfestival.com

하와이 드래곤 보트 페스티벌
Hawaii Dragon Boat Festival

팀 및 가족 단위로 참가하는 보트 경주 대회로, 알라모아나 쇼핑센터 맞은편 알라 모아나에 있는 비치파크에서 개최되며, 페스티벌 기간 동안 다채로운 행사가 동시에 진행되어 많은 볼거리를 제공한다.

기간 8월 말 홈페이지 www.facebook.com/DragonBoatHawaii

알로하 페스티벌 Aloha Festival

알로하 페스티벌은 매년 9월 중순부터 10월까지 약 40일간 열린다. 하와이의 전통 문화를 지키기 위해 1946년부터 시작된 이 축제는 하와이 최초의 통일 국가를 건설한 폴리네시안인의 하와이 왕가 재연 행사였지만 지금은 하와이의 전통 문화를 알리고 보존하기 위한 세계적인 관광 문화 축제로 발전하였다.

기간 9월 중순 홈페이지 alohafestivals.com

토크 스토리 페스티벌 Talk Story Festival

하와이에서 구전되는 이야기와 문화 전승을 위한 연중 행사로 하와이 최고의 이야기꾼을 뽑는 행사이다.

기간 10월 중순 홈페이지 www1.honolulu.gov/parks/programs/talkstory/index.htm

하와이 국제 영화 페스티벌
Hawaii International Film Festival

해마다 그 규모가 커져 가고 있으며, 하와이에서 인지도가 높은 영화에서부터 다큐멘터리, 단편 영화, 애니메이션 등의 프로급 작품과 아마추어의 작품을 위주로 상영하는 영화 축제이다.

기간 10월 말 홈페이지 www.hiff.org

밴스 트리플 크라운 서핑 대회
Vans Triple Crown of Surfing

세계적인 명성을 자랑하는 밴스 트리플 크라운 서핑 대회는 서핑의 명소 노스 쇼어에서 남녀 각각 3종목으로 나뉘어 열린다. 대회 기간에는 매일 수천 명의 관중이 방문하며, 서핑 애호가들의 문화 교류의 장이 되기도 한다.

기간 11월 홈페이지 www.triplecrownofsurfing.com

호놀룰루 마라톤 대회 Annual Honolulu Marathon

매년 12월 중순 열리는 호놀룰루 국제 마라톤 대회에는 약 3만 명의 인원이 참가하며, 특별 전세기가 이용될 만큼 많은 수의 일본인이 대회에 참가한다.

기간 12월 홈페이지 www.honolulumarathon.org

고래의 날 축제 Whale Day Celebration

새끼를 낳기 위해 알래스카로부터 따뜻하고 먹이가 풍부한 하와이로 귀환하는 혹등고래의 귀환을 기념하기 위해 열리는 축제로, 행사 기간 동안에는 고래를 주제로 한 예술 작품 전시와 어린이 카니발 및 길거리 퍼레이드 등 다양한 행사가 진행된다.

기간 2월 중순 홈페이지 www.greatmauiwhalefestival.org

이스트 마우이 타로 페스티벌 East Maui Taro Festival

하와이 전통 식재료 중 하나인 타로(토란)를 테마로 한 축제로, 타로를 으깨어 만든 죽(포이) 시연, 예술 작품 전시, 음악과 훌라 공연들이 펼쳐진다.

기간 4월 말 홈페이지 www.tarofestival.org

반얀 트리 버스데이 파티 Banyan Tree Birthday Party

라하이나(Lahaina)의 명물인 반얀 트리의 14번째 식수 기념일을 맞이해 반얀 트리 공원에서 요리, 예술품, 수공예품 전시를 비롯한 라이브 음악 등 다채로운 행사가 펼쳐진다.

기간 4월 24일 홈페이지 www.visitlahaina.com

셀러브레이션 오브 아트 CELEBRATION OF THE ARTS

매해 5월경 리츠칼튼 호텔에서 약 일주일간 열리는 마우이 최대의 아트 페스티벌로, 전통 공연, 음악, 영화, 행위 예술, 미술 등 다양한 분야의 아티스트와 관계자들이 모여 공연과 강연 등을 이어 가는 볼거리가 매우 풍성한 축제다. 특히 하와이 전통 문화에 대한 연구와 발전 방향을 모색하는 자리인 만큼 수준 높은 루아우 쇼나 음식, 음악 등을 만날 수 있다.

기간 5월 중 홈페이지 www.kapaluacelebrationofthearts.com

마우이 필름 페스티벌 Maui Film Festival

헐리우드 스타들이 참여하기로 유명한 마우이 필름 페스티벌은 드넓게 펼쳐진 골프 코스에 자리잡고 앉아 사랑하는 사람들과 이야기하면서 영화를 감상하는 아주 특별한 추억을 만들어 주는 축제이다.

기간 6월 중순 홈페이지 www.mauifilmfestival.com

카팔루아 와인 & 푸드 페스티벌
Kapalua Wine & Food Festival

하와이 최대 규모의 와인 및 음식 축제인 카팔루아 와인 & 푸드 페스티벌은 와이너리를 비롯해 소믈리에, 하와이 최고의 요리사, 그리고 3천 명이 넘는 와인 애호가와 미식가들이 함께하는 인기 있는 음식 축제이다.

기간 6월 말 홈페이지 www.kapaluamaui.com

마카와오 로데오 Makawao Rodeo

마카와오 로데오는 50여 년의 전통을 자랑하는 하와이 최대의 파니올로(하와이 카우보이) 대회이다. 볼거리로는 퍼레이드와 함께 배럴 경주, 송아지 옭아매기, 야생마 타기 등 전통 로데오 대회가 있으며, 이 모든 행사에서 하와이 특유의 전통 문화를 느낄 수 있다.

기간 7월 4일

마우이 양파 페스티벌 Maui Onion Festival

화산 지역에서 재배되기 때문에 당분과 수분이 많기로 유명한 마우이 양파로 만든 요리 경연 대회로 생양파 먹기 콘테스트 등 다양한 이벤트가 진행된다.

기간 8월 초 홈페이지 www.whalersvillage.com/onionfestival.htm

마우이 카운티 페어 Maui County Fair
마우이 최대 연례 축제인 마우이 카운티 페어 기간에는 다양한 게임 시설과 놀이 기구가 갖춰진 조이존(Joy Zone)이 운영되며, 주민들이 선보이는 로컬 음식 시식회, 엔터테인먼트 공연, 길거리 퍼레이드 등 이색 이벤트가 풍성하게 마련된다.

기간 9월 말~10월 초 홈페이지 www.mauifair.com

라하이나 할로윈 Halloween in Lahaina
할로윈 의상을 차려 입은 관광객들이 3만여 명 이상 참여하는 대규모 파티이다. 어린이들의 가장 행렬, 의상 콘테스트 등이 열리며 라이브 음악 및 다양한 거리 공연도 개최된다.

기간 10월 31일

마우이 카운티 페어

여행 정보

- ● 여행 준비
- ● 출국 수속
- ● 하와이 입국
- ● 집으로 돌아가는 길

여권 만들기

여권은 외국을 여행하고자 하는 국민에게 정부가 발급해 주는 일종의 신분 증명서이다. 여권이 없으면 어떠한 경우에도 외국을 출입할 수 없으며 여권을 분실하였을 경우에는 본인이 신고하여 재발급을 받아야 한다.

대한민국의 경우 2008년 6월 이후로 전자 여권을 발급하고 있는데 기존 여권과 마찬가지로 종이 재질의 책자 형태로 제작된다. 다만 앞표지에는 국제 민간항공기구(ICAO)의 표준을 준수하는 전자 여권임을 나타내는 로고가 삽입되어 있으며, 뒤표지에는 칩과 안테나가 내장되어 있다. 반드시 본인이 직접 방문하여 신청하여야 발급이 가능하다.

종류는 종전과 마찬가지로 5년 또는 10년간 사용할 수 있는 복수 여권과 1년간 단 1회만 사용 가능한 단수 여권이 있다. 복수 여권의 경우 여권 발급

비용은 유효 기간 5년의 경우 45,000원, 5년 초과 10년 이내의 경우 53,000원이고, 단수 여권은 20,000원이다. 여권 발급은 외무부가 허가한 구청 혹은 도청에서 발급하며 인구 밀도에 따라 별도의 발급 장소를 두고 있다. 여권 발급에 소요되는 시간은 지역에 따라 차이는 있지만 보통 5일 정도가 소요된다.(단, 6~8월과 11~1월은 여행객들의 여권 신규 접수가 많아 약 10일 정도 소요된다.) 여권 발급에 관련한 자세한 사항은 www.passport.go.kr 에서 확인 가능하다.

일반 전자 여권 발급에 필요한 서류

1. 여권 발급 신청서 1통(여권과에 비치)
2. 여권용 사진(3.5×4.5cm 사이즈로 최근 6개월 이내에 촬영한 것이어야 하며, 눈썹과 귀가 보여야 한다.) 1매(긴급 사진 부착식 여권 신청 시에는 2매 제출)
3. 신분증(주민등록증, 운전면허증, 공무원증, 군인 신분증)

Travel Tip

여행 중 여권을 분실한 경우에는 임시 입국 여권을 발급받아야 한다. 대한민국 대사관에서 발급받을 수 있으며, 약 3일 정도 소요된다. 항공권을 분실한 경우에는 항공권을 구입했던 여행사에 연락해야 하는데, 전자 티켓의 경우는 별도의 비용 없이 재발급받을 수 있지만 일반 티켓은 재발급 비용이 들어간다.

미국 비자

미국과의 비자 면제 프로그램에 따라 90일 이하의 관광객은 비자 없이도 여행이 가능하다. 전자 여권을 가진 대한민국 국민이라면 ESTA 홈페이지(https://esta.cbp.dhs.gov/)를 통해 허가 신청서

| 여 권 (재) 발 급 신 청 서 |

여권발급신청서

를 제출해 무비자로 하와이에 갈 수 있다. 홈페이지는 한글로 되어 있어 안내에 따라 필요한 사항을 입력한 후 약간의 수수료(약 $14 내외)를 비자나 마스터 등의 국제 신용카드로 지불하면 된다. 90일 이상의 여행객은 이전과 같이 미국 비자를 발급받아야 한다.

항공권 준비

항공권은 시간을 가지고 여유 있게 구입하는 것이 가격이나 좌석 확보에 유리하다. 특히 6~8월 여름 성수기나 12월의 경우 일찍 좌석이 마감되는 경우가 있으므로 최소 45일 전에 항공권을 구매하도록 하자. 하와이에 취항한 항공사는 대한항공이 대표적이며 하와이안 항공, 델타 항공, JAL 등이 한국인이 선호하는 항공사다. 하와이안 항공과 델타 항공은 대한항공과 공동 운항을 하기 때문에 좌석이 일찍 마감되기도 한다. JAL의 경우 보통 일본의 나리타 공항을 경유하는데 공항 대기 시간이 짧은 스케줄은 항상 조기에 마감된다. 각 항공사의 홈페이지나 여행사, 온라인 항공권 판매처 등을 통해 직접 구입할 수 있으며 마우스품을 많이 팔면 많이 팔수록 같은 스케줄, 같은 항공사의 좌석이라도 좀 더 저렴하게 구입할 수 있으니 항공권을 구할 때 부지런함은 필수이다.

E-TICKET(전자 티켓)

최근에는 항공권을 구입하면 묶음 형태의 종이 티켓이 아닌 A4 용지에 프린트를 한 전자 티켓을 준다. 이 전자 티켓도 똑같은 항공 티켓으로서의 효력을 가지고 있으며 해당 항공사의 전산 시스템에 기록이 되어 있으므로 걱정하지 않아도 된다. 전자 티켓은 분실했을 경우 팩스나 E-mail로 재발행을 받아 출력할 수 있으므로 분실에 따른 추가 수수료를 내지 않아도 되는 장점이 있다.

항공권 전문 판매 사이트

- 와이페이모어 www.whypaymore.co.kr
- 인터파크 tour.interpark.com
- 탑항공 toptravel.co.kr
- 온라인투어 www.onlinetour.co.kr

국제 운전 면허증

자동차나 오토바이를 렌트할 계획이라면 국제 운전 면허증도 준비한다. 신청할 때는 운전 면허증과 사진 1장, 여권, 수수료 8,500원을 지참하고 운전 면허 시험장으로 가면 30분 이내로 발급이 가능하다. 유효 기간은 발급일로부터 1년이다. 하와이 현지에서 운전을 할 때 한국의 면허증도 필요하니, 한국 면허증도 함께 챙겨 간다.

숙소 예약하기

하와이의 숙소는 호텔이 가장 일반적이며 특히 오아후의 경우 80% 이상의 호텔이 와이키키 주변에 몰려 있기 때문에 호텔 선택은 그다지 어렵지 않다. 와이키키의 번잡함을 피하고 싶다면 카할라 지역이나 노스 쇼어 지역의 호텔을 잡으면 되지만 그만큼 편의 시설과 다소 떨어져 있기 때문에 약간의 불편함은 감수해야 한다. 자세한 호텔 고르기 팁은 각 지역별 숙소 내용을 참고하자.

하와이에도 유럽처럼 호스텔 시설이 있다. 그러나 와이키키에 있는 저가 호텔에 비해 비용적 이점이 크지 않기 때문에 많이 활성화되어 있지 않다. 하와이에 장기간 머물 예정이라면 베케이션 렌탈(vacation rental)을 이용하는 것도 방법이다. 보통 짧게는 1주, 길게는 몇 달 이상 집 한 채를 통째로 빌리는 것을 베케이션 렌탈이라 하는데 바닷가 근처 소박한 통나무집부터 부티크 호텔 뺨치는 럭셔리한 대주택까지 선택의 폭과 종류 역시 다양하다. 호텔처럼 메이드 서비스나 조식 서비스가 없기 때문에 대부분 직접 청소를 하고 요리를 한다. 입주 시에는 약간의 청소비와 보증금을 내고 주 단위로 계약을 한다. 미국에서 베케이션 렌탈 서비스의 가장 대표적인 사이트(www.vrbo.com)를 이용하면 지역별로 사진과 함께 하우스 정보를 자세하게 볼 수 있다.

여행자 보험

만일의 상황을 대비해 여행자 보험은 필수다. 여행사를 통해서 간다면 패키지 안에 여행자 보험이 포함되어 있는지 반드시 확인한다. 여행자 보험은 개인적으로도 인터넷에서 손쉽게 가입할 수 있는데 여행 기간만큼 들도록 한다. 여행 도중 사고를 당하거나 물품을 분실한 경우 반드시 현지에서 Police Report를 받아야 한국에 돌아와 보상을 받을 수 있다. 고가의 카메라 등을 가져가는 여행객이라면 분실물 보상액이 높은 보험에 가입하는 것이 좋다.

여행 가방 꾸리기

공항에서 수하물로 부치는 짐은 20kg까지만 허용되며 기내 반입은 20L 또는 10kg을 초과할 수 없다. 여행 가방을 쌀 때는 꼭 필요한 것만 챙겨서 넣는다. 신발은 여행지에서 많이 걷게 될 것을 대비하여 편안한 것으로 준비하고, 해변에서 놀 때 물에 젖어도 상관없는 슬리퍼도 반드시 준비하자. 또한 고급스러운 레스토랑이나 클럽에 방문할 때 신발과 복장에 대한 주의가 필요하므로 격식을 차릴 수 있는 복장을 한 벌 정도 준비하는 것도 좋다. 또한 휴대할 수 있는 작은 가방을 하나 더 준비해, 꼭 필요한 짐만 작은 가방에 넣어 움직이도록 하자. 너무 여행객 티가 나는 가방보다는 일상에서 들 수 있는 토트백이나 핸드백이 좋다. 귀중품(여권, 항공권 등)은 가방 안에 넣어 두고, 여권 복사본을 미리 준비해두자. 만약 여권을 분실했을 경우 임시 입국 여권을 발급받을 때 유용하다. 작은 짐이라도 여행지에서 들고 다니려면 부담이 되므로 짐은 최소한으로 꾸리는 것이 좋으며, 우기 때 방문할 경우에는 우산을 반드시 준비하는 것이 좋다.

여권 항상 몸에 소지하는 것을 원칙으로 만약의 사태를 대비해 여권 사진1~2장과 복사본을 준비한다.
신용카드 호텔 예약 시, 렌터카 이용 시 필수품(국제 신용카드인지 반드시 확인할 것)이다.

여행자 보험 여행 중 의외로 사고나 물품 분실이 잦다. 여행 일수만큼 반드시 들도록 하자.
국제 운전 면허증, 한국 면허증 차량 렌트 시 반드시 필요하며 한국 면허증을 요구하는 렌터카 업체가 대부분이다.
카메라 메모리 카드는 넉넉하게 준비한다. 수중 카메라는 물놀이에 매우 유용한데, 하와이 마트에서도 쉽게 구입할 수 있다.
세면 도구 하와이의 호텔은 대부분 환경을 고려해 일회용품 사용을 자제하고 있다. 본인의 세면 도구는 챙기는 것이 좋다.
110V-220V 어댑터 일명 '돼지코'라 불리는 어댑터는 한국에서 반드시 준비해 가도록 하자.
자외선 차단제 현지에서도 구입할 수 있지만 자신의 피부 타입에 맞는 것으로 준비하되 차단 지수는 SPF 50 이상인 것이 좋다. 물놀이를 위해 워터프루프(Waterproof) 자외선 차단제를 준비하는 것도 잊지 말자.
얇은 카디건, 긴 바지 하와이는 연중 온화한 날씨이지만 일교차가 꽤 많이 나는 편이기 때문에 해가 지면 쌀쌀해진다. 긴소매 카디건이나 긴 바지는 꼭 한 벌씩 챙기도록 하자. 빅아일랜드의 마우나 케아나 마우이의 할레아칼라를 방문할 예정이라면 두꺼운 겨울 옷도 준비해야 한다.
캐주얼 정장 고급 레스토랑을 방문하기 위해서는 남자는 칼라가 있는 셔츠 한 벌, 여성의 경우 노출이 심하지 않은 미니 원피스 한 벌이면 충분하다. 하와이에서는 알로하 셔츠와 무무 원피스도 정장에 속하기 때문에 현지에서 구입해 입는 것도 방법이다.
스노클링 장비 대여 업체가 많기 때문에 한두 번 사용할 예정이라면 준비하지 않아도 되지만 위생이 염려되거나 여러 번 사용할 예정이라면 하와이의 마트에서 저렴한 것을 구입하자.
비치 타월 대부분의 호텔에서 비치 타월은 대여해주기 때문에 따로 준비하지 않아도 된다.
선글라스, 챙이 있는 모자 하와이의 태양은 굉장히 강하기 때문에 선글라스는 필수다. 특히 운전 시 선글라스가 없으면 운전하기 힘들 때도 있다. 어린이와 동행한다면 챙이 있는 모자도 필수이다. 뙤약볕 아래에서 시간 가는 줄 모르고 놀다가 일사병으로 고생하는 여행객이 꽤 있다.
우산, 우비 작은 사이즈로 하나 정도 준비하는 것이 좋다. 하와이는 장시간 비가 오기보다는 짧게 지나가는 경우가 많으므로 현지 사람들은 우산을 잘 사용하지 않는다.

출국 수속

공항 도착

인천 공항

서울에서 인천 공항으로의 이동은 공항버스를 이용하거나, 자가용을 이용할 수 있다. 공항 고속 전철이 개통되어 김포 공항이나 서울역에서 공항 고속 전철을 이용할 수도 있다. 김포 공항에서 인천 공항까지는 약 30분 정도 소요된다. 서울역을 기준으로 할 때 인천 공항까지는 공항버스로 약 1시간이 소요되지만 서울 시내의 교통 사정을 감안하여 미리 서두르도록 하자. 공항버스 노선도 및 시간은 www.airportlimousine.co.kr에서 미리 확인할 수 있으며, 버스 노선별로 적용되는 할인 쿠폰도 다운받을 수 있다.

탑승권 발급

출발 2시간 전에 공항에 도착하여 해당 항공 카운터에 가서 탑승권을 발급받도록 하자. 2018년 1월 18일부터 제2여객터미널이 신설되어 제1청사는 아시아나 항공와 제주항공을 비롯한 저비용 항공사와 외항사가 이용하고, 제2청사는 대한 항공, 델타 항공, KLM, 에어프랑스 항공사 등 총 11개 항공사만 이용을 한다. 아시아나 항공의 경우 제1청사 L, M에서, 대한 항공의 경우 제2청사 3층에서 탑승권 발급이 가능하다.

출국장

인천공항 제1청사는 3층에 4개의 출국장이 있고, 제2청사는 3층에 2개의 출국장이 있으며 어느 곳으로 들어가도 무방하다. 출국장으로는 출국할 여행객만 입장이 가능하며, 입장할 때 항공권과 여권, 그리고 기내 반입 수하물(10kg)을 확인한다. 또한 출국장에 들어가자마자 양옆으로 세관 신고를 하는 곳이 있는데, 사용하고 있는 고가의 물건을 외국에 들고 나가는 경우 미리 이곳에서 세관 신고를 해야 입국 시 고가 물건에 대한 불이익을 받지 않는다.

보안 심사

보안 심사를 받기 전에 신발은 준비된 슬리퍼로 갈아 신어야 하며, 여권과 탑승권을 제외한 모든 소지품을 검사받는다. 칼, 가위 같은 날카로운 물건이나 스프레이, 라이터, 가스 같은 인화성 물질은 반입이 안 되므로 기내 수하물 준비 시 미리 체크하도록 한다.

비행기 탑승 시 몇 가지 주의할 점

Q. 액체류는 기내 반입이 안 되나요?

2007년 3월 1일부로 액체, 젤류 및 에어로졸 등의 기내 반입이 제한되고 있다. 이는 늘어나는 항공 관련 테러를 방지하기 위한 대책의 일환으로, 최근 액체로 된 폭탄 제조 사례가 많이 발견되고 있기 때문이다. 한국 내 모든 국제공항 출발편 이용 시 다음과 같은 규정이 적용된다.

❶ 항공기 내 휴대 반입할 수 있는 액체, 젤류 및 에어로졸은 단위 용기당 100ml 이하의 용기에 담겨 있어야 하며, 이를 초과하는 용기는 반입할 수 없다. 100ml는 요구르트 병을 조금 넘는 정도의 크기이다. 로션, 향수 등은 용기에 적혀 있는 용량을 꼭 확인한다.

❷ 액체류 등이 담긴 100ml 이하의 용기는 용량 1리터 이하의 투명한 플라스틱제 지퍼락 봉투(크기 20×20cm)에 담아서 반입하며, 이때 지퍼는 잠겨 있어야

한다. 지퍼락 봉투가 완전히 잠겨 있지 않으면 반입이 불가하며, 지퍼락 봉투로부터 제거된 용기는 반입할 수 없다. 지퍼락 봉투는 1인당 1개만 허용된다. 1리터까지 기내 휴대가 가능하므로 규정상으로는 100ml 이하의 용기 10개까지 기내 반입이 허용되나, 실제로는 봉투 크기가 작으므로 용기 2~3개 정도를 넣으면 지퍼락이 꽉 찬다.

❸ 기내에서 승객이 사용할 분량의 의약품 또는 유아를 동반한 경우 유아용 음식 (우유, 음료 등)은 반입이 가능하다.

❹ 지퍼락 봉투는 공항 매점에서 구입할 수 있다.

Q. 면세품의 경우는?

❶ 보안 검색대 통과 후 또는 시내 면세점에서 구입한 후 공항 면세점에서 전달받은 주류, 화장품 등의 액체, 젤류는 투명하고 봉인이 가능한 플라스틱제 봉투에 넣어야 한다.

❷ 봉투가 최종 목적지행 항공기 탑승 전에 개봉되었거나 훼손되었을 경우 반입이 금지된다.

❸ 이 봉투에는 면세품 구입 당시 교부받은 영수증을 동봉하거나 부착해야 한다.

❹ 한국 내 공항에서 국제선으로 환승 또는 통과하는 승객의 면세품에도 위의 조항들이 적용된다.

자동 출입국 심사대

자동 출입국 심사 서비스

2008년 6월부터 시행하고 있는 자동 출입국 심사 서비스가 있다. 출입국할 때 항상 긴 줄을 서서 수속을 밟아야 하는 번거로움을 없애기 위해 시행하고 있는 제도로, 심사관의 대면 심사를 대신하여 자동 출입국 심사대에서 여권과 지문을 스캔하고, 안면 인식을 한 후 출입국 심사를 마친다. 주민등록이 된 7세 이상의 대한민국 국민이면(14세 미만 아동은 법정대리인 동의 필요) 모두 가능하고, 18세 이상 국민은 사전 등록 절차 없이 이용할 수 있다. 때에 따라 자동 출입국 심사대가 붐비는 경우도 있으니, 상황에 맞게 이용한다.

비행기 탑승

출국편 항공 해당 게이트에서 출국 30분 전부터 탑승이 가능하므로 이 시간을 꼭 지키도록 하자. 항공 탑승권에 보면 'Boarding Time' 밑에 시간이 적혀 있다. 이 시간이 탑승 시간이므로 늦지 않도록 주의하자.

출국 심사

출국 심사는 항공권과 여권을 검사한다. 우리나라는 2006년 8월부터 출국 신고서가 폐지되었으므로 출국 심사관에게 제출할 서류는 따로 없다. 출국 심사를 통과하면 공항 면세점이 있는데 입국할 때에는 공항 면세점을 이용할 수 없으므로 출국 전 이용하도록 한다. 시내 면세점에서 물건을 구입한 경우에는 28번 게이트 앞 면세점 인도장에서 물건을 찾을 수 있다. 면세 범위는 $600 이하로 초과 시에는 세금이 부과된다.

하와이 입국

착륙

호놀룰루 공항에 도착하는 국제선의 대부분은 오전에 도착하기 때문에, 한국 관광객을 포함한 방문객들로 입국 심사대가 붐빈다. 기내에서 작성한 '출입국 카드'와 '세관 신고서'를 다시 한 번 확인하고 원활한 입국 심사를 위해 예상되는 질문에 대한 답변을 준비한다.(방문 목적, 체류 기간, 숙소 등을 묻는 간단한 질문에 대한 영문 답변들)

입국 심사

입국 심사는 공항 빌딩 2층에 위치한 입국 심사대에서 진행되며, 여권, 출입국 카드, 세관 신고서를 제출하면 여권에 입국 확인 도장을 찍어 주며, 출입국 카드의 경우 아랫부분은 다시 여권에 끼워 준다. 돌려받은 출입국 카드의 아랫부분은 출국 시 다시 제출해야 하니 보관에 유의한다.

짐 찾기

입국 심사를 마친 후, 1층에 위치한 수하물 찾는곳으로 이동한다. 전광판에서 자신의 항공편명을 확인한 후 해당 수화물 수취대에서 짐이 나오면 본인의 네임태그를 확인하여 짐을 찾는다. 만약, 본인의 짐이 나오지 않았다면 당황하지 말고 항공사 직원에게 도움을 요청하여 조치를 기다리도록 한다.

세관 심사

세관 신고서는 가족당 대표1인만 작성하면 되며, 육류, 채소, 과일을 포함한 기타 동식물의 반입은 금지되므로 주의해야 한다. 간혹, 가방 검색을 요청하는 심사관이 있으며 이때에는 간단한 질문과 함께 가방 내 소지품 및 기타 물품에 대한 검사를 진행하기도 한다.

입국장

수하물을 운반할 수 있는 스마트 카트(유료)가 공항 여러 곳에 준비되어 있으니 활용하면 된다. 개인 여행객의 경우 세관 앞의 정면 출구를 이용하여 나가고, 단체 관광객의 경우 일행들과 함께 기다렸다가 이동하면 된다.

Travel Tip

호놀룰루 공항에서 시내로 이동하기 ▶ '오아후로 이동하기(50쪽)' 참고
호놀룰루 공항에서 다른 섬으로 가는 주내선 환승하기 ▶ '마우이로 이동하기(186쪽)', '빅아일랜드로 이동하기(236쪽)', '카우아이로 이동하기(282쪽)' 참고

집으로 돌아가는 길

공항 도착

여행 일정을 마치고 다시 공항으로 돌아갈 때에는 입국할 때 시내로 나왔던 교통편을 거꾸로 이용하면 된다. 택시 기사와 미리 약속을 해서 만나는 것도 편리하다. 출국하기 2시간 전에는 공항에 도착하여 출국 수속을 밟아야 한다.

탑승권 발급

공항 국제선 청사에 도착하면 해당 항공사에 가서 탑승권을 받는다. 일행이 있다면 같이 여권과 항공권을 제시하면 나란히 붙은 좌석을 받을 수 있다. 탑승권을 받은 후 보안 검사와 출국 심사 시간을 고려하여 여유 있게 들어가도록 하자.

출국 심사

한국에서의 출국과 마찬가지로 보안 검사를 받는데 여권과 탑승권을 제외하고 모두 검사 대상이다.

비행기 탑승

출국 심사를 마치면 면세점이 나온다. 면세점 쇼핑이 끝나면 탑승 게이트로 이동하는데, 출국 30분 전부터 탑승이 시작되므로 늦지 않도록 주의한다.
기내 서비스는 이륙 후 항공기가 정상 궤도에 진입하면 시작되며, 기내 면세점 판매도 이루어진다. 기내에서 세관 신고서를 미리 작성해 두도록 한다.

입국 심사

인천 공항 도착 후에 입국 심사대로 이동한다. 입국 심사대에 줄을 설 때는 한국인과 외국인 줄이 따로 있는데 한국 국적을 가진 사람은 한국인 줄에 서서 대기하면 된다. 입국 심사를 받을 때는 여권만 제출하면 된다. 세관 신고서는 수하물을 찾은 후 입국장으로 나가기 전에 세관 심사관에게 제출하면 된다.

짐 찾기

입국 심사를 마친 후 아래층으로 내려오면 수하물 수취대가 여러 개 있다. 자신의 항공편명이 적힌 수취대에 가서 짐을 찾는다. 이때 수하물에 붙어 있는 일련번호를 체크하여 자신의 짐이 맞는지 확인하도록 하자.

세관 검사

기내에서 작성한 세관 신고서를 제출하는데, 세관 신고를 해야 하는 사람은 자진 신고가 표시되어 있는 곳으로 간다. 만약 신고를 하지 않고서 면세 범위를 초과한 물건을 가지고 들어오다가 세관 심사관에게 발각되는 경우에는 추가 세금을 지불해야 한다. 세관 검사가 끝나면 입국장으로 나온다.
인천공항의 경우 제1청사에 6개, 제2청사에 2개로 입국장이 나뉘어져 있다. 이곳에서 만날 약속을 한 경우 출발 전에 미리 입국 편명을 알려 주면 상대방이 쉽게 입국장을 찾을 수 있다.

Travel Tip
입국 신고서와 출국 신고서가 폐지되어 지금은 출국 심사관에게 항공권과 여권만 제시하면 된다. 입국할 경우에는 입국 심사관에게 여권만 제시하면 되며, 입국장으로 나오기 전에 세관 신고서를 작성하여 세관 심사관에게 제출해야 한다. 세관 신고서는 비행기에서 미리 작성해 두는 게 좋다.

찾아보기
I·N·D·E·X

오아후 / 마우이 / 빅아일랜드 / 카우아이

© Taeyoung Chun

오아후

호텔 & 리조트

볼거리

ABC

ㄱ~ㅎ

즐길거리

먹을거리

호텔 & 리조트

빅 아일랜드

COUPON
book

Neiman Marcus

Ala Moana

The Outlets
of Maui

Ruth's Chris
Steak House

ENJOY
Hawaii

ENJOY
Hawaii

Maui Divers Jewelry
COUPON